孔府旧藏服饰研究

——明代衍圣公卷

徐冉 著

东华大学出版社
·上海·

图书在版编目（CIP）数据

孔府旧藏服饰研究. 明代衍圣公卷 / 徐冉著.
上海 : 东华大学出版社, 2024. 10. -- ISBN 978-7
-5669-2417-9

Ⅰ. TS941.742.2

中国国家版本馆CIP数据核字第2024J97S80号

策划编辑：陈　珂
责任编辑：张力月
封面设计：张倩倩
版式设计：上海三联读者服务合作公司

孔府旧藏服饰研究——明代衍圣公卷
KONGFU JIUCANG FUSHI YANJIU——MINGDAI YANSHENGGONG JUAN

著　　　者　徐　冉

出　　　版　东华大学出版社（上海市延安西路1882号，邮政编码：200051）

本 社 网 址　http://dhupress.dhu.edu.cn
天猫旗舰店　http://dhdx.tmall.com
营 销 中 心　021-62193056　62373056　62379558
印　　　刷　上海雅昌艺术印刷有限公司
开　　　本　889mm×1194mm　1/16
印　　　张　13.5
字　　　数　328千字
版　　　次　2024年10月第1版
印　　　次　2024年10月第1次印刷
书　　　号　ISBN 978-7-5669-2417-9
定　　　价　298.00元

序

　　近年来，伴随着我国文化建设的深入、国风时尚的潮起、汉服运动的普及，服饰史大有从过去的小众研究走向"显学"的趋向，各类书籍和论文层出不穷，其中，徐冉的孔府旧藏服饰研究系列之明代衍圣公服饰研究属于最值得关注的成果之一。在中国五千年的服饰文化中，明代服饰具有特殊的历史地位。明代是中国历史上最后一个由汉族人建立的封建政权，在经历了元代彰显蒙古族特征的服饰制度之后，明代服饰力求恢复既往的汉族服饰文化特色，并成为之前历代服饰的集大成者。因此，在诸多汉服爱好者眼中，明代服饰就是所谓"汉服"最后的典范，尽管此等说法比较极端，但是从这一角度看也不无道理。当然，明代的服饰在力求坚持汉族服饰文化主体性的同时，也有选择地继承了元代服饰的某些特色，从服饰角度，充分体现出中华民族多元一体的本质。同时，明代经济较前朝更加发达，在世界范围内首屈一指，在明末还出现了资本主义的萌芽，这就使得明代服饰的复杂度和丰富度远胜于前，独具特色。此外，明代在立朝之初就将尊孔放在非常重要的位置，明代服饰是华夏礼乐文化的重要载体和以"仁"为归依的儒家美学的重要体现，衍圣公服饰堪称其中的典型。徐冉在孔府旧藏诸多服饰中首选明代衍圣公服饰进行研究，其选题本身就是该著作值得期待的原因之一。

　　服饰史不仅仅是一部物质史，衣着装扮表象上是物质文化，同时它又充分体现出当时社会的制度文化、心理文化等精神文化。传世实物对于服饰史研究的重要性不言而喻，由于纺织品的特殊性，注定明代服饰的传世实物并不太多，其中，孔府旧藏明代服饰一百余件，不仅在传世实物总量中占据很大比例，而且总体品相占优，这对于明代服饰史研究是非常珍贵的实物素材。徐冉作为"齐明盛服——明代衍圣公服饰展"等展览的策展人，充分发挥孔子博物馆作为孔府旧藏服饰的最大收藏单位的优势，在研究中以物为引，与文献、图像相互印证，是"以物证史"的一次成功尝试。另外，该研究从章节排列上也很有特色，从分析明代服饰的保存和研究现状出发，以阐述明代服饰制度的演变、明代历任衍圣公及其社会关系为铺垫，依据明代官员服饰的不同礼仪用场，将明代衍圣公服饰分门别类，进行多重视野下的综合分析，力求真实展现其时其境其人的真实服饰历史面貌，是对于明代服饰历史研究的补白和丰富。这也是该著作值得期待的又一原因。

中华优秀传统文化是中华民族的根和魂，是我们在世界文化激荡中站稳脚跟的根基。中国服饰的历史文化是中华传统文化的重要组成，是当代中国服饰时尚的根之所在、魂之所系。《孔府旧藏服饰研究——明代衍圣公卷》为读者打开了一扇深入了解明代服饰文化的窗口，期待徐冉等青年学者，多出研究精品，以进一步推进社会、行业的传统服饰文化自知，加速中国的时尚文化自立。

卞向阳

东华大学教授、博士生导师
中国服饰设计师协会副主席
上海纺织服饰博物馆馆长

2023年6月22日，端午节写于上海

前　言

　　"中国有礼仪之大，故称夏；有服章之美，谓之华。"[1] 自古以来，"衣冠"就与华夏文明有着不可分割的密切关系，更成为华夏礼仪的一部分，承载着深厚的礼仪文化。

　　服饰产生之初是为了满足简单的御寒、遮体等基本要求，伴随着经济的发展，阶级的产生，逐渐产生了划分等级的需要，服饰就变成了封建社会划分身份、地位、职事、等级的标准。不同的场合穿着不同的服饰，同一场合，不同身份等级的人所穿服饰也不尽相同，于是，一些服饰的细节如结构、色彩、纹饰、配饰等也逐渐成为满足政治诉求，划分地位、等级的标准。

　　明代又不同于其他各代，它是中国历史上最后一个由汉族统治的封建王朝，是一个在华夏礼乐文明的传承和发展历史上具有特殊意义的朝代。《礼记·大传》："圣人南面而治天下，必自人道始矣。立权度量，考文章，改正朔，易服色，殊徽号，异器械，别衣服，此其所得与民变革者也。"[2]《史记·历书》："王者易姓受命，必慎始初，改正朔，易服色，推本天元，顺承厥意。"历代王朝开国之初，都要重定始初，衣冠革新，明代也不例外。明太祖朱元璋，在建国之初以恢复汉族传统为己任，首先废止元朝服制，然后参考周、汉、唐、宋的服制，初步制定了适合自己的服饰体系。该服饰体系经过以明太祖、明成祖、明世宗为主的明代帝王们的初建、调整、改革和增益过程，历经半个大明王朝才最终发展完善。在某种意义上说，明代服饰是历代汉民族服饰的集大成者，但是在某些细节上面又融合了蒙元的服饰元素，例如官民衣橱里常见的曳撒袍、贴里袍，都是元代质孙服的延续和传承，所以明代服饰是以汉民族传统服饰文化为主调又参与了少量其他民族服饰元素的一个多元传统民族文化融合的产物。

　　孔府是孔子嫡系后裔的府邸，由于孔子及其所创立的儒家学说在历代封建统治阶级治国平天下的过程中占据着重要地位，历代孔子后裔的地位也不断攀升，所享受的优待亦是有增无减。

1　十三经注疏整理委员会：《十三经注疏·春秋左传正义》，北京大学出版社，2000。

2　十三经注疏整理委员会：《十三经注疏·礼记正义》，北京大学出版社，2000。（东汉）郑玄注："文章，礼法也。服色，车马也。衣服，凶吉之制也。"但后世文献用例中"服色"多被解读为服饰之制，此处沿用服饰之制之意。

明代也不例外，洪武元年明太祖召见孔克坚、孔希学，以宾礼待而不名，厚赐廪禄。这次召见，明太祖首先肯定了其祖孔子"垂教于世，扶植纲常"的礼教作用，以及被数十代王朝尊崇的历史事实，继而训导孔氏后裔需继续努力，将孔氏宗主所留下的"三纲五常，垂宪万世"的治国思想，继承和发扬下去，并鼓励孔氏族人继续发挥诗礼垂范的作用。洪武元年（1368）十一月孔希学袭封衍圣公，进资善大夫，秩二品。自洪武七年（1374）起，孔希学"每岁入朝，班亚丞相，皆加宴赏"。太祖废除宰相制度后，还令孔讷"班文臣首"。终明一朝，衍圣公自孔希学共传十世，秩二品，服色、诰命、朝班一品。儒家思想以及衍圣世家在明朝治国平天下的道路上发挥着不可替代的作用。

明代衍圣公作为孔子嫡裔受到特别礼遇，体现在服制上，是衍圣公以二品官阶具一品服色，尤其是历任皇帝多次赐衣以示恩宠。明代衍圣公服饰因衍圣公特殊的政治地位得以传世留存，时至今日，保存下来共计一百余件，分别收藏于孔子博物馆和山东博物馆。明代衍圣公服饰传承至今，不仅是明代帝王覃恩深厚，尊孔崇儒的物化象征，亦是诠释明代服饰礼制的最佳依据，更是明人传承"中国之制"的实物例证。

《礼记·少仪》曰："衣服在躬，而不知其名，为罔。"是说衣服穿在身上而不知所穿衣服的含义，是为无知。明代服饰的每一个类别，都依据穿着场合的不同被赋予了特定的政治与礼仪内涵。孔府旧藏明代服饰主要包括衍圣公服饰和衍圣公夫人服饰两大类，衍圣公服饰按照礼仪用场可分为朝服、祭服、公服、常服、忠静服、吉服、素服和日常家居穿着的便服。夫人服饰包括常服、吉服和便服。更重要的是，孔府旧藏明代服饰遗存又偶有能与明代衍圣公及夫人容像上所穿服饰以及明代孔府档案文献记录对应的实例，具有较高历史价值。

以衍圣公为代表的孔氏家族，守护着华夏之礼数千年的历程，所传世保存下来的明代服饰是对传统文化中礼制、礼法、礼仪文化伟大实践的真实呈现，是对儒家礼文化的最佳实物诠释，并以其色彩之原真性、纹饰之完整性、结构之稳定性等特点优于出土明代服饰，亦以其保存完好、类别完整、传承有序、配服完备成为研究明代和历代服饰体系的珍贵一手实物资料。明代衍圣公服饰更是明代官员服饰的典型代表，也是研究明代品官服饰发展演变的静态标本和"活化石"。

目录

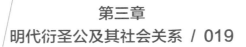

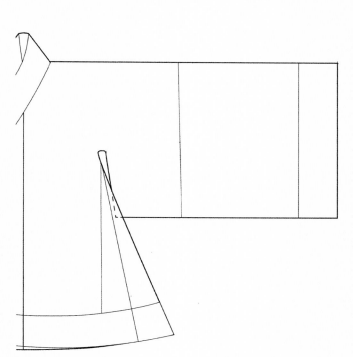

第一章　明代服饰收藏与研究现状

一、明代服饰收藏现状

明代服饰由于自身是有机材质不易保存，加之清王朝建立之初，推行剃发易服制度，顺治九年（1652），钦定《服色肩舆条例》颁行，从此废除了浓郁汉民族色彩的冠冕衣裳，按满族习俗统一男子服饰，因此明代服饰能够传世下来的实属罕见。由于曾是明清皇宫，故宫虽然有所收藏，但其收藏的数量和品类也比较有限，并且作为清朝皇宫，明代服饰是不可能也不允许保留下来的，故宫博物院目前收藏的明代藏品多为北京及周边地区考古出土所得；三峡博物馆收藏有明朝崇祯皇帝御赐女将军秦良玉官服6件，具体文物信息尚未公开，待考；北京艺术博物馆、西藏布达拉宫等文物单位零星有一些明代纺织品传世遗藏；至于一些海外传世品如日本京都妙法院收藏的明代赐给丰臣秀吉的服饰，保存虽较完整，但数量不多，目前公开的衣冠服饰文物信息有22件，包括皮弁、常服、吉服、便服等。中华人民共和国成立后，经考古发掘，明代纺织品文物虽有大量出土，但是出土明代服饰的结构、色彩、纹样均会有不同程度的损坏，其对历史的还原度远不及传世保存下来的明代服饰。

出土明代服饰的收藏单位为数不少，主要有以下博物馆：

定陵博物馆，主要收藏明定陵出土服饰，定陵为明代万历皇帝及孝端、孝靖皇后的墓葬，出土了大量帝后随葬衣物；首都博物馆（正德·夏儒夫妇墓部分、弘治·英国公夫人吴氏墓）；故宫博物院（正德·夏儒夫妇墓部分）；国家博物馆（定陵出土部分服饰及其他零星征集所得明代出土袍带）；江西省博物馆（嘉靖四十年·夏浚墓、万历三十一年·益宣王朱翊鈏夫妇墓、万历四十二年·吴念虚夫妇墓）；德安县博物馆（嘉靖十六年·熊氏墓）；南京市博物馆（正德·徐达五世孙徐俌夫妇合葬墓、明·王志远墓等）；苏州丝绸博物馆（明中晚期·范氏家族墓）；苏州博物馆（万历·王锡爵墓）；苏州刺绣博物馆、扬州市博物馆（嘉靖·火金墓）；泰州市博物馆（成化·何嵩墓、弘治·胡玉墓、嘉靖·刘鉴、刘济夫妇合葬墓、嘉靖·徐蕃墓、嘉靖·刘湘墓、明中晚期·森森庄王氏墓等）；镇江博物馆（钱一斋墓、靖江明墓等）；常州博物馆；无锡博物院（钱樟夫妇墓）；武进区博物馆（明末·王洛家族墓）；江阴市博物馆（明早期·叶家宕明墓、永乐·陆氏家族墓、嘉靖·承天秀墓、嘉靖·薛氏家族墓）；浙江省博物馆；中国丝绸博物馆（永乐·周氏墓、明末·万黄氏墓等）；桐乡市博物馆（景泰·濮院杨家桥明墓）；上海博物馆（成化·韩思聪墓、黄孟瑄夫妇墓、明末·顾氏家族墓、万历·潘允徵夫妇墓等）；贵州省博物馆（万历·张守宗夫妇墓、天启·曾凤彩墓）；福建省博物馆；陇西县博物馆（嘉靖·畅华夫妇合葬墓）；盐池县博物馆（嘉靖-明末·冯记圈明墓、明晚期·深井明墓）；湖北省博物馆（正德·张懋夫妇合葬墓）；石首市博物馆（正统·杨溥墓）；广州博物馆（弘治-正德·戴缙夫妇墓）。

山东省内明代服饰收藏机构主要有三家，分别是：山东博物馆（孔府旧藏传世、明鲁王墓发掘出土服饰）、孔子博物馆（孔府旧藏传世）及聊城莘县文物管理所（明墓出土）。

大多出土的明代服饰因埋藏环境潮湿，出土后环境发生变化导致其迅速氧化劣变，若保护措施不及时，就会出现丝线脆化、氧化变色、局部纹饰涣漫不清等情况。而传世的明代服饰，在流传过程中没有经历骤然的环境变化，大多保存完整。

孔府旧藏明代服饰，作为历代衍圣公家族传世保存的服饰更是如此。有些服装是祖上穿着遗留的，故而后人对其格外珍惜，有专人管理，在其保存和流传的过程中又采取了避光、防虫、防霉等一系列有利于纺织品保护的妥善保存方式，传承至今一直保存状况良好。由于服饰类文物的有机质属性，自身极易老化，加之历经四百余年老化劣变的累积，孔府旧藏服饰也偶有局部糟朽和残破的情况，但其整体形制基本完整、本体色彩基本无损，和出土服饰相比文物信息留存的完整性和优势显而易见。并且孔府旧藏明代服饰礼仪类别系列完整、同系列服饰主配服及冠饰搭配完备，这种文物和文化价值的完整性在传世纺织品文物收藏单位中也是首屈一指的，具有极高学术研究价值。

二、明代服饰研究现状

目前国内关于明代服饰学术研究成果主要分为三类：著作类、图录类和学术论文类。

（一）著作类

服饰研究方面，我国服饰研究专家学者关于服饰历史、服饰文化、服饰制度、服饰艺术等方面的著作较多，如沈从文著《中国古代服饰研究》（商务印书馆，2011）、黄能馥、陈娟娟著《中国服装史》（中国旅游出版社，2001）、周

锡保著《中国古代服饰史》（中国戏剧出版社，1984）、陈茂同著《中国历代衣冠服饰制》（郑州大学出版社，2005）、李薇主编《中国传统服饰图鉴》（东方出版社，2010）、张春新与苟世祥合编《发髻上的中国》（重庆出版社，2011）、李楠著《中国古代服饰》（中国商业出版社，2015）、陶辉著《性别·服饰·伦理：性别视角下女性服饰形象解读》（东华大学出版社，2018）、华梅与王春晓合著的《服饰与伦理》（中国时代经济出版社，2010）、周汛与高春明合著的《中国衣冠服饰大辞典》（上海辞书出版社，1996）等书籍中对我国古代服饰发展脉络、发展变化有着细致的研究。

关于明代服饰研究的论著有：王熹著《明代服饰研究》（中国书店，2013）、袁江玉与胡桂梅著《明代职官制度与官员服饰》（北京燕山出版社，2014）、张佳著《新天下之化——明初礼俗改革研究》（复旦大学出版社，2014）、张志云著《明代服饰文化研究》（湖北人民出版社，2009）、崔荣荣与牛犁著《明代以来汉族民间服饰变革与社会变迁（1368—1949）》（武汉理工大学出版社，2016）、巫仁恕著《品味奢华：晚明的消费社会与士大夫》（中华书局，2008）、撷芳主人著《大明衣冠图志》（北京邮电大学出版社，2011）、邵旻著《明代宫廷服装色彩研究》（东华大学出版社，2016）、蒋玉秋著《明鉴》（中国纺织出版社，2021）。这些优秀的明代服饰专题研究书籍为研究明代历史背景下的孔府旧藏服饰礼仪分类提供了珍贵的参考。

（二）图录类

围绕着孔府旧藏服饰也曾出版了一些图录类图书，如:《山东省博物馆藏珍》（鲁文生主编，山东文化音像出版社，2004）、《济宁文物珍品》（济宁文物局编，文物出版社，2010）、《大羽华裳——明清服饰特展》（故宫博物院、山东博物馆、曲阜文物局编，齐鲁书社，2013）、《斯文在兹——孔府旧藏服饰》（山东博物馆编，2013）、《衣冠大成——明代服饰文化展》（山东博物馆、

孔子博物馆联合主编，山东美术出版社，2020）、《齐明盛服——明代衍圣公服饰展》（孔子博物馆编，文物出版社，2021）等，这些图书图文搭配，对明代服饰文化和服饰艺术提供直观且系统地展示。

（三）论文类

另有一些和明代服饰相关的论文，如《论明代社会生活性消费风俗的变迁》（常建华，《南开学报》，1994年第4期）、《龙蟒之争——明代服饰高等级纹样的使用与僭越》（董进，《市场周刊》，2012）、《明赐服制初探——以播州宣慰司杨氏的赐服为例》〔纳春英，《历史教学（高校版）》，2007年第12期〕、《明中央与西南土司关系：以赐服制为中心的考察》〔纳春英，《广西民族大学学报（哲学社会科学版）》2008年第1期〕、《图说明代宫廷服饰》（董进，《紫禁城》九期连载，2012）、《礼制规范、时尚消费与社会变迁：明代服饰文化探微》（张志云，华中师范大学博士学位论文，2008）、《服饰文化与明代社会》（原祖杰，《文化学刊》，2008年第1期）、《皇权与礼制：以明代服制的兴衰为中心》（原祖杰，《求是学刊》，2008年第5期）、《明代皇帝与社会服饰变迁》（赵秀丽，《临沂师范学院学报》，2008年第1期）、《补子名称的由来与变化》（王渊，《丝绸》，2008年第7期）、《明代藩王命妇霞帔、坠子的探索》（于长英，《南方文物》，2008年第1期）、《明代巾、簪之琐论》（陆锡兴，《南方文物》，2009年第2期）、《"三言""二拍"中的明代服饰文化管窥》（熊岚、李宝群，《唐山师范学院学报》，2009年第4期）、《〈明史·舆服志〉中的服饰制度研究》（李小虎，天津师范大学硕士学位论文，2009）、《明代应景丝绸纹样的民俗文化内涵》（郑丽虹，《丝绸》，2009年第12期）、《明代中后期服饰风格简析》（薛梅，《大众文艺》，2010年第1期）、《浅谈中国明代女子服饰的审美取向》（任哲雪，《大家》，2010年第19期）、《明代汉族服饰探究》（赵勇，山东师范大学硕士学位论文，2010）、《"质孙"对明代服饰

的影响》〔李丽莎，《内蒙古大学学报（哲学社会科学版）》，2010年第4期〕、《明代赐赴琉球册封使及赐琉球国王礼服辨析》（赵连赏，《故宫博物院院刊》，2011年第1期）、《蟒衣逾制与晚明小说的民间书写》（黄维敏，《四川师范大学学报（社会科学版）》，2012年第4期）、《补服形制研究》（王渊，东华大学博士学位论文，2011）、《变幻的风景：明代服饰的时尚文化》（贾琳，山东大学硕士学位论文，2012）、《晚明大红大绿服饰时尚与消费心理探析——基于〈金瓶梅词话〉的文本解读》（黄维敏，《中华文化论坛》，2012年第6期）、《明代服饰特点解析》〔王国彩，《文学教育（中）》，2012年第8期〕、《泰州出土明代服饰样式漫谈》（解立新，《东方收藏》，2012年第1期）、《〈金瓶梅词话〉男子服饰新探》（丁艳芳，《南方文物》，2012年第4期）、《明梁庄王墓帽顶之研究——兼论元明时代大帽和帽顶》（陆锡兴，《南方文物》，2012年第4期）、《明代霞帔研究》（丁文月，《苏州工艺美术职业技术学院学报》，2012年第1期）、《晚明女子头饰"卧兔儿"考释》（陈芳，《艺术设计研究》，2012年第3期）、《明代女服上的对扣研究》〔陈芳，《南京艺术学院学报（美术与设计版）》，2013年第5期〕、《明代赐服研究》（余建伟，西北民族大学硕士学位论文，2013）、《论明代凤冠霞帔的定制与婚俗文化影响力》（朱曼，《美术教育研究》，2013年第9期）、《云肩在明代汉族服饰中的运用》〔王玥，《甘肃联合大学学报（社会科学版）》，2013年第3期〕、《明代中后期汉饰审美文化研究》（刘迎梅，四川师范大学硕士学位论文，2013）、《从出土文物看明代服饰演变》（刘冬红，《南方文物》，2013年第4期）、《"衣冠禽兽"的文化符号读解》〔张玲，《现代传播（中国传媒大学学报）》，2013年第7期〕、《探析明代服饰中缠枝纹的艺术形式及文化寓意》（李中华、王宏付，《服饰导刊》，2014年第3期）、《绝世风华——山东博物馆收藏之孔府明清服饰》（庄英博，《收藏家》，2014年第1期）、《吉光凤羽——孔府旧藏之明代红色湖绸斗牛袍》（李娉等，《文物鉴定与鉴赏》，

孔府旧藏服饰研究——明代衍圣公卷

2014 年第 1 期)、《孔府旧藏明代服饰研究》(许晓,苏州大学硕士学位论文,2014)、《晚明清初市民服饰时尚与通俗小说——兼论通俗小说对时尚消费文化的影响》(黄维敏,《社会科学研究》,2014 年第 5 期)、《浅谈明清官服的美学特色》(刘捷,《湖北函授大学学报》,2014 年第 17 期)、《明代中后期服饰风格与趣味的嬗变——以王洛家族墓出土纺织品为例》〔 华强、张宇、周璞,《南京艺术学院学报 (美术与设计)》,2015 年第 4 期〕、《管窥明代服饰文化的审美特征及价值》(勾爱玲、马艳波,《兰台世界》,2015 年第 25 期)、《明代服装中褶裥和分割线的应用特征》(祖倚丹,《丝绸》,2015 年第 2 期)、《江苏泰州出土明代服饰综述》(解立新,《艺术设计研究》,2015 年第 1 期)、《明代配饰的传承创新运用研究》(徐纯,湖北美术学院硕士学位论文,2016)、《孔府旧藏明代男子服饰结构选例分析》(崔莎莎,《服饰导刊》,2016 年第 1 期)、《明朝中后期女性服饰时尚消费——以江南地区为例》(周雅婷,北京服装学院硕士学位论文,2016)、《江苏地区明代浇浆墓及出土服饰的初步研究》(郭正军,《中国国家博物馆馆刊》,2016 年第 10 期)、《明朝中后期江南地区女性服饰时尚消费状况》(周雅婷,《艺苑》,2017 年第 1 期)、《明代岁时节日服饰应景纹样艺术特征与影响因素》(梁惠娥,《丝绸》,

2017 年第 4 期)、《明代官袍结构与规制研究》(刘畅,北京服装学院硕士学位论文,2017)、《明代中后期女子袄服研究》(蔡小雪,江南大学硕士学位论文,2018)、《明代中后期女袄纹样的表现手法与装饰特征》(蔡小雪,《武汉纺织大学学报》,2018 年第 6 期)、《〈天水冰山录〉中的明代纺织服饰信息解析》(王凯佳,《丝绸》,2017 年第 11 期)、《〈金瓶梅〉中明代女子服饰鬏髻与头面》(竺小恩,《浙江纺织服装职业技术学院学报》,2018 年第 2 期)、《从〈金瓶梅〉看晚明女子服饰风尚》(竺小恩,《浙江纺织服装职业技术学院学报》,2019 年第 1 期) 等,这些优秀作品从明代服饰的制度、结构、颜色、纹样、材料、工艺、文化艺术价值等诸多方面进行了探析和研究。

本研究是基于学习以上各位服饰研究专家论著成果的基础上,参考了《明实录》《大明会典》《明史》《明会要》《三才图会》《国朝典汇》《皇明制书》《阙里志》《阙里文献考》《兖州府志》《孔府档案·明代卷》《朝鲜实录》等档案文献,对孔府旧藏明代衍圣公服饰的流转过程、礼仪用场进行探析,并对服饰的形制、色彩、材料、纹饰、工艺等所反映的政治文化内涵进行解读,深入发掘明代衍圣公服饰所反映的礼仪制度和文化内涵,进一步探索传统服饰文化传承和发展的过程中明代服饰文化的影响和作用。

第二章　明代服饰制度的建立及发展历程

在中国历史的各朝代中，元代是一个相对族群多元化的历史时期，但是元代的服饰制度在元世祖建立年号之时就已限定胡俗衣冠。"初，元世祖起自朔漠以有天下，悉以胡俗变易中国之制，士庶咸辫发、椎髻，深襜胡俗。衣服则为裤褶窄袖及辫线腰褶，妇女衣窄袖短衣，下服裙裳，无复中国衣冠之旧。"[1] 这种限定使得元朝衣冠具有明显的单一性，也给中国传统服饰的传承和发展带来一定的局限性。

明代则不同于元代，明代在中华服饰传统的传承和发展历程中，在恢复传统衣冠制度和习俗上，具有里程碑意义的复原和推进作用。

明太祖朱元璋在即位之初就权宜创置服御之制，但一直未能成行。在建立政权以后的洪武元年（1368）二月，正式开始整顿衣冠之制的一系列举措。先是下诏，依唐代服饰制度标准复中国衣冠之制，"士民皆束发于顶，官则乌纱帽、圆领袍、束带、黑靴；士庶则服四带巾、杂色盘领衣，不得用黄玄。乐工冠青卍字顶巾，系红绿帛带。士庶妻，首饰许用银、镀金，耳环用金珠，钏镯用银，服浅色团衫，用纻丝、绫、罗、绸、绢。其乐妓，则戴明角冠，皂褙子，不许与庶民妻同，不得服两截胡衣。其辫发、椎髻、胡服、胡语、胡姓一切禁止。斟酌损益，皆断自圣心，于是百有余年胡俗，悉复中国之旧矣"[2]。之后又于洪武元年十一月，再次下令，让负责服饰制度定制的官员，参考历代服饰制度，制定大明王朝自己的冠服制度。"命礼官及诸儒臣，稽考古制，并命礼部及翰林院等官，议曰乘舆冠服"[3]。礼部反复考证了黄帝冕服、周代的五冕六服、汉高祖的长冠、汉明帝初服旒冕备文十二章，以及历代祭祀天、地、宗庙、社稷以及征猎、朝会等所穿服饰，斟酌损益，制定了皇上冕服、通天冠、皮弁、武弁以及常服之制。同时参考周、汉、唐、宋皇后冠服，初步制定明代皇后的礼服和常服之制。这次还议定了皇太子衮冕、皮弁和常服，太子妃礼服和常服，文武官员朝服、祭服、公服、常服。洪武元年初步建立的服饰制度着实起到了把元代"废弃礼教，变异中国之礼"的痕迹消除的效果，标志着明代服饰制度朝着回归汉制，恢复华夏正统服饰文化迈出了决定性的一步。此后又经过以明成祖、明世宗为主的明代帝王们的调整、改革和增益过程，历经三个大的变革时期最终发展完善。整个过程始终尊崇着明太祖建立服饰制度的初衷："一洗胡俗，民皆复古""复中国之衣冠"。[4]

1　（明）佚名：《明太祖实录》卷三十，台北"中研院史语所"，1962，第525页。

2　同1，第525页。

3　（明）佚名：《明太祖实录》卷三十六下，台北"中研院史语所"，1962，第677页。

4　（明）刘三吾：《大明一统赋》《坦斋刘先生文集》卷下，《四库全书存目丛书》编纂委员会：《四库全书存目丛书》集部第25册，第127页。

一、洪武时期对中国服饰制度的重建

历代王朝开国之初，都要重定始初，衣冠革新，明代也不例外。明代在建国之初，为了去除"胡风"浸染，恢复华夏冠裳，明太祖朱元璋做出了一系列的举措。

依照唐朝服饰制度恢复华夏衣冠。洪武元年（1368）二月，即位三十八天的明太祖，通令全国衣冠复古，诏令按照唐代衣冠制度恢复中国服饰之制。他认为元世祖以胡俗改变了中国服饰之制，令士庶都辫发椎髻，深襜，衣服则穿窄袖辫线腰褶袍，妇女穿窄袖短衣，下穿裙裳，把中国衣冠之旧制都改易了。更有甚者竟然改易其姓氏为胡名、说胡语。令此后，官员乌纱帽、圆领袍、束带，黑靴；士庶四带巾、杂色衣；乐工、乐妓有专属服饰；妇女首饰许银镀金等；官民人等均不许胡服、胡姓、胡语。该条诏令的颁布，表明了明太祖朱元璋禁革胡服，去除元代遗风，恢复华夏民族正统服饰的决心。

衣裳冠履不仅反映着华夏文明，也反映着穿着者的社会地位和身份等级。明太祖认为，元氏以戎狄入主中原，所用礼律多为"夷法"，典章疏阔，上下无等，"至元、天历之时虽称富庶，而先王之制荡然矣……华风沦没。自即位以来，制礼乐、定法制、改衣冠、别章服、正纲常、明上下、尽复先王之旧，使民晓然知有礼义，莫敢犯分而挠法。"[1] 朱元璋认为元代失政的原因就是服色紊乱、上下不分、尊卑不明，社会失序。

以元为鉴，明太祖在建立服制之初，首先将尊卑贵贱、血脉亲疏作为服饰制度排序的准则，以帝后服饰为中心和最高等级，然后依照血缘关系由近及远，等级地位由高到低，关系往来由亲及疏，身份尊卑由贵至贱的顺序依次排开。所涉及人群包括了帝后宗室、百官命

妇、卫所官兵、生员士庶以及乐妓、僧道、农夫、商贾等各个阶层。其次，从服制内容看，由礼服到常服，由冠服内搭至靴履鞋袜，由玉带霞帔至巾帽暖耳，特别是衣服结构、质地、颜色、尺寸、纹样、配饰等每一个细节，均有章可循，无不体现着等级尊卑差异。衣冠服饰"别上下，明等威"层化身份地位，明辨等级秩序的社会功能，在明初建立的服饰制度中得以充分展现。

（一）君臣有别

明代以前，在祭祀和朝会等礼仪场合使用的冕服，皇帝和品官在服饰的礼仪类别上没有绝对的使用界限。周、汉、唐、宋的服饰制度中，冕服的使用范围比较宽松，除了大裘冕为皇帝专用以外，其余五冕大臣也可以依自己的品级使用。然而明代明确规定：冕服只可用于皇帝、太子、亲王三类人，品官禁止使用冕服，之前品官使用冕服的场合分别改为穿着朝服或祭服。

通过补子形状、纹饰区分君臣、划分等级。皇帝、皇后、皇妃、皇嫔、皇太子、太子妃、亲王、亲王妃等皇家宗族人员的前胸后背缀绣的补子为圆形，象征天，使用的是龙、蟒、凤、鸾凤、翟的纹饰，如图2-1《定陵出土文物图典》中的万历皇帝的四团龙交领龙袍上的圆形补子。而品官和外命妇常服的补子为方形，象征地，使用的纹饰为等级次于以上几种的飞禽走兽纹，文官飞禽，武官走兽，命妇除公主外皆随夫，如图2-2孔府旧藏明代衍圣公忠静服上的方形仙鹤纹补子。补子天圆地方，寓意皇家主宰天，臣下主宰地。这就明确地按照亲缘把社会关系划分了皇室和品官两个大的阶层。

（二）品级森严

洪武元年（1368）诏定品官朝服、祭服、公服和常服服制，每一种服饰都明确了清晰的等级识别符号。

1　（明）佚名：《明太祖实录》卷一百七十六，台北"中研院史语所"，1962，第2665、2666页。

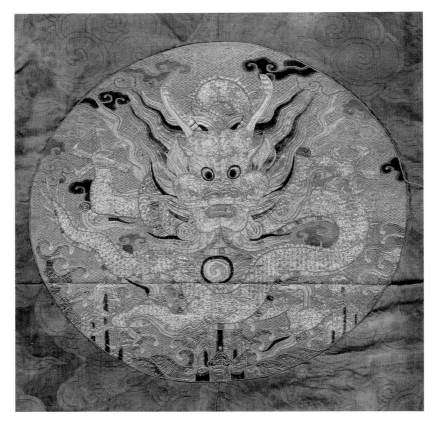

图2-1 万历皇帝的四团龙交领龙袍上的圆形补子

图2-2 孔府旧藏明代衍圣公忠静服上的方形仙鹤纹补子

朝服，由梁冠、青领缘赤罗衣、青领缘白纱中单、青缘赤罗裳、青缘赤罗蔽膝、大带、革带、佩绶、白袜、黑履组成。以梁冠之梁的多寡及配饰材料、质地、花纹区分等级。洪武元年十一月定："一品，公、侯、三师及左右丞相、左右大都督、左右御史大夫，冠八梁，国公加笼巾貂蝉。从一品，平章、同知、都督，七梁，其带用玉钩䚢，锦绶上用绿、黄、赤、紫四色丝织成云凤花样，下结青丝网，小绶用玉环二。二品，冠六梁，革带用犀钩䚢，小绶用犀环，绶同一品。从二品，冠五梁，革带用金钩䚢，锦绶用黄、绿、赤、紫四色丝织成云鹤花样，小绶用金环二。三品，冠四梁，革带绶环俱同四品。五品，冠三梁，革带用镀金钩䚢，锦绶用黄、绿、紫、赤四色丝织成盘雕花样，小绶银镀金环二。六品七品，冠二梁，革带用银钩䚢，锦绶用黄、绿、赤三色丝织成练鹊花样，小绶用银环二。八品九品，冠一梁，革带用铜钩䚢，锦绶用黄、绿二色丝织成鸂鶒花样，小绶二用铜环二。其笏五品以上用象牙，九品以上用槐木。"[1]

祭服等级区分同朝服。

公服，由展脚幞头、圆领袍、大带、皂靴组成，依据服色区分等级差别："一品至四品赤色，五品至七品青色，八品以下及未入流杂职俱绿色。大带，一品用玉，二品花犀，三品四品用金，以荔枝为花，五品以下用角。"[2]

常服，洪武元年定制："用乌纱帽，金绣盘领衫。文官大袖阔一尺，武官弓袋窄袖，纻丝绫罗随用。束带，一品以玉，二品花犀，三品金钑花，四品素金，五品银钑花，六品七品素银，八品九品乌角。"[3] 以带的质地区分等级差别。这是洪武初年的制度，这次的制度虽然和现存的《大明会典》《明史·舆服志》的记载有差别，是因洪武元年之后该制度又历经过多次修改，但是这次的制度品级区分还是十分明显的。

服饰制度的制定是为了规范朝廷及民间社会秩序，服饰等级的差别也是为了让官员人等清楚地了解自己的地位和职责，言行和穿着要符合等级礼仪的规范要求和行为准则。成书于洪武二十年（1387）的《礼仪定式》，朝参礼仪部分里详细记载了大臣们朝班序立的明确顺序："凡朝班序立，公侯序于文武班首。次驸马，次伯。一品以下各照品级，文东武西，依次序列。"《三才图会·仪制一》明代京官常朝图明确显示了这种等级服饰的实际意义，为了避免"朝廷，官爵失其序"，常朝之时，亲王及各文武官员和侍从皆需穿本等品级服饰，依本等品级指定的位序而立。这种按照品级高下由前至后、由内而外的站位要求，既是朝臣在朝堂之上的礼仪行为规范，也是朝廷通过服饰穿着强调官员社会地位高下，严格贵贱有等的社会等级秩序的表现。

（三）修改和增益

洪武年间的服饰建制并不是一蹴而就的，从洪武元年（1368）初设制度开始，整个修订过程持续了三十余年，贯穿洪武朝始终。明太祖分别在洪武三年（1370）、十六年（1383）、二十六年（1393）三次更定皇帝冕服；洪武二十六年修改皇帝皮弁服制度；洪武三年定皇帝常服制度，修改补充皇后礼服和常服；洪武五年（1372）增定内命妇和宫人服饰制度；洪武三年、二十六年分别修改品官朝服、祭服、公服和常服的部分内容，洪武五年、二十四年（1391）、二十六年多次修改增益内、外命妇礼服和常服内容。

1. 皇帝冕服的修改

洪武元年（1368），朱元璋认为历史上的冕服过于繁琐，否决了翰林学士陶安等人的五冕奏议，要求去繁就简，但是冕服制度承载着厚重的中国传统文化，是礼仪的标志。于是，朱

1　（明）佚名：《明太祖实录》卷三十六下，台北"中研院史语所"，1962，第689、690页。

2　同1，第693页。

3　同1，第691页。

元璋依然参照汉制，做出了祛除四冕，仅保留"衮冕"的决策，制定了与其他朝代不同的单一冕服制度。[1]

洪武十六年（1383），朱元璋认为之前的冕服制度尚未完备，还需再次考定。《明实录》载洪武十六年七月："戊午，诏更定冕服之制，先是礼部言：'虞周以来衮冕制度不一，国初所制虽参酌古制，然尚未备，宜加考定，以成一代典章。'上命诸儒臣参考历代之制，务斟酌得宜"。[2]于是翰林诸儒再次参考了周、汉、唐、宋的冕服制度，在对比研究和讨论了历代冕冠形状、尺寸，衣裳颜色，十二章纹在上衣下裳中的分布是衣织八、裳织四，还是衣织六、裳织六以后，将皇帝冕服重新定为："冕前圆后方，玄表纁里，前后各十二旒，每旒五采玉十二珠，五采缫十有二就，就相去一寸，红丝组为缨，黈纩充耳，玉簪导。衮，玄衣黄裳，十二章，日、月、星辰、山、龙、华虫六章织在衣，宗彝、藻、火、粉米、黼、黻六章绣在裳。白罗大带，红里。蔽膝随裳色，绣龙、火、山文。玉革带。玉佩。大绶六采，赤、黄、黑、白、缥、绿。小绶三色同大绶，间施三玉环。白罗中单，黼领青缘襈。黄袜、黄舄、金饰。"[3]

这次关于皇帝冕服的调整，礼部翰林院等官员根据明太祖提出的参考古制和要与汉唐以来历代服饰礼仪规范和制度一脉相承的思路，反复考证了包括黄帝以来历代的服饰礼仪制度和冕服发展变化规律，对皇帝冕服制度的内容进一步修改和完善。对皇帝礼仪服饰的一再修改和调整，表明明太祖坚决恢复中华传统衣冠礼制习俗的态度，克己复礼从规范帝王服饰做起，这既是对中华传统文化的承扬，又是对儒家礼文化的一次强调。

2. 品官常服的修改

《明实录》记载洪武二十四年（1391）六月，明太祖诏六部、都察院同翰林院诸儒臣参考历代礼制，更定冠服、居室、器用制度事例，当时诏定官员常服修改为："常服用杂色，纻丝绫罗，彩绣花样，公侯驸马伯用麒麟白泽，文官一品二品仙鹤锦鸡，三品四品孔雀云雁，五品白鹇，六品七品鹭鸶鸂鶒，八品九品黄鹂鹌鹑练鹊，风宪官用獬豸。武官一品二品狮子，三品四品虎豹，五品熊罴，六品七品彪，八品九品犀牛海马。文武官束带，公侯及一品用玉，二品用犀，三品金钑花带，四品素金带，五品银钑花带，六品七品素银带，八品九品及杂职未入流官用乌角带。"[4]

这次更定与洪武元年（1368）制定的常服用"乌纱帽，金绣盘领衫"以及洪武三年（1390）用带的质地识别品级有很大的差别。这次改革在盘领衫的前胸后背增加了识别官员等级的符号"补子"，以"补子"上面所绣纹样来区分品官等级高下。补子起源于唐代，《旧唐书·舆服志》有武则天以袍纹定品级的记载："延载元年（694）五月，则天内出绯、紫单罗铭襟、背衫，赐文武三品以上：左右监门卫将军等饰以对狮子，左右卫饰以对麒麟，左右武威卫饰以对虎，左右豹韬卫饰以对豹，左右鹰扬卫饰以对鹰，左右玉钤卫饰以对鹘，左右金吾卫饰以对豸，诸王饰以盘石及鹿，宰相饰以凤池，尚书饰以对雁。"[5]唐太和六年（832）又规定三品以上服鹘衔瑞草、雁衔绶带及对孔雀绫袄。这些纹饰均以刺绣，按唐代服装款式绣于胸背或肩袖部位。[6]洪武年间对文武官员常服服制的改革，既吸收沿用了唐代用补子的符号和形式，又在纹样设计上清晰地强化了官员文武之别和每一个品阶等级的划分，是对执行传统礼制所要求的等级明确的社会秩序的有力推进。

1　赵连赏：《明代冕服制度的确立与洪武朝调整动因浅析》，《艺术设计研究》2020年第6期。

2　（明）佚名：《明太祖实录》卷一百五十五，台北"中研院史语所"，1962，第2418页。

3　同2，第2420页。

4　（明）佚名：《明太祖实录》卷二百九，台北"中研院史语所"，1962，第3113、3114页。

5　《旧唐书》卷四十五，《志第二十五·舆服》，中华书局点校本，1975，第1953页。

6　刘静轩：《符号学与明清补服研究》，《美与时代》（上）2012年第10期。

3. 生员冠服制度的增定

洪武二十四年（1391）定："生员襕衫用玉色布绢为之，宽袖皂缘，皂绦软巾垂带。"[1] 明太祖在士人冠服设计上可谓用心良苦，多次亲自试衣，衣用玉色寓意君子"比德与玉"；"宽袖皂缘"寓意规矩言行于礼法之内而不可纵也。生员衣服的款式也和官员的公服和常服一样用圆领袍，这也为突出生员特殊的社会地位，是官员的人力储备，还令"诸生衣巾，务要尊依朝廷制度，不许穿戴常人巾服，与众混淆。"[2] 首先通过该条禁令，在服饰穿着上把生员和平民严格区分开来。"洪武二十四年十一月癸未朔，赐国子生襕衫巾绦。"[3] 这些不同于平民的特殊待遇，也是明太祖在恢复礼制的过程中，积极利用生员进行以礼治国的教育渗透的铺垫和前提。

（四）编修礼仪典章制度

"明太祖甫有天下，考定邦礼，车服尚质，酌古通今，合乎礼意。"[4] 恢复华夏礼仪文化原貌可以说是朱元璋在明初进行服饰制度革新的初衷之一。朱元璋在位三十余年，指示编修的礼仪典章有：《大明令》洪武元年（1368）发布，内容包括明代最初的官员服制及禁令；《明集礼》洪武三年（1370）成书，其中有冠服制度和冠服图；《孝慈录》洪武七年（1374）成书，主要记录了丧葬孝服制度；《洪武礼制》洪武年间成书，具体年份不详，记录了品官朝服、祭服、常服和服色禁忌；《大明律》洪武十二年（1379）颁布，卷第十二，礼律二，和服饰相关，记录了仪制和服色。《礼仪定式》洪武二十年（1387）成书，其中记录了品官服色、冠带制度和禁忌；此外还有《诸司职掌》《大礼要仪》《太常集礼》《礼制集要》《皇朝礼制》《礼制节文》《稽古定制》《国朝制作》《大明礼制》《洪武礼法》《礼书》等礼制法典。

明太祖在编修这些法典的同时，还注重法典的宣传、推行以及监察，他在普及礼法律令方面采取了一系列措施：一方面，他建立了由中央国子监、地方府、州、县学组成的教育体系，这些教育机构不仅学习传统儒家经典，典章、律令也是他们的重要学习内容。"洪武十四年夏，四月丙辰朔，诏改建国子学于鸡鸣山下，命国子生兼读刘向《说苑》及律令。"[5] 洪武十四年（1381），朱元璋令国子监生兼习律令；二十四年（1391）又令学校生员兼读《诰》《律》。教育是文化最好的传播方式，这种通过教育推广礼制和服饰制度的办法效果明显且意义深远。另一方面，他还通过乡饮酒礼的"读律"方式对民众进行礼法渗透。《大明令》《大明律》等律令都是集会上的宣讲内容。这种礼法下渗的方式为礼制观念在普通民众日常生活中普及提供了助力。朝廷也通过对包括服饰制度在内的整个礼仪制度的有效贯彻，建立了一个相对和谐和稳定的社会秩序。

总之，从洪武元年服饰制度初具规模，到历经多次修改增益至洪武二十六年（1393）最终定制，洪武年间的服饰制度总结了虞周以来历朝历代的服饰制度，以周、汉、唐、宋的服制为主要参考对象，斟酌损益，制定了大明王朝自己的服饰制度。并且将"改衣冠，别章服"与"制礼乐，定法制"并重，为塑造华夏服饰正统形象，恢复唐宋以来的中国礼制传统作出了卓越贡献。

二、永乐时期对皇室服饰制度内容的增修

明成祖朱棣，在发动"靖难之役"夺取帝位后继续秉承父志，加强对中国传统服饰文化的发

---

1 （明）申时行：《大明会典·卷六十一·冠服二》，万历十五年内府刊本。

2 （明）张卤撰、杨一凡点校：《皇明制书》第一册，社会科学文献出版社，2013。

3 （明）佚名：《明太祖实录》卷二百十四，台北"中研院史语所"，1962，第3157页。

4 （清）张廷玉：《明史》卷六十五，中华书局，1974，第1598页。

5 （明）佚名：《明太祖实录》卷一百三十七，台北"中研院史语所"，1962，第2159页。

扬和传承，同时为了强调皇权的神圣和威严，对事关"祖制"的服饰制度做出了相应的调整和补充。[1]《明实录》记载永乐三年（1405）十月，礼部进《冕服卤簿仪仗图》《洪武礼制》《礼仪定式》《礼制集要》《稽古定制》等书，上曰："仪礼制度，国家大典，前代损益，固宜参考，祖宗成宪，不可改更，即命颁之所司，永为仪式。"[2]这次调整和补充的范围主要针对的是帝后及宗室的冠服制度。

（一）皇室服制调整

明成祖朱棣对服饰制度的改革主要集中在永乐三年（1405），《大明会典》可见的服饰调整内容涉及：皇帝衮冕、皮弁服、常服，皇后礼服、常服，皇妃礼服，皇太子衮冕、常服，皇太子妃礼服、常服，亲王衮冕、皮弁服、常服，亲王妃礼服，世子衮冕。同时增定世子皮弁服、常服，世子妃冠服制度，增定郡王衮冕、皮弁服、常服，郡王妃冠服，郡主冠服制度。[3]

1. 调整皇帝衮冕

洪武二十六年（1393）定"冠上有覆玄表朱里"，永乐三年改为"皂纱为之"；衮服十二章纹分布比例由洪武二十六年定制的"衣六章，裳六章"，改为"玄衣八章，纁裳四章"；红罗蔽膝织火、龙、山三章，改为蔽膝随裳色（纁），四章，织藻、粉米、黼、黻；玉圭和玉佩加描金龙纹，各组件名称数量更加明确；绶上玉环加了龙纹；朱袜赤舄改为袜舄皆赤且以黄饰舄首。

衮服十二章纹饰按照洪武二十六年，上衣六章下裳六章的比例分布看似均匀，实则上衣的下缘会遮住下裳的两个章纹，无法将十二章全部展示出来，所以明成祖朱棣下令，改为"玄衣八章，纁裳四章"；洪武二十六年定制的红罗蔽膝上所织的火、龙、山三章，火取其明亮之意，山取其稳重、镇定之意，龙取其神异、变幻之意，

修改以后的纁色蔽膝，改为四章，织藻、粉米、黼、黻，藻取其洁净之意，粉米取有所养之意，黼取割断、果断之意，黻取辨别、明察、背恶向善之意。这次皇帝冕服的调整更趋人性化，在纹饰上更注重表达皇权的果断、明察、背恶向善的寓意。虽然蔽膝上面的龙纹去掉了，但是在圭和玉佩上都增加了描金龙纹，更加强调了帝王是天地万物的主宰之意。

2. 以颜色区分皇帝、太子常服

洪武年间皇帝和太子常服是乌纱折上巾和盘领窄袖袍，并没有明确的颜色区分。永乐三年（1405）明确了皇上常服："袍黄色，盘领窄袖，前、后及两肩各金织盘龙一。"如图2-3《明宫冠服仪仗图》所绘永乐时期皇帝常服，图2-4台北故宫博物院藏明成祖朱棣常服画像轴。皇太子常服："袍赤色，盘领窄袖，前、后及两肩各金织蟠龙一。"如图2-5《明宫冠服仪仗图》所绘永乐时期太子常服。两者在袍服颜色上有了明确不同。洪武年间服饰制度强调的君臣之分和臣下等级之别，在永乐期间更进一步在皇帝、东宫、亲王、世子之间做出了明晰的等级区分。

图2-3 《明宫冠服仪仗图》所绘永乐时期皇帝常服

1 王熹：《明代服饰研究》，南开大学，2007。
2 （明）佚名：《明太宗实录》卷四十七，台北"中研院史语所"，1962，第725页。
3 张彩娟：《明代妃嫔墓出土礼仪用玉与冠服制度》，《中国历史文物》2007年第1期。

图2-4 台北故宫博物院藏明成祖朱棣常服画像轴[1]

图2-5 《明宫冠服仪仗图》所绘永乐时期太子常服

　　明成祖这次对服饰制度的调整，看似规模宏大，实则只在帝王宗室范围内做了细化和增定，总的原则是：强调皇权至高无上；规范皇室宗族秩序；以皇帝和皇后为中心，如金字塔形，先做顶层服饰制度的规范和调整，而后由上向下层化关系；在服饰细节上强调身份高低不同，例如皇妃礼服的头饰在数量、质地、纹饰各个细节上都要比皇后低一等级，彼此身份等级差别在服饰的细节上都划分得一清二楚，一目了然。

1　林莉娜：《南薰殿历代帝后图像（上）》，台北故宫博物院，2020，第306页。

（二）加强服饰制度的执行监督，严惩逾制现象

永乐元年（1403），赐晋王济熺书曰："皇考之世，参酌古典，详定礼仪车服器用，各有等级，比有言驸马胡观所乘棕舆，其制度僭[1]越，与诸王无异，诘其从来，云尔与之。夫诸王所用，其制下天子一等，若王之分可僭，其渐既长，何事不可僭矣，繁缨小物，孔子惜之尔，继今宜慎重，不可率易也。"他要求皇室成员，各按等级，不得混淆僭越，破坏祖上定下的礼制。朱棣称帝之初，都督陈质便因"僭用亲王法物，制造龙凤袍服"被诛。

明成祖的服制改革在规范皇室秩序上做出了更多努力，在其父明太祖朱元璋所原有的服饰制度的基础上更进一步地推进了改革的进程，使"礼"的治国方略更加深入人心，同时又强化制度执行和监督力度，加强对皇室秩序的制约。有利于构建相对稳定的社会秩序的服饰制度作为以礼治国的一项基本内容，不仅是实现社会控制的有力工具，更是构筑权力阶梯的重要手段，皇室服制的制定和改革都反映了儒家皇权意识积极的一面。

三、嘉靖时期对服饰制度的再修改及创制

明世宗朱厚熜，以藩王世子身份即位，在历经了"大礼议"之争后，为证实"继统不继嗣"的合理性，参考礼书，增益或纠正服制中遗缺或不符合礼制的条例。在大学士张璁的协助下，他先后在嘉靖七年（1528）创制了皇帝燕弁服、亲王保和冠服、品官忠静冠服制度；嘉靖八年（1529）修改了皇帝衮冕、武弁服，品官朝服、祭服制度；嘉靖十年（1531）增定了皇嫔冠服制度内容。

（一）燕弁冠服、保和冠服、忠静冠服的创制

嘉靖七年（1528）二月，明世宗朱厚熜认为，明代以来的燕居冠服俗制不雅，而在此之前也确实没有关于燕居时应穿服饰的明确制度，于是命辅臣张璁参考古代帝王燕居法服之制，创制符合帝王身份和礼制的明代皇帝燕居法服。张璁认为玄端和深衣这两种形制在历史上使用范围较广，玄端之服在古制中上自天子下达士人均服，是国家之命服，可用作燕服的外袍；深衣在古制中上自天子下至庶人皆服，是圣贤之法服，可用作中单；建议燕服外袍可在玄端上加之纹饰，这样不易旧制；皇上的深衣在原有的基础上变为黄色，诚得帝王损益时中之道，因酌古玄端之制更名曰燕弁。此前品官冠服制度里也没有燕居之服的制度，世宗君臣认为，缺少明确燕服制度导致诡异之徒在朝堂之外竞相穿奇服以乱典章。"品官朝祭之服及公服、常服各有上下等级，其制皆不可得而变之者也，夫常人之情多修治于显明之处，而怠略于幽独之时。"[2] 所以张璁建议官员燕居之服"复酌古玄端之制更名曰'忠靖'"。经过世宗君臣的深思熟虑反复斟酌古制，在其精心策划和部署下，皇帝的燕弁服和品官的忠静服应运而生。世宗创制这两种服饰制度意在以身作则，推己及人，规范品官在朝堂之外的行为，强调虽在燕居之中，服饰也宜有章可循，有上下等威之辨。

嘉靖七年十月，辽府光泽王宠瀼上奏说："圣制燕弁忠静冠服，中外臣工受赐得服者，咸以为荣，乞并赐宗亲官属，使之因服思义，虽在幽独不忘敬戒。"[3] 世宗将奏章下至礼部，礼部商议后建议："宗室至亲，与品稍异，宜别降成式，

1　古同"僭"。超越本分，古代指地位在下的冒用在上的名义或礼仪、器物。

2　（明）佚名：《明世宗实录》卷八十五，台北"中研院史语所"，1962，第1930、1931页。

3　（明）佚名：《明世宗实录》卷九十三，台北"中研院史语所"，1962，第2160、2161页。

或于燕弁上第从减杀，以赐亲王、郡王、世子、长子；于忠静冠上第加增饰，以赐将军、中尉；其长史、审理、纪善、教授、伴读俱辅导王躬，宜比在外府州县儒学官，令皆服之；仪宾虽有品级，非儒流，不宜滥及。"[1] 此次光泽王请求赐服的上奏，正赶上世宗皇帝对国家礼仪制度进行大力改革的当口，也成为了世宗着手改革亲王礼仪服饰的契机，世宗认为他为了慎独和垂范，创制了约束自己的燕弁服，因辅臣之请，推及官员燕居服，创制了忠静服，但是宗室诸王的服制尚未完备，所以命礼部斟酌燕弁服和忠静服再创制一套适合亲王宗室的燕居之服，名之曰"保和服"，保斯和，和斯安，此故赐名之意也。保和冠服的规制介于燕弁服和忠静服之间。燕弁冠顶以乌纱帽十二等分；保和冠亲王用九襵（襵，意为缝），世子用八襵、郡王用七襵、郡王长子冠如忠静之制，用五襵；忠静冠四品以上冠中间三道金梁压金线，饰金缘，四品以下去金缘以浅色丝线为之。衣，燕弁服玄色青缘，前面圆龙一后面方龙二，两肩绣日月，衣缘绣龙纹一百八十九条，深衣黄色；保和服衣用青，缘深青，身用素地边用云纹，前后饰方龙补各一，深衣玉色；忠静服色用深青，缘以青绿，四品以上云纹，四品以下用素，前后饰本等花样补子，深衣玉色。至此，涉及皇帝、亲王宗室、文武品官的燕居服饰制度创制完备。

世宗认为自古历代帝王之制礼，皆推己及人，认为任何礼仪制度的实施都应从自我做起。所以燕居冠服制度的制定也应始于帝王，然后推及宗室、大臣，令亲睦九族，尽制尽伦，尊卑上下，有典有则也。

（二）对冕弁冠服调整

嘉靖八年（1529），世宗认为现行的冕弁之制未合典制，问大学士张璁："制有革带，今何

不见于用……冕弁用以祀天地，享祖亲，若缺革带则礼服不备，非齐明盛服以承祭祀之意。"[2] 然后他对照《会典》又质疑："及观《会典》载，蔽膝用罗上织火、山、龙三章，并大带缘用锦，皆与今所服不合。"[3]

此处所说的"会典"，应是成书于弘治十五年（1502），正德四年（1509）复又编修的《正德会典》。里面记载的是洪武二十六年（1393）的冕服制度，永乐三年（1405）曾经修改的冕服内容在这部会典里并无刻印，世宗同时参考的《大明集礼》成书于洪武三年（1370），也只是限于洪武早期的制度，而当时所执行的皇帝衮冕制度是永乐三年改革以后的服制，玄衣八章，纁裳四章，蔽膝随裳色（纁），四章，织藻、粉米、黼、黻，大带素表朱里，玉圭和玉佩加描金龙纹。由于上述历史原因，他认为当时所执行的冕服制度与典制记载不符。

于是谕令礼部详考礼制，发现"自黄帝虞舜以来，玄衣黄裳制为十二章之式，日、月、星辰、山、龙、华虫其序自上而下为衣之六章，宗彝、藻、火、粉米、黼、黻其序自下而上为裳之六章。"[4] 他认为圣祖当初定冕服十二章，衣六章，裳六章的本意是遵循古象，恢复周礼。而当时所服的上衣遮掩其下裳，裳为两幅，制如帷幔，纹饰被上衣遮挡，这也不符合圣意，在世宗和大臣们的努力下，最终做出了既遵循祖制又符合礼制的调整："衣六章，古曰绘者画也，今当织之。朕命织染局查国初冕服，日月各径五寸，今当从之。日月在两肩，星山在后，华虫在两袖，仍玄色。裳六章，古曰绣，今当从之。古色用黄，玄黄取象天地。今裳用纁，于义无取，当从古。其六章作四行，以火、宗彝、蜼虎、藻为二行，米、黼、黻为二行。革带即束带，后当用玉，以佩绶系之于下。蔽膝随裳色，其绣物上龙一，下

1 （明）佚名:《明世宗实录》卷九十三，台北"中研院史语所"，1962，第2161页。
2 （明）佚名:《明世宗实录》卷一百一，台北"中研院史语所"，1962，第2386、2387页。
3 同2，第2387页。
4 同2，第2389页。

火三，不用山。"[1]

至此，明世宗关于皇帝冕服的修改终告完成，此次修改的内容一直沿用到明末，再未做过改动。

明代服饰制度历经创建、调整、定制，涉及了皇帝后妃、亲王宗室、品官命妇、生员士庶社会阶层的方方面面。虽然明太祖在调整皇帝冕服之初，去繁就简，只保留了衮冕一种冕服，但他依然遵循《周礼》，祭祀天地、宗庙、社稷、先农服衮冕，嘉靖年间令祭太岁、山川服皮弁，他们经过多次改革真正地承袭了《周礼》天地分祀的制度。

无论是历代皇帝对冕服的一再改革，还是对宗室、品官、庶民服制的创建和调整，他们在参考古礼的内容时也不是一成不变的，是有选择的，因时因势，取其精华，去其糟粕。正如明末学者叶梦珠所言："一代之兴，必有一代冠服之制，其间随时变更，不无小有异同，要不过与世迁流，以新一时耳目。其大端大题，终莫敢移也。"[2] 明代服饰制度的建立和改革在恢复和推进中华民族礼仪文化的过程中，既达到了传承祖制的目的又产生了元素吸纳和类别创新的变革。

服饰不仅可以约束行为使之合礼，还是礼制的物化和表达，是华夏礼文化的重要组成部分，在礼文化的传承过程中发挥着不可替代的作用。明代服饰制度在初建、调整、改革的过程中日益成熟和完善，它所走过的每一步都和恢复中华民族的传统礼仪文化息息相关。明代服饰制度的一次次调整和改革对唤醒普罗大众的"华夏"观念，规范上下有等的统治秩序，保持国家与社会的稳定与和谐，传承和发扬中华民族以"礼"治国的优秀传统都起到了积极作用。

1　（明）佚名：《明世宗实录》卷一百一，台北"中研院史语所"，1962，第2388页。

2　（清）叶梦珠：《阅世篇》，上海古籍出版社，1981，第173页。

第三章　明代衍圣公及其社会关系

"衍圣公"这一称号是封建王朝对孔子嫡裔的优待封爵,其制始于北宋,止于民国,前后历时880年,传承三十二代,计有四十余人袭封。明朝用"仁""礼"为核心的孔子之道治家国天下,以衍圣公为代表的孔氏后裔也备受优渥。洪武元年(1368)三月,明太祖下旨召见孔希学,后孔克坚见明太祖于谨身殿,以宾礼待而不名,厚赐廪禄。此次召见,明太祖首先肯定了其祖孔子"垂教于世,扶植纲常"的礼教作用,以及被数十代王朝尊崇的历史事实,继而训导孔氏后裔需继续努力,发挥诗礼垂范的作用,将孔子所留下的"三纲五常,垂宪万世"的治国思想传承和发扬。十一月以孔希学袭封衍圣公,进资善大夫,秩二品。终明一朝衍圣公自孔希学共传十世,秩二品,袍带、诰命、朝班一品。

孔克坚、孔希学将明太祖召见时的对话内容镌刻在孔府石碑上以示皇恩并以警醒(图3-1、图3-2)。

明代历任皇帝对衍圣公的优待以及明代衍圣公爵位传承的过程、明代衍圣公的姻亲关系、子女的婚配情况等这一系列与衍圣公相关的社会关系在研究孔府旧藏明代服饰历史背景的过程中有着重要参考作用,也使得孔府旧藏明代服饰中某些超出了衍圣公爵位适用级别的高等级尊贵纹样衣服有了合理的解释和出处,例如大量有蟒、飞鱼、斗牛、麒麟纹饰的吉服;也令某些不符合明代衍圣公夫人一品文官命妇等级的女式衣服有了存在的合理性,例如"赭红色暗花缎坠绣弯凤圆补女袍""青地织金妆花纱孔雀纹短衫"等。现将历任衍圣公承袭过程、重要事迹、与朝廷来往事例及主要社会关系考证如下,以便给后续的服饰研究提供便利的社会背景关系佐证。

图3-1 对话碑

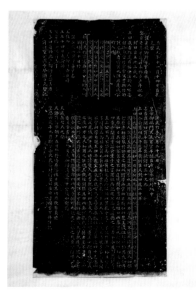

图3-2 对话碑拓片 孔子博物馆藏

一、孔希学

（1335—1381）

孔希学，字士行，孔子第五十六代孙，孔克坚长子，元至正十五年（1355）召为同知太常礼仪院事，同年承袭衍圣公爵位，是年二十一岁。后山东盗起，其父孔克坚罢政家居，惧污于乱，率其家北走燕都，孔希学从行，次藁城，丞相贺太平闻之，上奏以孔克坚为集贤直学士，孔希学为秘书监卿，皆召入燕都。久之乱益甚，父子皆不乐居位，谢病归。吴元年（1367）冬，大兵取中原，都督张兴祖兵至东平，诸郡皆降。孔希学乃与其从兄曲阜县尹孔希章谒见光祖。洪武元年（1368），大将军徐达至济宁，孔希学复谒见于军门，徐达遣人送孔希学赴阙。洪武元年十一月，诏孔希学袭封如故，置衍圣公官属：曰掌书、曰典籍、曰司乐、曰知印、曰奏差、曰书写各一人。继从入觐，屡加赐予。每正旦，上受四方朝贺，特命孔希学班亚丞相。先圣庙庭自兵后，日就圮坏，孔希学力修葺之，复祭田之侵于豪民者五十余顷，礼器、礼服、乐舞、仪式，以次备举。孔希学在明代期间共任职13年（1368—1381）进资善大夫，秩二品，洪武十四年（1381）卒，享年四十七岁。

原配夫人董氏，出身中州功臣世家，赠鲁郡夫人。

继室孙氏，前进士辽阳行省平章孙彦明之女。其实是蒙古人孙都思氏，字素真。

子二人：孔讷，孔谙。

女二人：长女适配湫南卫杨镇抚之子杨思，次在室。[1]

《明实录》中所记载孔希学相关事例

1. 太祖高皇帝实录　卷二十八上　吴元年　十二月五日

孔子五十六世孙，袭封衍圣公孔希学，闻大军至，率曲阜县尹孔希章、邹县主簿孟思谅等迎见兴祖于军门，兴祖礼之。于是，兖州以东州县皆来降。

2. 太祖高皇帝实录　卷三十一　洪武元年　三月十六日

大将军徐达等至济宁。衍圣公孔希学来见，达送之京师。是日，达开耐牢坡坝引舟师，由郓城趋汴梁，以取河南。

3. 太祖高皇帝实录　卷三十四　洪武元年　八月十一日

己卯，大赦天下。诏曰：孔子阙里，常遣官致祭，其袭封衍圣公与所授曲阜知县，并如前代之制，复其家。

4. 太祖高皇帝实录　卷三十六上　洪武元年　十一月七日

甲辰，以孔子五十六世孙希学袭封衍圣公，希大为曲阜世袭知县。置衍圣公官属：曰掌书、曰典籍、曰司乐、曰知印、曰奏差、曰书写各一人。立孔、颜、孟三氏教授司，教授、学录、学司各一人。立尼山、洙泗二书院，各设山长一人。复孔氏子孙及颜、孟大宗子孙徭役官属，并从衍圣公选举，呈省擢用。授希学诰曰：古之圣人，自羲、农至于文、武，法天治民，明并日月，德化之盛，莫有加焉。然皆随时制宜，世有因革，至于孔子，虽不得其位，会前圣之道而通之，以垂教万世，为帝者师。其孙子思，又能传述而名言之，以极其盛。有国家者，求其统绪，尊其爵号，盖所以崇德报功也。历代以来，膺袭封者，或不能绳其祖武，朕甚闵焉。今当临驭之初，访世袭者得五十六代孙孔希学，大宗是绍，爰行典礼，以致褒崇尔。其领袖世儒，益展圣道之用于当世，以副朕之至望，岂不伟欤！可资善大夫、袭封衍圣公。授希大敕曰：朕惟德相天地、道合四时，若此者，古今

1　（元）宋讷：《故资善大夫、袭封衍圣公孔公神道碑》，徐振贵、孔祥林：《孔尚任新阙里志校注》，吉林人民出版社，2004，第729页。

罕焉。虽然始伏羲而至有元，圣相继、贤接踵，未尝缺也，然如仲尼者无。且秦焚之后，亡于纪册，但存者未完，独仲尼诚通上下，泽敷宇内，所以自汉崇之，至唐追封文宣王，宋加至圣，元加大成，号封至极，血食无穷。其子孙世享荣禄，所以前代以阙里之邑职其子孙，今是邑缺官导民，族以贤推，惟孔希大最。今特以希大授承事郎、知济宁府兖州曲阜县事。汝往，钦哉。先是，元仁宗授孔思晦中议大夫、袭封衍圣公、赐四品印。泰定三年，山东廉访副使王鹏南言：孔子之后，袭爵上公，而阶止四品，于格弗称，且非所以尊崇先圣之意。明年，升嘉议大夫。至顺二年，改赐三品印。至是，上谓礼部臣曰：孔子，万世帝王之师，待其后嗣秩止三品，弗称褒崇。其授希学秩二品，赐以银印。希学，思晦之孙也。

5. 太祖高皇帝实录 卷五十 洪武三年 三月二十八日

丁巳，故元国子祭酒孔克坚卒。克坚，字景美，孔子五十五世孙。少通敏，日诵千余言。始冠，游学成均，通春秋左氏传。其父没，袭封衍圣公，阶嘉议大夫。元统间，上疏请修庙像，顺帝赐山东历日钱之半给其费，且命其族人监察御史思立，持楮币二万五千缗，勒碑以纪其绩。至正六年，中书省臣以衍圣公爵高阶卑，不称，奏升之。制授中奉大夫，易铜印以银。十五年，平章政事达识帖木儿荐其明习礼乐，徵为同知太常礼仪院事，以子希学袭爵。是年冬，顺帝亲郊，克坚摄太常使，人称其达礼。御史大夫雪雪言其才可大用，拜中台治书侍御史，辞归。明年，拜山东肃政廉访使，复辞。会山东兵乱，率家人北行，次藁城。适丞相贺太平奏，起克坚为集贤直学士，希学为秘书卿。克坚至燕都时，巨盗毛贵犯畿甸甚逼，廷议欲迁关中。克坚曰：天子当与社稷宗庙俱为存亡，乌可弃而他之。今勤王之兵颇众，与之决战，必可平也。如其言，盗果败去。十九年，迁礼部尚书、知贡举。时四方士避乱多集京邑，克坚请设流寓，科以取之。是冬，擢陕

西行台侍御史。二十二年，除国子祭酒。顺帝赐上尊，太子书大成殿额以赐，克坚以世乱不乐居位，谢病归阙里。后再起为集贤大学士，复拜山东廉访使。卒不起，大兵取山东，克坚入见。时上遣使以书起之。会克坚至，待以宾礼，赐廪禄，不烦以职事。郊社，必致腊肉，抚劳甚至。是年，以疾告，遣中使存问。疾笃，诏给驿还家，赐白金百两、文绮八端。行次下邳新安驿，卒于舟中，寿五十五。希学奉丧归，葬于孔林。克坚宽厚乐易，事亲有礼，遇族党有恩，与人交一以诚信。丰下美髯，容止甚雅，顺帝常以福人称之。娶张氏，元封鲁郡太夫人。子九人：长即希学，次希说、希范、希进、希麟、希凤、希颜、希尹，皆元国子生，其季曰希赟。

6. 太祖高皇帝实录 卷五十五 洪武三年 八月一日

洪武三年八月丁巳朔，遣官释奠于先师孔子，命来年曲阜庙庭官给牲币，俾衍圣公主祀事，岁以为常。

7. 太祖高皇帝实录 卷八十四 洪武六年 八月十九日

袭封衍圣公孔希学以父丧，服阕来朝。上敕中书下礼部致廪饩，及从人皆有赐。复以敕劳希学，曰：卿家昭名历代，富贵不绝者，乃由阴骘之重耳。阴骘者何，以其阐圣学之精微，明彝伦之攸叙，表万世纲常，而不泯也。卿常思尔祖之道，贯通天人，则所以绳祖武者，诚为不易。朕闻卿来朝，已敕中书飨劳，至则领之，仍赐袭衣、冠带、靴袜。

8. 太祖高皇帝实录 卷八十五 洪武六年 九月九日

衍圣公孔希学请归，赐白金百两，文、绮、帛各五匹，赐宴于光禄寺，命翰林院官饯之。

9. 太祖高皇帝实录 卷八十七 洪武七年 二月二十二日

戊午，衍圣公孔希学言：先师庙堂、廊庑圮坏，祭器、乐器、法服不备，乞令有司修治。先世田产，兵后多芜废，而岁输税额如旧，乞从实

征纳。上曰：孔子有功万世，历代帝王莫不尊礼。今庙舍、器物废弛如此，甚失尊崇之意，乃命有司修治。其田产荒芜者，悉蠲其税。仍设孔、颜、孟三氏子孙教授，训其族人。

10. 太祖高皇帝实录　卷一百九　洪武九年　闰九月十二日

癸巳，诏定中书省左右丞相、大都督府左右都督为正一品，大都督府同知、御史台左右御史大夫为从一品，中书省左右丞、御史中丞、王相府左右相、袭封衍圣公、真人、布政使司布政使都司、都指挥使为正二品，大都督府佥都督、王相府左右傅、布政使司左右参政为从二品，翰林院承旨、六部尚书、各卫指挥使、太常司卿、各道按察使、应天府尹为正三品，翰林院学士、光禄司卿、各卫指挥同知为从三品，翰林院侍讲学士、六部侍郎、国子祭酒、各府知府、各卫指挥佥事为正四品，州俱为从五品，各府经历司及县俱为正七品。汰中书省平章、参知政事、御史台侍御史、治书殿中侍御史等官，惟李伯昇、王溥等以平章政事奉朝请者，仍其旧。

11. 太祖高皇帝实录　卷一百二十一　洪武十一年　十二月十七日

乙卯，衍圣公孔希学来朝，敕劳之曰：卿家名昭于历代，富贵不朽，永彰于天地之间，盖由尔祖明彝伦之精微，表万世之纲常，阴骘之重故也。卿岂不常思尔祖之德，以自致力于忠孝哉？闻卿来朝，已敕中书下礼部给送廪饩，卿其领之。

12. 太祖高皇帝实录　卷一百二十二　洪武十二年　正月十三日

辛巳，袭封衍圣公孔希学辞归曲阜。上命赐宴，仍给道里费。

13. 太祖高皇帝实录　卷一百二十八　洪武十二年　十二月十八日

庚辰，袭封衍圣公孔希学来朝。上敕中书下礼部：赐希学廪饩洁馆舍，以安之。敕希学曰：昔卿之祖能明纲常，以植世教，其功甚大，故其后世子孙相承，凡有天下者，莫不优礼。卿每岁来朝，不避祁寒，可谓笃君臣之大义而

不拂于尔祖之训者矣。已敕中书赐卿日用之物，至可领也。

14. 太祖高皇帝实录　卷一百三十九　洪武十四年　九月二十日

袭封衍圣公孔希学卒。希学，字士行，先圣五十六代孙也。父克坚，元袭封衍圣公，至正十五年，召为同知太常礼仪院事。乃以希学袭封，年始二十一。山东盗起，克坚时已罢政家居，惧污于乱，率其家北走燕都。希学从行。次藁城，丞相贺太平闻之，奏以克坚为集贤直学士，希学为秘书监卿。召入燕都，久之乱益甚，父子皆不乐居位，谢病归。吴元年冬，大兵取中原，都督张兴祖兵至东平，诸郡皆降。希学乃与其从兄曲阜县尹希章谒见兴祖。洪武元年，大将军徐达至济宁，希学复谒见于军门，达遣人送希学赴阙。是年冬十一月，诏袭封如故，继从入觐，屡加赐予。每正旦，上受四方朝贺，特命希学班亚丞相。先圣庙庭自兵后，日就圮坏，希学力修葺之，复祭田之侵于豪民者五十余顷，礼器、礼服、乐舞、仪式，以次备举。至是，以疾卒，年四十七。诏礼部遣官致祭。其文曰：三纲五常之道，自上古列圣相承，率侑明以育生民，亘万古而不可无者也，非先师孔子，孰能明之？今天下又安，生民多福，惟先师此道明耳。夫世之有大德者，天地不沦没，所以为帝者之师也庙食千，万古不泯，子孙存焉。朕以尔孔希学，先师之后，赐以名位，永彰斯教，讣音遽至，云及长往。呜呼！袭封荣贵，克保令终，可无憾矣。特遣使以牲醴致祭，尔其享之。

15. 太祖高皇帝实录　卷一百四十三　洪武十五年　三月十四日

以孔子五十五代孙孔克畇为曲阜县知县。敕曰：朕惟圣明之裔，天必相之，故能世其爵禄，代有耿光，终天地而不泯焉。曩者，衍圣公孔希学以曲阜世袭知县孔克伸卒，荐尔克畇既贤且嫡，宜嗣其官，已而衍圣公卒，复召尔族长至京询之，咸以尔克畇为贤，今特命尔为曲阜知县，尔其修德慎行，敬事爱民，保厥职任，以无忝圣人之后，则朕汝嘉，往哉无怠。

二、孔 讷
（1358—1400）

孔讷，字言伯，孔子第五十七代孙，孔希学长子。孔希学病卒后，孔讷按照礼制守丧三年，于洪武十七年（1384）袭封衍圣公。御制诰文曰："三皇五帝之道，坦然明白，人所共由。至周衰道微，而诸家之说并兴，天下莫知所宗。独先师孔子删述六经，纲维斯道，使万世有所依据，其功尚矣。故天鉴有德，庙祀无穷，子孙弘衍，世有其爵。前衍圣公希学婴疾奄逝，尔讷为其长子，服阕来朝，特令袭其封爵，以奉先师之祀，敬哉。"[1] 明太祖废除宰相制度后，还令孔讷"班文臣首"。孔讷在明代期间共任职16年（1384—1400），任职期间备受恩宠，太祖皇帝朱元璋曾多次赐衣、赐宴、赐钞币，为方便衍圣公每年进京朝贺，还命兵部勘发符验给孔讷，以示殊遇。孔讷于明惠帝建文二年（1400）病卒，享年四十三岁。

夫人陈氏，继室商氏、王氏。

子四人：孔公鉴、孔公铎、孔公钧、孔公铠。
女五人。

《明实录》中所记载孔讷相关事例

1. 太祖高皇帝实录　卷一百五十九　洪武十七年　正月七日

乙巳，以孔子五十七代孙讷袭封衍圣公。初，讷入朝，引见华盖殿。上问其宗族子姓多寡贤否，讷奏对详明、动合礼度，命馆于太学，至是，袭封爵。御制诰文曰：三皇五帝之道，坦然明白，人所共由。至周衰道微，而诸家之说并兴，天下莫知所宗。独先师孔子删述六经，纲维斯道，使万世有所依据，其功尚矣。故天鉴有德，庙祀无穷，子孙弘衍，世有其爵。前衍圣公希学婴疾奄逝，尔讷为其长子，服阕来朝，特令

袭其封爵，以奉先师之祀，敬哉。

2. 太祖高皇帝实录　卷一百六十五　洪武十七年　九月四日

赐袭封衍圣公孔讷罗衣一袭。

3. 太祖高皇帝实录　卷一百六十九　洪武十七年　十二月二十三日

丙辰，赐袭封衍圣公孔讷衣一袭。

4. 太祖高皇帝实录　卷一百八十六　洪武二十年　十月三日

庚戌，袭封衍圣公孔讷来朝，赐宴及钞。

5. 太祖高皇帝实录　卷二百三　洪武二十三年　八月十五日

甲戌，复命兵部清理驿传符验。各处宣慰使司及衍圣公、张真人岁一来朝，各给二道。

6. 太祖高皇帝实录　卷二百二十二　洪武二十五年　十一月二十九日

是月，上以中外文武百司职名之沿革、品秩之崇卑、勋阶之升转、俸禄之损益，历年兹久，屡有不同，无以示成宪于后世，命儒臣重定其品阶、勋禄之制，以示天下……正二品：六部尚书、都察院左右都御史、袭封衍圣公、真人、都督金事、留守司正留守、都指挥使，文勋正治上卿，阶初授资善大夫，升授资政大夫，加授资德大夫，武勋上护军，阶初授骠骑将军，升授金吾将军，加授龙虎将军，禄月米六十一石。

三、孔公鉴
（1380—1402）

孔公鉴，字昭文，孔子第五十八代孙，孔讷长子。孔讷病卒后，孔公鉴于建文二年（1400）袭爵。又于建文四年（1402）病逝，享年二十三岁，生前未给诰封。宣德元年（1426）明宣宗颁诰封追赠孔公鉴为袭封衍圣公。

妻胡氏（1384—1436），巨野人，孔、孟、

---

[1]（明）佚名：《明太祖实录》卷一百五十九，台北"中研院史语所"，1962，第2454页。

颜三氏学教授，进士胡复性之女，生子孔彦缙。宣德元年封胡氏为太夫人。

子：孔彦缙。

《明实录》中所记载孔公鉴相关事例

太宗文皇帝实录　卷十一　洪武三十五年　八月十二日

袭封衍圣公孔鉴卒，讣闻，辍朝一日，遣行人亢诚赐祭鉴，先圣五十八代孙也。

四、孔彦缙
（1401—1455）

孔彦缙，字朝绅，名与字皆为当时的燕王世子朱高炽命名，孔子第五十九代孙，孔公鉴子，一岁丧父，孔公鉴病逝后，由母亲胡氏抚养教育，永乐八年（1410）袭爵并诰封。孔彦缙在任期间与朝廷关系往来频繁，永乐、宣德、正统、景泰年间孔彦缙均连续数年给皇上进献马匹以贺万寿圣节，历任皇上也每每回赐衣冠鞋袜及钞币、羊、酒等以示隆恩；永乐九年（1411）孔彦缙请求维修孔庙，工部准奏；永乐十五年（1417）修孔子庙讫工，孔庙面貌焕然一新，皇上亲制碑文刻石以贺；永乐二十二年（1424）皇上亲示工部赐孔彦缙宅第于京师，宣德五年（1430）宣宗亦赐孔彦缙居第于京城内，以便朝参；宣德四年（1429）咨文礼部充实孔庙藏书；宣德五年命所司修治阙里乐舞生冠服；宣德七年（1432）给衍圣公孔彦缙符验、勘合，俾朝觐往来，皆得乘驿；景泰六年（1455）赐孔彦缙三台银印。孔彦缙于景泰六年病逝，享年五十五岁。

原配夏夫人（1399—1434），江都人，江西布政使司参政济长女，洪熙元年被封为夫人。继室江氏，后又有郭氏、牙氏。

有四子：孔承庆（夏氏所生）、孔承吉（江氏所生）、孔承泽（郭氏所生）、孔承源（牙氏所生），承庆、承吉都先于孔彦缙去世。长孙孔弘绪袭爵。

三女：长女许配山东都指挥使吴勋的长子吴越，次女许配兖州护卫指挥鲍均长子鲍克恭。其一幼未行。[1]

《明实录》中所记载孔彦缙相关事例

1. 太宗文皇帝实录　卷一百一十一　永乐八年　十二月十九日

命孔子五十九代孙彦缙袭封衍圣公。

2. 太宗文皇帝实录　卷一百二十二　永乐九年　十二月十九日

乙巳，命孔子五十五代孙克中为曲阜县知县。时曲阜知县孔希范以自请辞，上命衍圣公孔彦缙举族人之贤者代之。彦缙以克中言，遂命之，仍赐敕勉励。

3. 太宗文皇帝实录　卷一百八十九　永乐十五年　闰五月十四日

己巳，衍圣公孔彦缙来朝，赐金织纱衣、羊、酒。

4. 太宗文皇帝实录　卷一百九十二　永乐十五年　九月十五日

丁卯，修孔子庙讫工，上亲制碑文刻石，其词曰：道原于天，而具于圣人。圣人者，继天立极而统斯道者也，若伏羲、神农、黄帝、尧、舜、禹、汤、文、武、周公圣圣相传，一道而已。周公殁又五百余年，而生孔子。所以继往圣开来学，其功贤于尧舜。故曰：自生民以来，未有盛于孔子者也。夫四时流行，化生万物，而高下散殊，咸遂其性者，天之道也。孔子参天地，赞化育，明王道，正彝伦，使君君、臣臣、父父、子子、夫夫、妇妇，各得以尽其分，与天诚无间焉。故其徒曰：夫子之不可及，犹天之不可阶而升也。又曰：仲尼，日月也，无得而踰焉。在当时之论如此，亘万世无敢有异辞焉。于乎此孔子之道，所以为盛也。天下后世之蒙其泽者，

1（明）王直：《故袭封衍圣公孔公神道碑》，《阙里志》卷二十四，第1832页。

实与天地同其久远矣。自孔子没，于今千八百余年。其间道之隆替，与时陟降，遇大有为之君，克表章之，则其政治有足称者，若汉、唐、宋致治之君可见已。朕皇考太祖高皇帝，天命圣智，为天下君，武功告成，即兴文教。大明孔子之道，自京师以达天下，并建庙学，偏赐经籍，作养士类仪文之备，超乎往昔。封孔子氏孙世袭衍圣公，秩视二品。世择一人为曲阜令。立学官，教孔、颜、孟三氏子孙。尝幸太学，释奠孔子，竭其严敬，尊崇孔子之道，未有如斯之盛者也。朕缵承大统，丕法成宪，尚惟孔子之道，皇考之所以表章之者若此，其可忽乎。乃曲阜阙里在焉，道统之系实由于兹。而庙宇历久，渐见隳敝，弗称瞻仰。往命有司，撤其旧而新之。今兹毕工，宏邃壮观，庶称朕敬仰之意。俾凡观于斯者，有所兴起，致力于圣贤之学。敦其本而去其末，将见天下之士，皆有可用之材。以赞辅太平悠久之治，以震耀孔子之道。朕于是深有所望焉。遂书勒碑树之于庙，并系以诗。诗曰：巍巍玄圣，古今之师，垂世立言，生民是资。天将木铎，以教是畀，谓欲无言，示之者至。惟天为高，惟道与参，惟地为厚，惟德与含。生民以来，实曰未有，出类拔萃，难乎先后。示则不远，日用攸趋，敦叙有彝，遵于圣模。仰惟皇考，圣道日崇，礼乐治平，身底厥功。曰予祗述，讵敢或懈，圣绪不承，仪宪永赖。岩岩泰山，鲁邦所瞻，新庙奕奕，饬祀有严。鼓钟锽锽，璆磬戛击，八音相宣，圣情怡怿。作我士类，世有才贤，佐我大明，于万斯年。朝鲜国王李芳远遣陪臣郑镇贡马并方物，赐钞及绮帛，遣还。云南木邦宣慰使罕宾法、孟养宣慰使刀得孟等遣使贡马及方物，赐罕宾法等钞五十锭、彩币五十匹。

5. 仁宗昭皇帝实录 卷二下 永乐二十二年 九月二十五日

丁酉，袭封衍圣公孔彦缙来朝，赐袭衣及钞二千贯。

6. 仁宗昭皇帝实录 卷三上 永乐二十二年 十月三日

甲辰，赐衍圣公孔彦缙宅于京师。彦缙数来朝，皆馆于民。上闻之，顾近臣曰：四夷朝贡之使，至京皆有公馆。先圣子孙，乃寓宿民家，何以称崇儒重道之意？遂命工部赐宅。

7. 仁宗昭皇帝实录 卷五下 永乐二十二年 十二月二十八日

己巳……礼部尚书吕震奏：有旨赐衍圣公孔彦缙一品金织衣，衍圣公是二品，如旨赐之，过矣。上曰：朝廷用孔子之道治家国天下，今孔子之徒在官有一品服者，孔子之后袭封，承先师之祀，服之何过？且先帝时五品儒臣有赐二品服者，亦何过哉。其赐之，用称朕崇儒之意。

8. 宣宗章皇帝实录 卷五 洪熙元年 闰七月五日

壬寅，袭封衍圣公孔彦缙来朝陛见。上谕尚书吕震曰：先圣子孙宜加礼待，先帝时其来朝，宴劳赐予特优，今当更加，遂赐金织文绮，袭衣如一品例。

9. 宣宗章皇帝实录 卷十三 宣德元年 正月二十六日

辛酉，赐袭封衍圣公孔彦缙祖母父母诰命，及曲阜县知县孔克中并其父母妻敕命。初彦缙奏请三代诰命，克中亦奏请父母妻敕命。行在吏部言：彦缙祖讷，洪武中已袭封受诰，妻洪熙元年亦受诰，封夫人，今宜赠其祖母父及封其母，给诰。又言在外官俱未授诰敕，克中不应独先得。上曰：先圣子孙，当优待之，如所请给之。于是封彦缙祖母父母及克中父母妻，皆如制。

10. 宣宗章皇帝实录 卷十四 宣德元年 二月八日

袭封衍圣公孔彦缙以贺万寿圣节来朝，贡马。

11. 宣宗章皇帝实录 卷十四 宣德元年 二月十五日

袭封衍圣公孔彦缙陛辞，赐钞一千锭。

12. 宣宗章皇帝实录 卷二十二 宣德元年 十月二十三日

癸未，袭封衍圣公孔彦缙来朝。既退，上谓行在礼部尚书胡濙曰：先皇帝于其来朝，亲定赏赐。盖重圣人之道，师其道则爱及其子孙，今宜悉如前例。于是赐彦缙金织纻丝袭衣、钞、靴、袜、羊、酒等物。

13. 宣宗章皇帝实录　卷二十五　宣德二年　二月六日

甲子，袭封衍圣公孔彦缙朝贺万寿圣节。

14. 宣宗章皇帝实录　卷二十五　宣德二年　二月十一日

袭封衍圣公孔彦缙陛辞，赐钞一万贯。

15. 宣宗章皇帝实录　卷五十　宣德四年　正月二十一日

袭封衍圣公孔彦缙欲遣人往福建市书，虑远行，不敢擅，咨于尚书胡濙，濙以闻上，曰：福建，鬻书籍无禁，先圣子孙欲广购，亦何必言。审度而后行，亦见其能慎。其令有司依时直为买纸，摹印工力亦官给之。

16. 宣宗章皇帝实录　卷五十一　宣德四年　二月七日

袭封衍圣公孔彦缙以贺万寿圣节至。

17. 宣宗章皇帝实录　卷五十一　宣德四年　二月十九日

袭封衍圣公孔彦缙陛辞，赐钞一万贯。

18. 宣宗章皇帝实录　卷六十三　宣德五年　二月七日

命右春坊大学士王英、翰林院侍读钱习礼为行在礼部会试考官，赐宴于本部。上闻衍圣公孔彦缙每岁来朝，皆僦居民间，命行在工部赐居第于京城内，以便朝参。

19. 宣宗章皇帝实录　卷七十　宣德五年　九月十三日

辛亥，袭封衍圣公孔彦缙奏阙里雅乐及乐舞生冠服敝坏，命所司修治。

20. 宣宗章皇帝实录　卷八十七　宣德七年　二月十四日

给衍圣公孔彦缙符，验勘合，俾朝觐往来，皆得乘驿。

21. 英宗睿皇帝实录　卷十四　正统元年　二月二十四日

袭封衍圣公孔彦缙嫡母夫人胡氏卒，遣官谕祭。

22. 英宗睿皇帝实录　卷二十　正统元年　七月十七日

庚戌，顺天府推官徐郁言四事：一，国朝尊崇圣贤，宠及来裔，或荫封爵，或复征徭，甚盛典也。惟宋袭封衍圣公孔端友扈从南渡，今其子孙流寓衢州，与民一体服役。他如宋儒周敦颐、程颢、程颐、司马光、朱熹子孙，亦皆杂为编户，乞令所在有司，访求其后，蠲其徭役，择其俊秀，而教养之。祠墓倾圮，官为修葺，庶君子德泽悠久而不替。一、建立义仓，本以济民本以济民，然一县止一二所，民居星散赈给之际，追呼拘集，动淹旬月，不免饿莩。乞令所在有司，增设社仓，仍取宋儒朱熹之法，参酌时宜，定为规画，以时敛散，庶荒岁有备而无患。一、户口食盐，令市民输钞，乡民纳米，非旧制也。而贪官毫吏，征敛不经，小民愈加困乏。乞敕该部悉遵旧制，一概收钞，庶人民免于穷迫，而钞法亦流通矣。一、法司及各衙门，送供明及工满等项，人来本府，有云给引照回者，有云送发程递者。其递解之人，索财物，夺衣食，甚至妇女被其奸占，身体被其箠楚，幸而至家不胜其苦。宜令各司，除有罪应鞠者程递外，余皆给引仍行。有司严禁解人庶还家者，得免凌虐而获安全。上以所言甚切，命所司速行之。

23. 英宗睿皇帝实录　卷二十四　正统元年　十一月三日

甲午，袭封衍圣公孔彦缙来朝，奉表贡马、贺万寿圣节，赐宴并赐钞、币等物。

24. 英宗睿皇帝实录　卷三十六　正统二年　十一月十日

丙申，袭封衍圣公孔彦缙来朝，上表贡马贺万寿圣节，赐宴并钞、币等物。

25. 英宗睿皇帝实录　卷四十一　正统三年　四月一日

袭封衍圣公孔彦缙来朝，赐羊、酒等物。

26. 英宗睿皇帝实录　卷四十八　正统三年　十一月五日

乙酉，袭封衍圣公孔彦缙来朝，奉表贡马贺万寿圣节，赐宴并赐钞、币等物。

27. 英宗睿皇帝实录　卷六十一　正统四年　十一月五日

己酉，袭封衍圣公孔彦缙来朝，奉表进马贺万寿圣节，赐宴并赐钞、币等物。

28. 英宗睿皇帝实录　卷六十一　正统四年　十一月十六日

袭封衍圣公孔彦缙奏历代拨赐赡庙田土一千九百八十顷。洪武初，听募人佃种，共六百二十四户，已为定例。今有司复奏：每户存二丁充佃，余令隶籍应当粮差。其实耕种不敷差役重，并乞赐全免，以备供给修祀。奏下行在户部，请存五百全户，共丁二千耕种，余仍令应办粮役。从之。

29. 英宗睿皇帝实录　卷七十　正统五年　八月十九日

行在工部言：衍圣公孔彦缙请修先圣庙乐器。上曰：民庶艰难，俟年丰成之。

30. 英宗睿皇帝实录　卷七十三　正统五年　十一月四日

袭封衍圣公孔彦缙来朝，上表进马贺万寿圣节，赐宴并赐钞、币等物。

31. 英宗睿皇帝实录　卷八十一　正统六年　七月二十五日

己未，诏免宣圣五十八代孙镒、五十九代孙纪徭役。先是镒等自陈系河南宁陵县支派，见收宗文图及前代袭封衍圣公印信祭帖可证，乞为优免，至是，行在户部勘实上闻，故有是命。

32. 英宗睿皇帝实录　卷八十五　正统六年　十一月七日

庚子，袭封衍圣公孔彦缙来朝，上表进马贺万寿圣节，赐宴并赐钞、币等物。

33. 英宗睿皇帝实录　卷一百二十三　正统九年　十一月五日

庚辰，袭封衍圣公孔彦缙来朝，上表进马贺万寿圣节，赐宴及钞、币等物。

34. 英宗睿皇帝实录　卷一百三十　正统十年　六月二日

袭封衍圣公孔彦缙叔父公堂知曲阜县事，多违法。彦缙代为饰词妄疏，欲推罪于人。巡按监察御史计澄请究治。诏许自陈，彦缙服罪，上特宥之。

35. 英宗睿皇帝实录　卷一百三十四　正统十年　十月二十四日

甲子，袭封衍圣公孔彦缙来朝，奉表进马贺万寿圣节，赐宴并钞、币等物。

36. 英宗睿皇帝实录　卷一百四十七　正统十一年　十一月二日

丙寅，袭封衍圣公孔彦缙来朝，贡马贺万寿圣节，赐宴及彩、币等物。

37. 英宗睿皇帝实录　卷一百五十九　正统十二年　十月三十日

戊子，袭封衍圣公孔彦缙贡马贺万寿圣节，赐宴并赐钞、币等物。

38. 英宗睿皇帝实录　卷一百六十一　正统十二年　十二月七日

袭封衍圣公孔彦缙言：近者族人孔禧犯在宪司，罪至大辟。臣之不能象贤先人，表正宗族，无所逃罪。且禧父希谊素乖义方，同恶相济，欲使其父子生不入庙，死不入林，著为定例，以警后来。又三氏学所教子弟，多纵肆自如，怠于学业，至于族属数多，行辈不一，中有不循礼法者，欲加惩治，往往相抗，无所严惮。礼部覆奏：孔禧父子事待论，报别议行，遣三氏学宜令提调学校佥事巡视提督。其族人有不律者，初犯令于庙庭，免冠悔过，会众以声其罪。再犯不悛者，听以家法治之。上从其议。

39. 英宗睿皇帝实录　卷一百七十二　正统十三年　十一月二日

袭封衍圣公孔彦缙来朝，贡马，贺万寿圣节。赐宴并赐钞、币等物。

40. 英宗睿皇帝实录　卷一百七十八　正统十四年　五月十二日

袭封衍圣公孔彦缙祖母夫人王氏卒，遣官赐祭。

41. 英宗睿皇帝实录　卷一百九十九　景泰元年　十二月十九日

巡按浙江监察御史黄英言三事：一，浙江丽水瑞安县，俱僻在万山，民不识官府，负固为非。今虽招抚稍靖，虑难革其顽心，请于丽水县鲍村、瑞安县罗洋地方，添设县治、巡司及千户所衙门。一，宋高宗赐衍圣公孔玠衢州田五顷，以奉先圣庙祀，子孙世守其业。至洪武间，有王希达冒姓附籍，因得罪没前田入官，散佃民间，升科纳粮，请拨前田，复赐孔圣子孙。一，各布政司田土，自洪武初，差监生分区丈量，造鱼鳞图本。府、州、县、里各存一本。今世远无存，明年例该重造黄册。请仍举洪武丈量图本之法，庶田粮得清，小民不困。事下户部覆奏。诏没官田地，起科纳粮已定，不必更改。添设衙门并丈量田土，命镇守副都御史轩輗会官体勘以闻。

42. 英宗睿皇帝实录　卷二百　景泰二年　正月六日

敕礼部曰：帝王之道，莫先于宗孔子。朕将祗谒庙廷，躬修祀礼，退临太学，劝励师生，以丕隆文教于天下。尔礼部其择日，具仪以闻。遂遣官赍敕往山东兖州府曲阜县。谕孔颜孟三氏子孙、袭封衍圣公孔彦缙等曰：朕以今年二月初吉，躬临太学，祀先圣先贤。尔三氏子孙，各以贤而长者三四人来京。有司以礼，应付口粮、脚力，毋或稽违。

43. 英宗睿皇帝实录　卷二百　景泰二年　正月十五日

免孔子五十七代孙曲阜县知县谏运粮，仍令随袭封衍圣公孔彦缙侍班。

44. 英宗睿皇帝实录　卷二百一　景泰二年　二月九日

复孔公堂山东曲阜县知县，仍命致仕。公堂先坐赃，罢为民。至是，其侄袭封衍圣公彦缙为白其枉，故命复原职致仕。

45. 英宗睿皇帝实录　卷二百四十三　景泰五年　七月二十三日

壬申，袭封衍圣公孔彦缙遣司乐李耕献马，给赏如例。

46. 英宗睿皇帝实录　卷二百五十六　景泰六年　七月二十五日

戊戌，赐袭封衍圣公孔彦缙三台银印。

47. 英宗睿皇帝实录　卷二百五十九　景泰六年　十月十九日

辛酉，衍圣公孔彦缙不能谦下族人，且所举先圣五十四代孙克勋为族长，五十七代孙诤为知县，俱不协众论。于是彦缙族叔祖克昫等上疏条不彦缙不律过恶数事。彦缙亦奏克昫等恃尊欲倾己。俱下巡按山东御史等官覆之。情伪相半，论克昫等徒而诤不为族人所服，宜改择之。彦缙奏亦有妄，请加罪。诏曰：先圣子孙，朝廷甚优待之。念其初犯，俱免罪。今后务循礼法，敬长慈幼，不得恃贵凌尊，恃长欺贤，有违国法家训，再犯必罪不宥。

48. 英宗睿皇帝实录　卷二百五十九　景泰六年　十月二十一日

袭封衍圣公孔彦缙卒。彦缙，字朝绅，宣圣五十九代孙，甫十岁袭父鉴爵，太宗皇帝命教于太学，久之遣归。仁庙赐第于东华门。正统间，幸太学，有袭衣冠带之赐。明年来朝，又有银印、玉带、织金、麒麟之赐。至是卒，年五十五。帝遣礼部主事周骙往致祭，并令并命有司治丧葬。彦缙为人和易，性嗜酒，于文学亦少加意，孙弘绪嗣爵。

49. 英宗睿皇帝实录　卷二百六十　景泰六年　十一月十一日

故袭封衍圣公孔彦缙妾江氏遣人诉于朝，言子幼孙穉，为族人所欺凌，凡庙中仓库管钥，为其所收，凌暴孤寡，窘迫备至。况今夫柩在堂，丧葬礼仪，无所措置。乞赐矜怜，特为区处。帝命礼部遣官属一人，驰驿至阙里，为之治丧葬。且敕其族人，令纤毫毋与，凡公私出纳管掌，悉听如故。时进士孔公恂以亲丧家居，遂命兼理之。礼部又言，衍圣公虽二品，然近蒙恩赐玉带及三台银印，恩礼优异，其卹典宜视一品之制。从之。

五、孔承庆

（1420—1450）

孔承庆，字永祚，孔子第六十代孙，孔彦缙长子，早于其父孔彦缙去世，所以生前未能袭爵。景泰六年（1455）追赐诰命，赠为衍圣公，享年三十一岁。

夫人王氏（1419—1481），宁阳人，顺天府尹王贤女，景泰六年被封为夫人。成化七年（1481）去世时朝廷遣官至阙里谕祭。王贤与孔氏是世交，王贤与其妻联姻是由孔彦缙作媒而成的。

子二人：孔弘绪、孔弘泰。

六、孔弘绪

（1448—1504）

孔弘绪，字以敬，自号南溪，孔子第六十一代孙，孔承庆之子，后世为避清帝弘历名讳，改称孔宏绪（图3-3）。景泰元年（1450）弘绪的父亲孔承庆去世，当时弘绪仅三岁，由母亲王氏抚养教育。当时祖父孔彦缙还健在。景泰六年（1455）孔彦缙又去世，年仅八岁的孔弘绪应召进京袭爵。同年赐玉轴诰命，并赠其父孔承庆为衍圣公，封嫡母王氏为夫人。景泰七年（1456）封孔弘绪庶祖母江氏为夫人，赐之诰命。孔弘绪在任期间曾请修大成庙御制碑楼、奎文阁、四角楼以及周围墙垣；请给孔、颜、孟三氏学印，三年贡有文行者一人，入国学；成化元年（1465）宪宗视学，孔弘绪率三氏子孙陪祀观礼；成化五年（1469）孔弘绪以罪革爵为民，念是先圣后裔，弘治十一年（1498），其族人孔希瑾等合词状，称孔弘绪能改过迁善，乞复旧爵，以奉宗祀，皇上命与冠带闲住。

图3-3 六十一代衍圣公孔弘绪画像
孔子博物馆藏

元配夫人李氏，河南郑州人，华盖殿大学士兼吏部尚书李贤的次女，议婚时李贤已是内阁首辅。景泰六年封为衍圣公夫人。成化五年六月十四日先于孔弘绪去世。

继配熊氏，兖州护卫百户熊祯的孙女，也被封为夫人。

继配袁氏，河南人，山东按察司副使袁端的三女儿，生于明成化三年（1467）十一月二十六日，明世宗嘉靖二十年（1541）九月十二日去世。

贰室江氏，济宁卫指挥佥事江耘之女（图3-4）。英宗天顺元年（1457）九月十二日生，孔弘绪元配夫人李氏死后，遂聘娶为妻，孔弘绪死后，她积哀成疾而死，死后赠封夫人。

儿子七人：闻韶、闻礼、闻善、闻义、闻政、闻忠、闻孝。长子闻韶袭封衍圣公。

女五人：长适济宁卫指挥邬玉之子邬祐，次适尹恭简公之孙中书舍人尹继祖，次适刘指挥子刘元昌，次适东欧王子。[1]

---

1 （明）程銮：《明诰封太夫人、衍圣公南溪先生继配袁氏墓志铭》，《阙里志》卷二十四，第1862页。

图3-4 六十一代衍圣公孔弘绪贰室江夫人画像
孔子博物馆藏

《明实录》中所记载孔弘绪相关事例

1. 英宗睿皇帝实录 卷二百六十一 景泰六年 十二月十三日

甲寅，命故袭封衍圣公孔彦缙孙弘绪袭封。敕之曰：朕惟自古圣帝明王之道，覆冒天下。然但行之于当时，若夫明之，使为法，于天下万世，如布帛菽粟，不可一日而无者，则惟先师孔子。肆历代帝王至于我祖宗，尊崇之典，靡不至焉。尔祖彦缙以先师嫡嗣，蚤承封爵，朕方优于礼，待诏意溢，先朝露肆，特命尔袭爵，以奉先师祀事。尔尚钦承祖德，修身谨行，以孝弟为先，力学亲贤，以诗礼为本，和敬以睦族姻，仁厚以处乡党，毋骄毋傲，惟俭惟良，庶无忝于宗亲，且有光于朕命。

2. 英宗睿皇帝实录 卷二百六十一 景泰六年 十二月二十三日

赐袭封衍圣公孔弘绪玉轴诰命，并赠其父承庆为衍圣公，封母王氏为夫人。

3. 英宗睿皇帝实录 卷二百六十九 景泰七年 八月八日

乙巳，赐辽府镇国将军豪垴夫人丁氏诰命冠服，封袭封衍圣公孔弘绪庶祖母江氏为夫人，赐之诰命，从弘绪奏请也。命太常寺少卿兼翰林院侍读刘俨、左春坊左中允兼翰林院编修黄谏为顺天府乡试考官，赐宴于本府。袭封衍圣公孔弘绪奏：宣圣庙自洪武七年钦选乐舞生一百二十八人，以备祭享，后有事故，应用不敷。臣祖父袭封衍圣公彦缙奏准于邻近府州县，借拨俊秀子弟八十余人，习学乐舞，以补事故之缺。近者族人克昫等奏称滥设，致蒙革去。臣思乐舞之设，所以格幽享神，苟或有缺，则大成之乐，不能全设，有负圣朝崇重之意。乞将革去乐舞去仍留在庙。从之。

4. 宪宗纯皇帝实录 卷七 天顺八年 七月七日

山东布按二司奏：阙里大成庙御制碑楼、奎文阁、四角楼并周围墙垣，岁久不葺，先已奏行修理。奉诏停止，虚弃前功，请毕其役。会衍圣公孔弘绪亦以为言，从之。

5. 宪宗纯皇帝实录 卷十五 成化元年 三月十二日

己未，诏宴孔、颜、孟三氏子孙，衍圣公孔弘绪等于礼部。故事视学，祭酒以下皆宴于奉天门，至是免宴，以弘绪等远来特宴之。

6. 宪宗纯皇帝实录 卷十八 成化元年 六月十一日

袭封衍圣公孔弘绪来朝，进马谢恩。

7. 宪宗纯皇帝实录 卷二十三 成化元年 十一月十日

甲寅，给孔、颜、孟三氏学印，仍许三年贡有文行者一人，入国学。从衍圣公孔弘绪请也。

8. 宪宗纯皇帝实录 卷二十五 成化二年 正月六日

詹事府少詹事兼左春坊左谕德孔公恂，以言事下狱，出为汉阳府知府。公恂上言：京师天下根本，京师完固，则四方安矣。今四方多事，内政不修，将老兵弱，何以应变。北虏毛里孩数为边患，今复寇雁门等关，密迩京师，其志叵测。兵部近又榜谕各处招募壮勇，虽经御史论奏，榜文尚在，朝廷养兵百年，未有小警辄欲募兵，似有示弱之意。万一點虏窥我虚实，拥众南下，不知谁可御之者。顷以荆襄之变，命京营总兵抚宁伯朱永徂征。夫荆襄之地流民，依山据险，猝难殄灭，况其重轻视京师有间。如永之威望，今总兵中，一人而已。岂可使之久用于外，宜留永镇京师，而别选人代之。其提督军务、工部尚书白圭谙晓边事，尝于陕西用兵有功，亦宜转以兵部之职，假以便宜行事，使与代永者，分往荆襄，守其要害，断其出入，招徕抚绥，迟以岁月，彼乌合之众，将不战而自败矣。臣又见京师以南，德州、临清、东昌、济宁、徐州，正系朝廷喉襟要路，除运粮操备之外，守城不过疲卒二三百人，间亦有空城者，灾伤之处，小有阻滞，粮道不通。请于德州直抵徐扬及真保定等处，起集民壮，分属军政官训练，以备不虞。更望皇上退朝之暇，延见三五大臣，讲论治道，审察事机，务求万全。诏下其奏于所司。于是兵科都给事中袁恺、监察御史陈炜等交章劾之。谓荆襄用人已有成命，朱永虽望重三军，然虎臣布列，岂无其比。白圭既提督军务，则节制自专，何必转任。民壮无异壮勇，榜文既收，又欲起集，何其言之，自相背戾也。上是科道言，命下公恂都察院狱，当赎徒还职。诏免徒，调外任。公恂为人直戆，与众不合。初为给事中，以宣圣后，且衍圣公孔弘绪大学士，李贤婿也。遂不次用为少詹事，已有嫉之者。及上即位，改大理少卿，寻自奏复少詹事。至是，上疏谓总兵中止有朱永一人，于是诸总兵哗然不平，言官闻风劾之。

9. 宪宗纯皇帝实录 卷三十四 成化二年 九月十日

戊寅，升曲阜县知县孔公锡为兖州府通判，仍掌县事。从衍圣公孔弘绪请也。

10. 宪宗纯皇帝实录 卷五十七 成化四年 八月一日

成化四年八月戊子朔，袭封衍圣公孔弘绪，以先圣庙御制碑亭修造毕，奉表谢恩。

11. 宪宗纯皇帝实录 卷六十 成化四年 十一月十一日

衍圣公孔弘绪，恃恩骄恣，荒淫无度。凡此皆妨国病民，法所难道者也。伏望陛下奋乾刚之断，扩日月之明，严加黜责，庶可以答天戒，安人心，转祸为福不难矣。南京六科给事中朱清等亦以为言，事下刑部覆奏。命礼部右侍郎叶盛、刑科都给事中毛弘，往按之。

12. 宪宗纯皇帝实录 卷六十三 成化五年 二月二十五日

庚戌，太子少保兵部尚书兼文渊阁大学士彭时等，以衍圣公孔弘绪犯法，得旨械至京问理，上奏弘绪贪淫暴虐，事已彰闻，依法提问，固所当然。但弘绪为宣圣嫡孙，宣圣乃万世名教宗师，历代崇尚有隆无替，待其子孙与常人不同。今弘绪有罪，处之亦宜从厚。伏望皇上念先师扶世立教之功，免其提解，宽其桎梏之刑，待取至京，命多官议罪奏闻，然后处置为当。盖律有八议，弘绪正系合应议之例，如此处之，于法而不碍，于理为宜。疏入，上曰：宣圣子孙，朕素所优礼，今弘绪自罹于法，殊玷家风。卿等欲俾其散行就逮。虽非所以处弘绪而于待孔氏之道则得矣，其颂系之。

13. 宪宗纯皇帝实录 卷六十五 成化五年 三月十九日

癸卯，衍圣公孔弘绪有罪革职。弘绪初为南京科道所劾，下巡抚山东都御史原杰按之，悉得其非法用刑，奸淫乐妇四十余人，勒杀无辜者四人，状以闻，命官会问，坐以斩。上念宣圣之后，特从宽革职为民，仍命巡抚等官会勘族内应袭者，奏闻区处。

七、孔弘泰
（1450—1503）

孔弘泰，字以和，号东庄，孔子第六十一代孙，孔承庆次子，孔弘绪弟弟，成化六年（1470）袭爵，成化十一年（1475）给诰。由于孔承庆嫡长子衍圣公孔弘绪因罪免为民，命由嫡次子孔弘泰袭封。"公侯伯袭封，皆核其宗图。辨嫡庶，明伦序，以杜争端。衍圣公袭封，亦如之。凡公侯伯子孙袭爵，洪武二十六年（1393）定：受封官身死，须以嫡长男承袭，如嫡长男事故，则嫡孙承袭，如无嫡子嫡孙，以嫡次子孙承袭，如无嫡次子孙，方许庶长子孙承袭，不许搀越，仍用具奏，给授诰命。劄付翰林院撰文，具手本送中书舍人书写。尚宝司用宝完备，具奏颁降。孔氏袭封衍圣公如之。"[1] 按照《大明会典》中爵位承袭的要求，在孔弘绪有嫡子的情况下，孔弘泰卸任之后，衍圣公爵位仍由孔弘绪之子继之承袭。孔弘泰袭爵之后，朝廷命其留在京师，并赐以馆舍，令其随侍班行，伏睹礼制，退则从游太学，受教师儒，成化八年（1472）待其学成，方许孔弘泰于回归奉祀。在任期间享受一等赏赐等第；请修阙里大成等殿及门庑房屋五百七十九间；每每皇帝于国子监视学，孔弘泰率三氏子孙陪祀观礼，享有衣冠之赐。弘治十二年（1499），孔庙遭受回禄之灾，孔弘泰奏请慰祭，并请修复庙宇。

妻孙氏，成化十二年（1476）封为夫人。

儿子闻诗，字知言，万历戊午（1618）举人。天启壬戌（1622）进士，授中书考选吏科给事中，转礼和给事中（正八品）。

长女正德三年（1508）嫁鲁庄王嫡孙朱建杙。"正德三年正月二十四日，奏奉朱阳铸世孙健杙敕给与世子冠服，代行礼仪，娶孔氏已故衍圣公孔弘泰长女。"[2]

《明实录》中所记载孔弘泰相关事例

1. 宪宗纯皇帝实录 卷七十九 成化六年 五月四日

辛巳，命孔弘泰袭封衍圣公。先是衍圣公孔弘绪以罪免为民，上命山东巡抚等官举其宗人应袭者。至是，都御史翁世资等奏、孔氏宗长孔克晟等状言：阙里自汉高祖过鲁祀孔子，封九世孙

腾为奉祀君，其后世世以宗子承袭。至四十七世孙若蒙监修祖庙有罪免，以其弟若虚承袭，若虚卒，仍以若蒙子端支继之。今弘绪既以罪免，其同母弟弘泰读书知礼义，宜奉先圣宗祀。弘泰至京，事下吏部。尚书姚夔等言：弘泰宜循若虚故事。令袭封衍圣公。弘泰之后，仍令弘绪之子继之。奏上，故有是命。

2. 宪宗纯皇帝实录 卷七十九 成化六年 五月十八日

国子监监丞李伸言：前袭封衍圣公孔弘绪自幼失学，长而狎近群小，以致干冒刑宪。圣明念先圣之裔，特加宽宥，革职为民。即命其弟弘泰袭封，恩至渥也。然不豫教之，诚恐复蹈前辙，伏望留之京师，赐以馆舍。俾之随侍班行，获观礼制，退则从游太学，受教师儒，俟其学成，遣归奉祀。礼部覆奏：宜准其言，留弘泰在监读书一年，然后许归，仍给与牙牌悬带，朔望并时节随班朝参。从之。

3. 宪宗纯皇帝实录 卷九十一 成化七年 五月二十七

己亥，礼部言：袭封衍圣公孔弘泰奉命在国子监读书，习礼一年，今已届期，乞遣归，奉祭。命：仍留之。

4. 宪宗纯皇帝实录 卷九十八 成化七年 十一月五日

南京詹事府少詹事孔公恂卒。公恂，字宗文，山东曲阜县人，宣圣五十八代孙，景泰甲戌进士，授礼科给事中。天顺中，衍圣公弘绪婚于大学士李贤。贤言于英宗，谓公恂与赞善司马恂皆古圣贤后，可居辅导之职。遂同日超升詹事府少詹事，侍上于春宫讲读。及上即位，改大理寺左少卿，怏怏不乐。因自陈不谙刑名，仍改少詹事兼左春坊左谕德。会抚宁侯朱永奉命出征，公恂上章留之。且言永当时武臣中，一人而已。为众所嫉，被劾，出知汉阳府。未之任，丁家艰服阕，复少詹事，改任南京詹事府，卒于官。公

1 （明）申时行：《大明会典·卷六·功臣袭封》，万历十五年内府刊本。
2 杜心广：《兖州明代鲁王府》，中国文史出版社，2018，第24页。

恂自负先圣后，又举进士，慷慨尚气，时或凌物，然亦颇能自持，不肯卑污屈抑，遇非其人，一言不合，辄悻悻然，见于颜回在孔氏子孙中，彼善于此云。

5. 宪宗纯皇帝实录　卷一百六　成化八年　七月九日

命袭封衍圣公孔弘泰归阙里。弘泰袭封初，上从国子监丞李伸言，遣入国学读书习礼。尝一遣归奉祀，仍俾其来。至是弘泰恳以母老病，且久旷祭扫，乞归。故允之。

6. 宪宗纯皇帝实录　卷一百四十七　成化十一年　十一月十二日

丁巳，以册立皇太子礼成。命礼部定赏赐等第。文武官自公、侯、驸马、伯、左右都督同知、衍圣公、尚书、都御史为一等，都督佥事、左右侍郎、副都御史、都指挥使、都指挥同知、佥事，大理、光禄、太仆寺卿、顺天府尹，左右通政、大理、太常、太仆少卿，鸿胪卿、少詹事、祭酒、府丞、各卫掌印指挥、锦衣卫指挥、同知、佥事为二等，学士、侍读、侍讲学士、通政司参议、大理丞、各卫指挥使、指挥同知、佥事，春坊庶子、谕德、尚宝司卿、少卿、太医院使、钦天监正、光禄、鸿胪少卿，带俸、布政司参议为三等，文武衙门五品、六品、七品官为四等，各衙门七品首领官、五城副兵马、京县县丞、五官灵台郎、上林苑监监丞并八品、九品杂职及国子监官为五等，赐彩段表里有差。南京文武官成国公朱仪及各堂上官等五十九人遣官赍赐之。

7. 宪宗纯皇帝实录　卷一百四十七　成化十一年　十一月十九日

甲子，赐袭封衍圣公孔弘泰诰命。

8. 宪宗纯皇帝实录　卷一百五十九　成化十二年　十一月十四日

甲寅，赐袭封衍圣公孔弘泰玉轴诰命，衍圣公二品例给文犀轴诰。弘泰已如例得给。至是援先朝故事，乞给玉轴诰，珍藏阙里，诏特给之。

9. 宪宗纯皇帝实录　卷二百　成化十六年　二月三十日

庚辰，诏修阙里大成等殿及门庑房屋五百七十九间。以袭封衍圣公孔弘泰奏也。

10. 宪宗纯皇帝实录　卷二百一十三　成化十七年　三月七日

辛巳，赐袭封衍圣公孔弘泰母王氏祭葬，从弘泰请也。

11. 宪宗纯皇帝实录　卷二百七十六　成化二十二年　三月七日

壬子，升山东曲阜县知县孔燮为兖州府通判，仍管县事，后不为例。燮，先圣五十七代孙，以衍圣公弘泰等荐知曲阜九载，有政绩。县民王奉等赴吏部告保，巡抚副都御史盛颙亦为移文，请加秩治事，故有是命。

12. 孝宗敬皇帝实　录修纂凡例

一即位礼仪及赏赉之类皆书。

一封公、侯、伯及命其子孙袭爵，皆书并书所受封号、阶、勋。衍圣公袭封，书。

13. 孝宗敬皇帝实录　卷五　成化二十三年　十月二十三日

己丑，袭封衍圣公孔弘泰以进香至京。

14. 孝宗敬皇帝实录　卷十二　弘治元年　三月十日

甲戌，国子监祭酒费訚率学官、监生上表谢恩。上御奉天殿受之。赐祭酒司业各织金纻丝衣一袭、罗衣一袭。袭封衍圣公孔弘泰纻丝衣一袭、犀带一条，五经博士颜公铉纻丝衣一袭、带一条、纱帽一顶，孔颜孟三氏族人及国子监学官各纻丝衣一套，监生人等钞锭有差。

15. 孝宗敬皇帝实录　卷十二　弘治元年　三月十日

是日，赐衍圣公孔弘泰及三代子孙十一人并祭酒费訚、司业刘震宴于礼部。命尚书周洪谟待宴。

16. 孝宗敬皇帝实录　卷三十一　弘治二年　十月十二日

丙申，衍圣公孔弘泰奏：先圣五十九世孙、举人孔彦士学识优长，乞选为曲阜县知县。吏部覆奏。从之。

17. 孝宗敬皇帝实录　卷一百三十七　弘

十一年　五月二十日

乙卯，赐代府芮城郡君并仪宾杨鏽，诰命冠服如制。巡按山东监察御史王一言奏：先圣六十一代孙孔弘绪袭封衍圣公以罪革爵为民，至是二十余年。其族人希瑾等合词状，称弘绪能改过迁善，乞复旧爵，以奉宗祀。命与冠带闲住。

18. 孝宗敬皇帝实录　卷一百五十二　弘治十二年　七月十五日

监察御史余濂奏：近者回禄之灾，及我孔庙殿宇，门庑碑刻之类，荡为灰烬，正道之甚厄也。而廷臣未闻有祈请之辞，朝廷未闻下矜恤之典。是君臣上下，恬然于先圣之灾也。及衍圣公孔弘泰奏至臣，谓陛下必遣官慰祭，必发帑赈贷，必料理财物，以造庙宇。然但命所司知之，愚臣所未谕也。灾延庙宇，在天之灵，蔑以栖托释，今不为之计，则废一时之祀。如延至来岁，则废四时之祀。其非崇道报功之意，乞敕各部早为举行。上命所司，看详以闻。户部议：回禄所灾，庙宇门庑之类而已。其孔氏子孙财产初无所坏。慰祭造庙，当次第举行。赈贷宜在所已。从之。

19. 孝宗敬皇帝实录　卷一百七十一　弘治十四年　二月十九日

衍圣公孔弘泰以疾乞休致，并以兄子闻韶袭封。上曰：弘泰不准休致，有疾宜善加调理，以奉祭祀事。

20. 孝宗敬皇帝实录　卷一百九十九　弘治十六年　五月十五日

庚辰，宣圣六十一代孙袭封衍圣公孔弘泰卒。弘泰，字以和，山东曲阜县人，宣圣六十一代孙。父承庆，未袭封而卒，弘泰兄弘绪嗣封衍圣公，后坐事革爵。成化六年，弘泰以嫡弟从廷议，借袭衍圣公，俟弘绪有子仍归其爵。其母夫人王氏病属之日，官爵事须交付明白。至是卒，遣行人赐祭。

八、孔闻韶
（1482—1546）

孔闻韶，字知德，号成庵，孔子第六十二孙，孔弘绪长子，生于明宪宗成化十八年（1482）八月十八（图3-5）。明孝宗弘治九年（1496），其叔父衍圣公孔弘泰向大学士李东阳家求婚，弘治十三年（1500）孔闻韶和李氏成婚。弘治十六年（1503），其叔父孔弘泰去世，明孝宗命孔闻韶袭封衍圣公，并赐玉带、麒麟纻丝衣。正德二年（1507）孔闻韶奏请尼山、洙泗二书院各设学录一员。正德六年（1511），贼犯阙里，退兵后，皇上令巡抚官祭告，量为修葺，以慰圣灵。孔闻韶请求朝廷，将曲阜县城改建在阙里，以保护孔庙（宋真宗将曲阜县城建在少昊陵、寿丘一带，称为仙源县，即今曲阜市书院街道旧县村）次年七月，开始在阙里建筑新县城。孔闻韶在任期间，分别于正德元年（1506）、嘉靖元年（1522）、嘉靖十二年（1533）皇帝幸学之时陪祀幸得袭衣

图3-5 六十二代衍圣公孔闻韶画像 孔子博物馆藏

冠带之赐。明世宗嘉靖二十五年（1546）二月十一，孔闻韶去世，由儿子孔贞干承袭衍圣公。吏部尚书、谨身殿大学士严嵩为他写墓志铭。

原配李夫人，湖南茶陵人，内阁首辅李东阳之女。

继配卫氏，松江华亭人，宣城伯加秩少保卫璋之女。

有二子：长子孔贞干袭爵，次子孔贞宁，翰林院五经博士（六十五代衍圣公孔胤植的祖父）。

一女：女儿嫁给南京户部尚书李廷相之子李孝元，李孝元为濮州人，官至知府（正四品）。

《明实录》中所记载孔闻韶相关事例

1. 孝宗敬皇帝实录　卷二百　弘治十六年　六月二十三日

巡抚山东都御史徐源言：衍圣公孔弘泰，初以其兄弘绪革爵，暂令借袭。今既卒，其爵宜归弘绪之嫡子闻韶。因其孔氏族人状及司府县公文以请，事下吏部，看详以闻。吏部查其议案，请如源奏，上从之。命礼部照例，差人取闻韶至京袭爵。

2. 孝宗敬皇帝实录　卷二百三　弘治十六年　九月六日

己巳，命宣圣六十二代孙孔闻韶袭封衍圣公，时闻韶行取至京也。

3. 孝宗敬皇帝实录　卷二百三　弘治十六年　九月十四日

赐衍圣公孔闻韶玉带麒麟纻丝衣一袭。

4. 武宗毅皇帝实录　卷八　弘治十八年　十二月十二日

礼部奏：明年三月初四日，圣驾幸太学，释奠先师。宜遣官给传行，取衍圣公孔闻韶及翰林院五经博士颜公铉、孟元，仍别取孔氏老成族人五人、颜孟族各二人，驰驿来京，迎驾陪祀。从之。

5. 武宗毅皇帝实录　卷九　正德元年　正月二十六日

丙午，礼部具视学仪注：一，择三月初四日吉。一，前期致斋一日，太常寺备祭仪、祭帛，

设大成乐器于殿上，列乐舞生于阶下之东西，国子监洒扫殿堂内外，司设监同锦衣卫设御幄于大成门之外东上南向，设御座于彝伦堂正中，鸿胪寺设经案于堂内之左，设讲案于堂内西南。至日，置经于案，锦衣卫设卤簿驾，教坊司设大乐，俱于午门外。是日早，百官免朝。先诣国子监门外迎驾，武官都督以上、文官三品以上及翰林院七品以上，同国子监官，具祭服伺候陪祀。驾从东长安门出，卤簿大乐以次前导，乐设而不作。太常寺先陈设祭仪于各神位前，设帛设酒樽爵如常仪，司设监设上拜位于先师神位前正中，学官率诸生于成贤街左。迎上至大成门外，降辇。礼官导上入御幄，奏：请具服。上具皮弁服，讫。太常寺官导上出御幄，由中道诣大成殿陛上。典仪唱：执事官各司其事。执事官各先酌酒于爵，候导上至拜位。赞：就位。百官亦各就拜位。四配、十哲、分奠官各列于陪祀官之前，俱北向立。赞：迎神。乐作，乐止。赞：上鞠躬。拜，兴，拜，兴，平身。通赞、分奠官、陪祀官行礼同。赞：释奠，搢圭。上搢圭。太常寺卿跪进帛，乐作。上立，受帛。献毕。授太常卿奠于神位前，乐止。进爵，乐作，上立，受爵。献毕。复授太常卿奠于神位前。乐止。赞：出圭。上出圭。四配、十哲、两庑分奠官以次诣神位前奠爵，讫。各以次退就原位。赞：送神。乐作，乐止，赞：上鞠躬。拜，兴，拜，兴，平身。通赞、分奠官、陪祀官礼同。赞：礼毕。太常寺官导上由中道出。上入御幄，更翼善冠、黄袍，讫。礼部官奏：请幸彝伦堂。上升舆，礼部官、鸿胪寺官前导，由棂星门出，从太学门入，诸生先分列于堂下，东西相向，祭酒、司业、学官列于诸生前。驾至，祭酒、司业以下及诸生跪伺，驾过然后起，序立北向。各官分列堂外稍上，左右侍立。上至彝伦堂，升御座，赞：祭酒、司业、学官诸生五拜三叩头礼。武官都督以上、文官三品以上及翰林院学士升堂，光禄寺预设连几于左右，执事官各以次序立。赞：进讲。祭酒从东阶升，由东小门入至堂中，鸿胪寺官举经案，进于御座稍前。礼部尚书奏请授经于讲官，祭酒跪，礼部尚书以经授祭酒，祭酒受

经，置经于讲案，讫。复至堂中，叩头。上赐讲官坐，祭酒复叩头，就西南隅几榻坐讲。上赐武官都督以上、文官三品以上及翰林院学士坐，皆叩头，序坐。诸生环立于外，以听祭酒讲毕。以经置于原案，叩头退出堂外，就本位。司业从西阶升，进讲如仪，退，就位。鸿胪寺官奏：传制。堂内侍、坐官起立，赞：有制。祭酒以下学官及诸生，俱北面跪听。宣谕毕，赞：五拜。叩头，礼毕。学官诸生以次退，先从东西小门出，列于成贤街后伺候。尚膳监进茶御前，上命光禄寺赐各官茶，各官复坐，饮茶毕，退列于堂外，叩头，分班序立。鸿胪寺奏：礼毕。驾兴，升舆，出太学门，升辇、卤簿、大乐振作前导。祭酒以下及诸生伺驾至，跪，叩头，退。百官常服，先诣午门外伺候驾还。卤簿大乐，止于午门外。上御奉天门，鸣鞭。百官常服。鸿胪寺致词，行庆贺礼，毕，鸣鞭。驾兴，还宫，百官退。初五日，袭封衍圣公率三氏子孙，国子监祭酒率学官、监生，上表谢恩。上具皮弁服，御奉天殿。锦衣卫设卤簿驾，百官朝服侍班。行礼毕，上易服，御奉天门。礼部引奏，赐祭酒司业学官及三氏子孙衣服，诸生钞锭，毕，驾还。是日，上御奉天门，赐宴武官都督以上、文官三品以上、翰林院学士并检讨以上、祭酒、司业、学官、三氏子孙及礼部太常、光禄、鸿胪寺执事官员与宴。初六日，祭酒、司业率学官、监生谢恩，上赐敕，勉励师生。祭酒捧置彩舆，师生迎导至太学，开读如仪。初七日，祭酒、司业率学官、监生，复谢恩。一各衙门办事监生，俱取回，迎驾观礼。一赐袭封衍圣公孔闻韶纻丝衣一套、犀带一条、纱帽一顶。五经博士颜公铉、孟元各纻丝衣一套、带一条、纱帽一顶。其余族人各纻丝衣一套。一讲官各纻丝衣一套、罗衣一套。其余学官纻丝衣一套。监生人钞五锭。吏典二锭。上是之。惟乐如弘治初，设而不作。

6. 武宗毅皇帝实录　卷十一　正德元年　三月五日

赐衍圣公孔闻韶并三氏子孙、祭酒、司业、学官袭衣及诸生宝钞。仍宴闻韶等于礼部，祭酒以下免宴。

7. 武宗毅皇帝实录　卷十二　正德元年　四月三十日

已卯，特授故衍圣公孔弘泰之子闻诗翰林院五经博士。初，衍圣公弘绪以罪夺爵，礼部议：以弘泰袭封。后弘泰卒，爵归弘绪之子闻韶，而闻诗充三氏学生。闻韶言：大臣例有荫录，叔弘泰亦历爵三十余年，身没之后，不沾一命，乞录闻诗，以荣其终身。下吏部议：无例。但弘泰效劳颇久，授其子一衔，亦足以昭圣明推恩先圣从厚之意。乃有是命。

8. 武宗毅皇帝实录　卷十四　正德元年　六月十三日

授先师孔子五十九代孙彦绳为翰林院五经博士，主衢州庙祀。当宋之南渡也，衍圣公端友扈跸，自曲阜徙衢州，传五世，至其孙洙，而宋亡。元世祖召洙至，欲令袭爵，洙以坟墓在衢，力辞乃让其爵于曲阜宗弟治。自是曲阜之后，世袭为公，而嫡派之在衢者，遂无禄。至是，衢州知府沈杰，求端友后，得彦绳请授以官，俾世主衢之庙祀，且言其先世所赐祭田，在西安者五顷，洪武初，以民田轻，则起科未几，有王氏子随母改适孔氏，遂冒孔姓，以罪抵法，田没入官。征重税令亦宜减轻，以供祭奠修葺费。礼部议覆，上曰：先圣苗裔在衢者，齿于齐民，朕甚悯之。其授之五经博士，令世世承袭，并减祭田之税，以称朕崇儒重道之意。于是以博士授彦绳。

9. 武宗毅皇帝实录　卷十五　正德元年　七月五日

壬午，以孔承泗为曲阜县知县。承泗，宣圣六十代孙也。时知县缺，衍圣公孔闻韶举其可代。其族人孔公傅乃奏：承泗素无学术，难任是官。曲阜乡民数十人赴京，愬公傅之奏，欲私其兄公仲也，承泗实贤能，可以服人。吏部言：民心必公，乃用承泗。

10. 武宗毅皇帝实录　卷二十二　正德二年　闰正月二十二日

丙寅，故衍圣公孔弘泰之妻夫人孙氏卒，子翰林院五经博士闻诗奏乞祭葬。许之。

11. 武宗毅皇帝实录　卷三十二　正德二年　十一月六日

乙巳，衍圣公孔闻韶请封其继嫡母袁氏、生母江氏。吏部议：嫡母在，无生母并封之理，乃止封袁氏为衍圣公太夫人。

12. 武宗毅皇帝实录　卷三十二　正德二年　十一月十日

吏部题袭封衍圣公孔闻韶奏称：尼山、洙泗二书院前代各立山长。本朝永乐间，袭封衍圣公孔彦缙等各即遗址重建书院，而山长失于请命，但官制并无山长职衔，请如三氏学学录之制，二书院各设一员，听本爵推孔氏子孙除补，世职典院事。从之。

13. 武宗毅皇帝实录　卷三十二　正德二年　十一月十七日

丙辰，授三氏学生员孔闻礼为翰林院五经博士，主子思庙祀事。时袭封衍圣公孔闻韶奏：以子思庙在邹县南，去鲁五十余里，主祀缺人，请择族中之贤者，授以博士世职，俾主其祀。且以母弟闻礼名上。上曰：颜、孟二子皆有世官奉祀，而子思庙在邹者，独无此阙典也。闻礼可授翰林五经博士，俾世主其祀。

14. 武宗毅皇帝实录　卷三十九　正德三年　六月三十日

诏授孔子六十二代孙衍圣公孔闻韶族人孔彦邃为洙泗书院学录，孔彦章为尼山书院学录。

15. 武宗毅皇帝实录　卷五十四　正德四年　九月十六日

以孔承夏为曲阜知县。初，曲阜知县孔承泗卒，族人举孔公统代之。有孔承章、承周者赴京奏其过恶。吏部乃举承夏可用，而罢公统。因劾承章等二人，意欲徇私荐其族承懿也。乃执付巡按御史究治，既而，承章等复与承懿潜至京，为侦事者所发，俱谪戍海南。仍赐衍圣公闻韶敕曰：先圣之道，朝廷用之，以为治天下之法。在尔辈守，则为治家之法。承章等首开讼端，毁诬宗子，以朝廷名爵为私家争夺之，具是先圣不肖子孙也。谪之边戍，小惩大戒，正用先圣遗法，为之教不肖子孙耳。且先圣尝言，其身正，不令而

行。尔闻韶尚佩服先训进学修德，与族长管束族人，令读书循理，以称朝廷崇重至意。今后再有恃强挟长，朋谋胁制，不守家法，为圣门玷者，尔即指名具奏，必不轻恕。故敕。

16. 武宗毅皇帝实录　卷七十三　正德六年　三月二十五日

贼犯阙里。衍圣公孔闻韶以闻，命巡抚都御史边宪、参将李瑾拨官军守护。

17. 武宗毅皇帝实录　卷九十三　正德七年　十月二十七日

先是贼犯阙里，敕所司分兵防御。至是，衍圣公孔闻韶以庆贺至京师，具疏谢。上复批答曰：群盗为暴，至犯阙里，朕闻之惕焉靡宁。其令巡抚官祭告，仍量为修葺，以慰圣灵。

18. 世宗肃皇帝实录　卷九　正德十六年　十二月十三日

辛卯，以明年三月驾幸太学，先期行取衍圣公孔闻韶、翰林院五经博士颜重德、孟元陪祀行礼。

19. 世宗肃皇帝实录　卷十　嘉靖元年　正月二十六日

礼部上三月初七日幸学仪注……初八日，袭封衍圣公率三氏子孙、国子监率学官监生上表谢恩。上具皮弁服，御奉天殿。锦衣卫设卤簿驾，百官朝服侍班，行礼毕。上易服，御奉天门，礼官引奏，赐祭酒司业、学官及三氏子孙衣服，诸生钞锭毕，驾还。是日，上御奉天门，赐宴武官都督以上、文官三品以上、翰林院学士并检讨以上、祭酒、司业、学官三氏子孙及礼部太常寺、光禄、鸿胪寺执事官员与宴。初九日，祭酒、司业率学官、监生谢恩。上赐敕，勉励师生。祭酒捧置彩舆，师生迎导至太学，开读行礼如仪。初十日，祭酒、司业率学官监生复谢恩。一，各衙门办事监生，俱合取回迎驾观礼。一，赐孔颜孟三氏子孙袭封衍圣公纻衣一套、犀带一条、纱帽一顶；五经博士颜重德、孟元俱纻衣一套、带一条，各与纱帽一顶，其余族人各与素纻衣一套。一，讲官每人照例各与纻衣一套、罗衣一套，其余学官每人与纻衣一套，监生每名钞五锭，吏典

每名钞二锭。制曰可。

20. 世宗肃皇帝实录　卷九十六　嘉靖七年十二月十五日

诏赐京官节钱勿用钞。内阁及一品赐钱二百文，二品、三品一百文，四品至六品九十文，七品至九品七十文，公、侯、驸马、伯及衍圣公、大真人如一品，其余及朝觐官吏钱钞各半。

21. 世宗肃皇帝实录　卷一百一十二　嘉靖九年四月二十四日

赐衍圣公孔闻韶生母江氏祭葬，从其请也。

22. 世宗肃皇帝实录　卷一百一十九　嘉靖九年十一月九日

十三道御史黎贯等言：臣等伏见《御制正孔子祀典说》，谓孔子道，王者之道也；德，王者之德也；事功，王者之事功也；特以其位非王也，而疑其僭（"僣"的异体字，意为超越本分）。臣等伏思之，莫尊于天地，亦莫尊于父师。陛下举行敬天尊亲之礼，可谓极盛无以加矣。至于孔子，则疑其王号为僭，而欲去之。昔太王、王季未尝王也。周公成文武之德，追而王之天下，未尝以为僭。我圣祖登极之初，即进尊德祖、懿祖、熙祖、仁祖为皇帝，是亦周公推本之意，而不以位论也。至于臣子有大勋劳，如魏国公徐达等，身殁之后，进爵为王，亦或追封及其祖考，是皆生未有王号，没而追封之也。圣祖初正祀典，天下岳渎诸神皆去其号，惟先师孔子如故，良有深意存焉。陛下又疑孔子之祀，上拟事天之礼，夫孔子之不可及也，犹天之不可阶而升，虽拟诸天，似不为过，况实未尝拟诸天也。今必欲去王号，以极尊崇之实，减笾豆乐舞，以别郊祀之礼。窃恐礼仪之未便，情义之未安也。何也，有王号而后享主祀，而主祀而后居王位，三者备矣。而后守祀之人，得以膺衍圣公之封，而传之世世。今曰：先师孔子而已，则如汉毛公、伏生之流，如此非惟八佾、十二笾豆为僭，而六佾、十笾豆亦为僭矣。不惟像设当毁，而复屋重檐亦当毁矣。天下止称曰先师，而不曰王。阙里之祭，则当何称。曰显祖鲁司寇可乎。显祖不王，而世嫡可封公乎。臣等又玫（"考"的异体字，意为研究）：

唐开元中封孔子为文宣王，被衣衮冕，乐用宫縣（悬钟磬之具）。是唐已用天子礼乐矣。宋真宗尝欲封孔子为帝，或言周止称王，不当加以帝号。罗从彦论曰：唐既封先圣为王，袭其旧号可也。加之帝号而褒崇之，亦可也。是言宜隆不宜杀也。梁适乞以厢兵代庙户。范仲淹曰此朝廷崇奉先师美（"美"的异体字，意为好）事，仁义可息，则此人数可减。当时朝论遂已。周敦颐谓万世无穷，王祀夫子。邵雍谓仲尼以万世为王。我朝祭酒周洪谟亦谓夏商周之称王，犹唐虞之称帝，谓孔子周人，当用周制，止称王可也。谓夫子陪臣，不当称帝，非崇德报功之意。此皆前人成论，其辩孔子不当称王者，止吴沉一人而已。伏望博采群言，务求至当，上不失圣祖之初意，下不致天下之惊疑，中不致礼意之轩轾。如是而行，然后传之万世，无弊书之史册有光矣。

上曰：贯等意谓，朕何等君也，追尊皇考为皇帝号，孔子岂反不可，本意如此，乃以太祖追尊四代为言，奸巧恶逆甚矣。君父有兼师之道，师决不可拟君父之名。孔子本臣于周，与太公望无异。所传之道，本羲、农之传。但赖大明之耳，否则不必言祖述尧舜。朕此举与辅臣之建议，非上下雷同，实正纲纪之大。贯等毁议君上，法司其会官问拟以闻。

于是都御史汪铉言：言官论事，每挟诈以率众挟众以凌人，曰此天下公议也，不知其始倡之者，一人也。贯等连名具疏，妄议祀典，彼但知称王为尊孔子，不知诸侯王不足以为尊，适足以为渎耳。今称曰先圣先师，则视王之号，固加尊数等。夫曰先圣先师，皇上幸太学，拜之可也。若曰王，则岂有天子而可以拜王者哉。春秋之法罪首恶，宜究问倡议之人，明正其罪，仍敕南北科道官，自今建言，毋得惑众欺罔。

上以铉言为然。已而刑部尚书许赞等会讯，言贯等轻率倡言，引喻失当，各赎杖还职。

上曰：祀典改正，实出朕尊师重道之意。黎贯乃妄引追崇之典，犹存诋毁大礼之情。纠众署名，肆意奏扰，褫职为民，余从部议。

礼科都给事中王汝梅等亦上疏极言：孔子祀

典，不宜去王号，以吴沉、夏寅、丘濬之言为非。又言：辅臣张璁所论孔子封号，盖多主吴沉、丘濬、夏寅之说。夫二帝三王之道，至孔子大明，百家之辨不能诬，万世之远不能晦。功在天下，故历代追崇，加以王爵，冠用冕旒，庙用殿，祭用笾豆佾舞，宜也。若去王号而称圣与师，一布衣耳，仍其官，一司寇耳，乐舞殿服，皆非所宜。遵崇之典，不应如是。自孔子而言，固不以爵为轻重，但教垂万世，使千百年崇奉之礼，一旦削去，恐不可也。皇祖仍旧，盖有深意。若去王号，止云先圣先师，臣愚以为，圣与师乃泛言之，如伯夷、伊尹、柳下惠皆称圣，高堂生称礼师，毛公称诗师，伏生称书师，恐非所以尊孔子也。臣等窃谓吴沉、夏寅、丘濬之言过矣。至于言国学塑像，太宗尝令正其衣冠，不如古制者，我朝列祖瞻祀而拜之，百有三十余年。孔子精爽在天之灵，依附血食，厥惟旧矣。并今普天率土，像设巍巍，殆有千处，一旦毁撤，而易以木主，宁不骇人之听闻哉！臣待罪该科，岂不自爱，而故干天听，顾兹孔子祀典，举动有歉于怀，乃冒犯严威耳。臣等伏见陛下励精图治，亲蚕、郊祀、女训数事，皆希阔盛典，一岁举行，敕书传帖，不知凡几。而诸臣奏疏，该部题请，殆数百余道，悉自圣裁。至于郊祀一事，尤加经画，仪文度数，皆极精微，一念敬天之笃，无以加焉，万几之外，复留神殿礼，已不胜劳瘁。今大工未成，而又及此，窃恐生事之臣，望风纷起。今日，献一议以为某制当改，明日献一议以为某礼当复，国家自兹多事，圣心焦思，亦无宁日。陛下一身，天下臣民之主，今前星未耀，凡在臣子，计日望之，苟有忠诚，不宜日事纷更，致劳圣虑。况祖宗成法，列圣世守百六十余年于兹矣，总使少不如古循而行之，亦不为过。臣等愿陛下颐养天和，求绥安静之福，毋为多事之臣所惑扰也。疏入，上斥其逆论，令录前说，记示之，责对状。

23. 世宗肃皇帝实录　卷一百四十五　嘉靖十一年　十二月十三日

丙戌，礼部以圣驾将幸太学，请召衍圣公孔闻韶及颜、孟二氏博士，乘传赴京观礼。从之。

24. 世宗肃皇帝实录　卷一百四十七　嘉靖十二年　二月二十五日

翰林院七品以上同国子监官，俱祭服伺候行礼。驾从东长安门出，卤簿大驾以次前导，乐设而不作。太常寺先陈设祭仪于各神位前，设帛设酒尊爵如常仪。司设监设上拜位于先师神位前正中，学官率诸生于成贤街左迎驾。上至庙门外，降辇，礼部官导上入御幄，礼部官奏请具服。上具皮弁服，讫。奏请行礼。太常寺官导上出御幄，由中道诣先师庙陛上，典仪唱：执事官各司其事。执事官各先酙酒于爵，候导上至拜位，赞就位，百官亦各就拜位。四配、十哲、分奠官各列于陪祀官之前，俱北向立，赞：迎神。乐作，乐止，赞：上鞠躬。拜，兴，拜，兴，平身。通赞：分奠官、陪祀官行礼同。赞：释奠，搢圭。上搢圭，太常卿跪，进帛，乐作。上立，受帛。献毕，授太常卿奠于神位前，乐止。进爵，乐作。上立，受爵。献毕，复授太常寺卿奠于神位前，乐止。赞：出圭。上出圭。四配、十哲、两庑分奠官以次诣神位前，奠爵，讫。各退就原位。赞：送神。乐作。乐止，赞：上鞠躬。拜，兴，拜，兴，平身。通赞：分奠官、陪祀官行礼同。赞：礼毕。太常寺官导上由中道出，上入御幄，更翼善冠黄袍，讫。礼部官入奏：请幸彝伦堂。上升舆。礼部官、鸿胪寺官前导，由棂星门出，从太学门入。诸生先分别于堂下，东西相向。祭酒、司业、学官列于诸生前。驾至，祭酒以下及诸生俱跪。俟驾过，然后起，序立北向，百官分列堂外稍上，左右侍立。上至彝伦堂，升御座。鸿胪寺赞，祭酒以下官、诸生五拜三叩头礼。武官都督以上、文官三品以上及翰林院学士，升堂。光禄寺预设连几于左右，执事官各以次序立，赞，进讲祭酒从东阶升，由东小门入至堂中，鸿胪寺官举经案，进于御座稍前。礼部尚书奏请，授经于讲官。祭酒跪，礼部尚书以经授祭酒，祭酒受经置于讲案，讫。复至堂中，叩头，上赐讲官坐，祭酒复叩头，就西南隅几榻坐讲。上赐武官都督以上、文官三品以上及翰林院学士坐，皆叩头序立。诸生圜立于外，以听祭酒讲。毕，以经置于原案，叩头退出堂外，就本位。司业从西阶升，进讲如仪，退，就位。鸿胪寺官奏：传制。堂内侍坐官起立。赞：有制。祭酒以下学官及诸生，俱北面跪听宣谕。毕，赞五拜三叩头礼。毕，学官诸生以次退。先从东西小门出，列于成贤街右伺候，尚膳监进茶御前。上命光禄寺赐各官茶，各官复坐，饮茶毕，退列于堂门外，叩头分班序立。鸿胪寺奏：礼毕。驾兴，升舆，出太学门升辇。卤簿大乐振，作前导，祭酒以下及诸生，伺驾至，跪叩头退。百官常服先诣午门外伺候，驾还，卤簿大乐止于午门外。上御奉天门，鸣鞭，百官常服，鸿胪寺官致词，行庆贺礼，毕。鸣鞭，驾兴，还宫。百官退。次日，袭封衍圣公率三氏子孙、国子监祭酒率学官监生，上表谢恩。上具皮弁服，御奉天殿，锦衣卫设卤簿驾，百官朝服侍立，行礼毕。上易服，御奉天门。礼部官引奏，赐祭酒、司业、学官及三氏子孙衣服，诸生钞锭毕。驾还。是日，上御奉天门，赐宴武官都督以上、文官三品以上、翰林院学士并检讨以上、祭酒、司业、学官三氏子孙，及礼部、太常、光禄、鸿胪寺执事官员。次日，祭酒、司业率学官、监生谢恩。上赐敕，勉励师生。祭酒捧置彩舆，师生迎导至太学开讲，行礼如仪。次日，祭酒、司业率学官、监生复谢恩。诏如拟。

25. 世宗肃皇帝实录　卷一百四十八　嘉靖十二年　三月十三日

丙辰，上临幸太学释奠先师孔子。以大学士李时、方献夫、翟銮、衍圣公孔闻韶、尚书汪铉、王宪、许赞、侍郎顾鼎臣分献，遣侍郎周用祭启圣公。礼成，上御彝伦堂，祭酒林文俊讲《虞书·益稷》篇，司业马汝骥讲《易·颐卦》，赐之坐。讲毕，上宣谕师生曰：治平之道，备在六经。尔诸子宜讲求力行，以资治化。驾还，御奉天门，百官行庆贺礼。

26. 世宗肃皇帝实录　卷一百四十八　嘉靖十二年　三月十五日

戊午，衍圣公孔闻韶率三氏子孙，祭酒林文俊率学官、诸生等上表谢恩。上御奉天殿受朝，赐闻韶以下衣带，文俊以下袭衣宝钞有差。是日，赐分献官羊、酒、宝钞，赐祭酒、司业及衍圣公三氏子孙宴于礼部，命尚书夏言待之。故事，表谢宴赉，在幸学次日，以十四日为毅皇帝忌辰，故易期云。

27. 世宗肃皇帝实录　卷一百八十一　嘉靖十四年　十一月二十三日

庚辰，诏以河南仪封县孔子六十代孙孔承寅为国子生，世袭学正。初，孔子之裔有名德伦者，唐时为褒圣侯，家于河南宁陵。德伦二子：长崇基、次子叹。崇基嗣侯，其裔名端友者，宋时为衍圣公，从高宗南渡，世居衢州。子叹之后留宁陵，元末徙居仪封，正统中，诏访圣贤子孙，两地皆复其家，在衢曰彦绳者，正德中，授世袭翰林博士。在仪封曰承寅者，以彦绳例，请下河南守臣勘报。至是，礼部覆议。诏授学正奉祀。

28. 世宗肃皇帝实录　卷二百六十一　嘉靖二十一年　五月九日

己丑，衍圣公孔闻韶以母丧，乞家居终制，从之。

29. 世宗肃皇帝实录　卷三百八　嘉靖二十五年　二月十一日

衍圣公孔闻韶卒，赐祭葬如例，诏闻韶子贞干袭爵。

九、孔贞干
（1519—1556）

孔贞干，字用济，号可亭，孔子第六十三代孙，孔闻韶长子，嘉靖二十五年（1546）袭封衍圣公，袭爵五年后给诰。其弟孔贞宁为翰林院五经博士，专主子思庙祀。孔贞干与严嵩交好，为长子孔尚贤请求婚配严嵩长孙女，严世蕃之女，得允。孔贞干于嘉靖三十五年（1556）病逝，严嵩为其撰写了墓志铭。

夫人张氏（1521—1551），河北兴济人，明孝宗孝康章皇后之弟建昌侯张延龄之女。

儿子孔尚贤，袭封衍圣公。

女一人，许聘翰林检讨梁绍儒之子梁卜。

《明实录》中所记载孔贞干相关事例

1. 世宗肃皇帝实录　卷三百八　嘉靖二十五年　二月十一日

衍圣公孔闻韶卒，赐祭葬如例，诏闻韶子贞干袭爵。

2. 世宗肃皇帝实录　卷三百四十　嘉靖二十七年　九月二十五日

授衍圣公孔贞干弟贞宁翰林院五经博士，专主子思庙祀。

3. 世宗肃皇帝实录　卷四百三十八　嘉靖三十五年　八月八日

袭封衍圣公孔贞干卒于京师，赐祭葬如例。其子尚贤请回籍终制，许之。

十、孔尚贤
（1544—1621）

孔尚贤，字象之，号希庵，孔子第六十四代孙，孔贞干之子，十二岁丧父袭爵，嘉靖三十八年（1559）被送太学袭礼学习，嘉靖四十年（1561）学成回籍（图3-6）。隆庆元年（1567）上幸太学行释奠礼于先师，行礼毕，赐衍圣公及三氏子孙冠服钞锭有差。万历四年（1576）孔尚贤请朝贺，命免常朝。万历四年，幸学礼成，赐衍圣公及颜、孟博士三氏族人冠带袭衣。万历七年（1579）有旨：衍圣公以万寿入贺，朝廷用宾礼待之。万历九年（1581）孔尚贤被庶母郭氏讦奏，令三岁一朝，直至万历十七年（1589）才恢复"每岁入贺万寿"。孔尚贤历事明世宗、明穆宗、明神宗、明光宗、明熹宗五代皇帝，是从孔宗愿到孔德成，

在位时间最久的衍圣公。去世时享年78岁。

妻子严氏（1547—1602）是严嵩孙女、工部侍郎严世蕃长女（图3-7）。

侧室张氏（图3-8）。

子二人：孔胤椿、孔胤桂，都早于孔尚贤去世，且无子嗣，过继弟弟孔尚坦之子孔胤植。

《明实录》中所记载孔尚贤相关事例

1. 世宗肃皇帝实录　卷四百三十九　嘉靖三十五年　九月二十三日

戊寅，命孔子六十五[1]世孙孔尚贤袭封衍圣公。

2. 世宗肃皇帝实录　卷四百六十九　嘉靖三十八年　二月二十一日

山东抚按官丁以忠等言：袭封衍圣公孔尚贤冲年寡学，宜查照伊祖孔弘泰，比拟公侯伯事例，送监读书。诏从之。

3. 世宗肃皇帝实录　卷四百九十四　嘉靖四十年　三月二十九日

己丑，袭封衍圣公孔尚贤习礼太学，至是三年，奏乞回籍。许之。

4. 世宗肃皇帝实录　卷五百六十四　嘉靖四十五年　闰十月七日

初衍圣公孔尚贤入族人孔弘廊贿，保为曲阜知县。弘廊贪甚，诸宗恶之。至是，以私怨发其从兄弘贫奸利事，弘贫亦发其纳贿求保状，并讦尚贤奢僭不法数事。巡按御史韩君恩坐弘贫谪戍，而参尚贤、弘廊素行不孚，法当并罚。因言曲阜知县，例使公府保举，故有行货滥举之病。今宜于保举时，令会同族属，择可者四人，送兖州府试以理事治民策论，仍取二人，送抚按覆试，奏请铨补。上从其议。黜弘廊，切责尚贤骄纵不法之罪而贳（意为宽纵赦免）之。

5. 穆宗庄皇帝实录　卷七　隆庆元年　四月二十四日

吏部覆主事郭谏臣奏：……一，衍圣公或遇亲丧，自今仍令守制。其袭封一事，所司代为奏

1　此处应为"六十四"。

图3-6 六十四代衍圣公孔尚贤画像
孔子博物馆藏

图3-7 六十四代衍圣公孔尚贤妻子严夫人画像
孔子博物馆藏

图3-8 六十四代衍圣公侧室张夫人画像
孔子博物馆藏

请，令其守护印信，候服满，起送承袭，服内免其入贺。

6. 穆宗庄皇帝实录 卷九 隆庆元年 六月一日

隆庆元年六月甲申朔，始开史馆纂修《世宗肃皇帝实录》，命礼部遣官，行取衍圣公孔尚贤及翰林院五经博士颜肇光、孟彦璞，仍别取孔氏老成族人五人、颜孟族各二人，驰驿来京，以圣驾将幸大学也。

7. 穆宗庄皇帝实录 卷九 隆庆元年 六月二十六日

礼部进圣驾临幸太学行释奠礼仪注：一，八月初一日，行礼前期，致斋一日。太常寺预备祭仪，设大成乐器于庙堂上，列乐舞生于阶下之东西。国子监酒扫庙堂内外，司设监同锦衣卫设御幄于庙门之东上，南向设御座于彝伦堂正中，鸿胪寺设经案于堂内之左，设讲案于堂之西南隅。锦衣卫设卤簿，教坊司设大乐，俱于午门外。是日早，免朝，百官吉服先诣国子监门外迎驾。分奠、陪祀、等官，武官都督以上、文官三品以上及翰林院七品以上者俱祭服候行礼。驾从长安左门，卤簿大乐，以次前导。乐设而不作，太常寺先陈设祭仪于各神位前，设帛设酒鐏爵如常仪。司设监设上拜位于先师神位前正中。是日，祭酒、司业率学官诸生于成贤街左，迎上至庙门外，降辇。礼部官导上入御幄，具皮弁服，奏请行礼。太常寺官导上出御幄，由中道诣先师庙陛下，唱：执事官各司其事。执事官各先斟酒于爵，候导上至拜位。分奠官并陪祀官亦各就拜位。分奠官列于陪祀官之前，俱北向立。赞：迎神。乐作，乐止。奏：上再拜。分奠陪祀官行礼同。奏：搢圭。太常寺卿跪，进爵，乐作。上立，受爵，献毕，复授太常卿，奠于神位前。乐止，奏：出圭。上出圭。分奠官以次诣神位前，奠爵。讫，各以次，退就原位。赞：送神。乐作，乐止。奏：上再拜。分奠陪祀官同赞礼。毕，太常寺官导上由中道出，分奠陪祀官各退，易服。上入御幄，更翼善冠黄袍。礼部官入，奏：请幸彝伦堂。上升舆。礼部官、鸿胪寺官前导，由棂星门出，从太学门入。诸生先分列于堂下，东西相向。祭酒、司业、学

官列于诸生前。驾至，皆跪。候驾过，然后序立北向。原分奠陪祀官及百官分列堂外稍上，左右侍立。上至彝伦堂，升御座，赞：祭酒、司业学官诸生，行五拜三叩头礼。武官都督以上、文官三品以上及翰林院学士，升堂。光禄寺预设连几于左右，执事官各以次立。赞：进讲。祭酒从东小门入，至堂中。鸿胪寺官奉经案进，于御座前。礼部尚书奏请授经于讲官，祭酒跪，受经毕。上谕讲官坐，祭酒乃以经置讲案，叩头就西南隅几榻坐讲。上赐武官都督以上、文官三品以上及翰林院学士坐，皆叩头，序坐于东西。诸生圜立于外，以听祭酒讲，毕，叩头退出堂外，就本位。司业从西小门入，进讲亦如之。赞：有制。祭酒、司业、学官及诸生俱北向，跪听宣谕毕。赞：行五拜叩头礼。毕，诸生以次退，先从东西小门出，列于成贤街右以候。尚膳监进茶，上谕光禄寺，赐各官茶毕。退于堂门外，叩头序立。鸿胪寺奏：礼毕。驾兴，升舆，出太学门，升辇。卤簿大乐前导，乐作，祭酒、司业、学官及诸生俟驾至，跪叩头退。百官吉服先诣午门外，俟驾还，卤簿大乐止于午门外。上御皇极门，鸣鞭，百官吉服，鸿胪寺致词，行庆贺礼毕。鸣鞭，驾兴，还宫，百官退。初二日，袭封衍圣公率三氏子孙、祭酒司业率学官诸生各上表谢恩。上具皮弁服，御皇极殿，锦衣卫设卤簿驾，百官朝服侍班行礼毕。上易常服，御皇极门，礼部官引奏，赐祭酒、司业、学官及三氏子孙衣服，诸生钞锭毕。驾还。是日，上御皇极门赐宴。武官都督以上、文官三品以上、翰林院学士并检讨以上、祭酒司业学官并三氏子孙，及礼部、太常、光禄、鸿胪寺执事官员与宴。初三日，祭酒、司业率各官诸生谢恩。上赐敕，勉励师生。祭酒捧置彩舆，师生迎导，至太学开读行礼。初四日祭酒、司业率学官诸生复谢恩。一，国子监习礼，公、侯、伯俱令迎驾听讲观礼，跪受宣谕，班列于学官之次、诸生之前。得旨如拟，既而以世宗皇帝服制，免文武官宴，其三氏子孙及祭酒司业，俱赐宴于礼部。

8. 穆宗庄皇帝实录 卷十一 隆庆元年 八月一日

孔府旧藏服饰研究——明代衍圣公卷

隆庆元年八月癸未朔，上幸大学行释奠礼于先师，命大学士徐阶、李春芳、陈以勤、张居正、衍圣公孔尚贤、吏部尚书杨博、兵部尚书郭乾、吏部侍郎赵贞吉分奠四配、十哲、两庑，礼部侍郎潘晟致奠启圣祠，毕。上御彝伦堂，命武官都督以上，文官三品以上及翰林院学士坐，赐茶，授祭酒司业经坐讲。上宣谕师生曰：圣人之道，如日中天，讲究服膺，用资治理，尔师生其勉之。

9. 穆宗庄皇帝实录 卷十一 隆庆元年 八月二日

甲申，上御皇极殿。衍圣公孔尚贤率三氏子孙、管祭酒事侍郎赵贞吉、司业万浩，率学官诸生上表谢恩。赐冠服钞锭有差，仍赐三氏子孙及祭酒、司业，宴于礼部。

10. 穆宗庄皇帝实录 卷二十九 隆庆三年 二月三十日

甲辰，赐衍圣公孔尚贤敕谕，令统束家众。

11. 穆宗庄皇帝实录 卷三十四 隆庆三年 闰六月七日

革世袭翰林院五经博士孔贞宁职，迁之汶上，令冠带闲住，坐乾没祭田，不听衍圣公尚贤约束故也。

12. 神宗显皇帝实录 卷五 隆庆六年 九月二十七日

加封衍圣公孔尚贤祖母卫氏，为衍圣公太夫人。

13. 神宗显皇帝实录 卷五十 万历四年 五月十九日

礼部言：幸学有期，衍圣公孔尚贤、五经博士颜嗣慎、孟颜璞并老成族人，孔族五人、颜、孟族各二人俱宜行取，乘传至京。报允。

14. 神宗显皇帝实录 卷五十二 万历四年 七月二日

礼部拟进幸学仪注：一，钦天监选择万历四年八月初二日，宜用辰时吉。一，前期致斋一日，国子监洒扫庙堂内外。太常寺预备祭仪、祭帛。设大成乐器于庙堂上。列乐舞生于东西阶下。司设监同锦衣卫设御幄于大成门之东上，

南向。司设监设御座于彝伦堂正中。鸿胪寺设经案于堂内之左，设讲案于堂内西南隅。至日，置经于经案。光禄寺设连坐于左右。一，午门外锦衣卫设卤簿驾，教坊司设大乐。一，是日早，免朝。百官吉服先诣国子监庙门，迤东北面，迎驾。分奠、陪祀、武官都督以上、文官三品以上及翰林院七品以上官具祭服，在庙墀，东西相向序立，伺候行礼。应在启圣祠者，在启圣祠伺候行礼。一，驾从长安左门出，卤簿大乐以次前导，乐设而不作。太常寺先陈设祭品于各神位前，设帛、设酒尊，爵如常仪。司设监设上拜位于先师神位前正中。祭酒、司业吉服，率学官、诸生于成贤街左跪迎。驾至棂星门外，降辇，礼部官吉服，导上入御幄坐定。礼部官奏请具服，上具皮弁服，讫。礼部官奏请行礼。太常寺官导上出御幄，由大成门中道入，盥洗，诣先师庙陛上。典仪唱：执事官各司其事。执事官各先斟酒于爵，导上至拜位。赞：就位。分奠并陪祀官亦各就位。分奠官列于陪祀官之前，赞：迎神。乐作，乐止。赞：上鞠躬。拜，兴，拜，兴，平身。通赞：分奠、陪祀官行礼同。拜毕。四配十哲分奠官各诣殿东西阶下，两庑分奠官各诣庑前，俱北向立。赞：行释奠礼。赞：搢圭。上搢圭。太常寺卿跪，进帛，乐作。上立，受帛，献毕。授太常寺卿，奠于神位前，乐止，进爵。乐作，上立，受爵。献毕，授太常寺卿奠于神位前，乐止。赞：出圭。上出圭。分奠官以次诣神位前，奠爵讫。各以次退原拜位。赞：送神。乐作，乐止。赞：上鞠躬。拜，兴，拜，兴，平身。通赞：分奠、陪祀行礼同。赞：礼毕。太常寺官导上由中道出，分奠、陪祀官各退，易吉服。上入御幄，更翼善冠黄袍，讫。礼部官入，奏：请幸彝伦堂。上出棂星门外，升舆。礼部官、鸿胪寺官前导，从太学门入。诸生先分列于堂下，东西相向，祭酒、司业学官分列于诸生之前。驾至，俱跪，俟驾过乃起。炤前序立北向，分奠陪祀官及百官，亦先分列堂外露台稍上，左右侍立。上至彝伦堂，升御座。鸿胪

寺官赞：排班。班齐。赞：拜。祭酒以下及诸生俱行五拜叩头礼，毕。武官都督以上、文官三品以上及翰林院学士升堂序立，执事官各以次序立。内赞赞：进讲。祭酒从东阶升，由东小门入至堂中，北向立。执事官举经案进于御座稍前，礼部尚书奏请授经于讲官。祭酒跪，礼部尚书以经立授祭酒，祭酒受经，起置于讲案。复至堂中，北向立。内赞赞：鞠躬。一拜，叩头，兴。上谕讲官坐，鸿胪寺官同祭酒跪承旨。内赞赞：叩头。祭酒复叩头，起，就讲案边立。上谕官人每坐，鸿胪寺官承旨。赞：入班。武官都督以上、文官三品以上及翰林院学士皆入班，序立。内赞赞：鞠躬。一拜，叩头，兴，平身，分班序坐。祭酒乃坐讲，其余官及诸生拱立于外，以听祭酒讲。毕，以经复至原受经处跪，各侍坐官起立。礼部尚书立接经，置于经案。内赞赞：叩头。祭酒叩头。讫，退出堂外，就本位立。各侍坐官复坐。司业从西阶升由西小门入进，讲如前仪。讲毕，退出堂外就本位立。执事官举经案于原处。置定，胪寺官奏：传制。各侍坐官起立。赞：有制。赞跪，祭酒、司业、学官习礼，公、侯、伯、诸生跪听宣谕。宣毕，赞：俯，伏，兴，鞠躬。五拜叩头礼毕，祭酒、司业、学官、诸生以次退。先从东西小门出，列于成贤街右伺候。尚膳监进案御前，上谕官人每吃茶，鸿胪寺、光禄寺官同承旨光禄寺分送各官茶。各官复坐，饮茶毕，退，分列于堂外露台上。鸿胪寺官赞：入班。赞：鞠躬，一拜，叩头，兴，平身。分班序立。鸿胪寺官奏：礼毕。传赞：礼毕。上兴，升舆。出太学门，升辇。卤簿大乐振作前导。祭酒、司业、学官及诸生俟驾至，跪，叩头，退。百官先诣承天门外伺候，驾还。卤簿大乐止于午门外。上御皇极门，鸣鞭，百官吉服。鸿胪寺官致词，行庆贺礼，毕。鸣鞭。上兴，还宫，百官退。初三日，袭封衍圣公率三代子孙，祭酒、司业率学官诸生各上表谢恩。一，先期设表案于皇极殿簷下东王门外。至日早，锦衣卫设卤簿驾，百官朝服侍班。上御中极殿，具皮弁服，礼部官及各执事官行礼如常仪。乐作，上御皇极殿，升座，乐止。鸣鞭，传赞：排班。班齐。鸿胪寺官致词，百官行庆贺礼。乐作。礼毕，乐止。分班侍立。序班引衍圣公三代等族人、国子监师生过，中赞：鞠躬。乐作，四拜，兴，平身。乐止。赞：进表。执事官举案由东王门入至帘前，置定，乐止。赞宣表目。鸿胪寺堂上官一员，随礼部堂上官，捧表目，过中，内赞赞：跪。外亦赞：跪。进表官俱跪，宣毕。赞：俯，伏，兴，平身。传赞同。乐止，执事官举案过东边。赞：鞠躬。乐作，进表官俱四拜，兴，平身。乐上，各入本班立。鸿胪寺官奏：礼毕。鸣鞭，百官退出，仍于皇极门侍立。上易常服，御门如常仪。执事官举案置御路中，序班引袭封衍圣公等官并族人及国子监祭酒等官监生上御路，赞：跪。礼部官奏请颁赏，承旨下。赞：叩头。衍圣公并祭酒等叩头，起。执事官举案过东边，鸿胪寺官奏：事已毕。鸣鞭。上兴，还宫。百官退。是日，上御皇极门，赐宴，武官都督以上、文官三品以上、翰林院学士并简讨以上、祭酒、司业、学官三氏子孙及礼部、太常、光禄、鸿胪寺执事官员与宴。初四日，袭封衍圣公率三氏子孙，祭酒、司业率学官诸生及与宴官，俱谢恩。上赐敕，勉励师生。祭酒捧置彩舆，师生迎导至太学，开读行礼如仪。初五日，一，祭酒、司业率学官诸生复谢恩。一，国子监习礼公、侯、伯俱合迎驾听讲、观礼、跪受宣谕，班列于学官之次、诸生之前。一，各衙门办事，监生俱各取回迎驾观礼。一，赐孔颜孟三氏子孙、袭封衍圣公纻丝衣一套、犀带一条、纱帽一顶，五经博士颜嗣慎、孟彦璞各纻丝衣一套、带一条、纱帽一顶，其余族人各与素纻丝衣一套。一，讲官每人，炤（古同"照"）例各与纻丝衣一套、罗衣一套，其余学官每人与纻丝衣一套，监生每名钞五锭，吏典每名钞二锭。淂（古同"得"）旨。庆贺，以视学之次日行。是日，免宴。礼部覆奏：穆宗皇帝驾幸太学，亦先奉钦依免宴，本部引嘉靖元年事例，次日，浔赐衍圣公三氏子孙等及祭酒司业宴于礼部，以尚书高仪主之。今恭遇皇上幸学，乞仍炤前例。报允。命尚书马自强待。

15. 神宗显皇帝实录 卷五十三 万历四年 八月三日

癸亥，上御皇极殿，文武百官以幸学礼成，致词称贺。衍圣公孔尚贤率三氏子孙，祭酒孙应鳌等率诸生各上表谢。赐衍圣公及颜、孟博士三氏族人冠带袭衣，祭酒、司业等官袭衣，诸生钞锭各有差。敕谕国子监师坐：朕惟人君，化民成俗，学较为先。我祖宗列圣致治之隆，率循斯轨。朕以冲昧，缵承洪业，四载于兹。南北郊禋，殷礼咸秩，兹率旧典，祇谒先师孔子，肆举释奠之仪，进尔师生，讲论治理，厥礼告成。夫为治之道，贵在力行，立教之方，务求诸己。朕方责实考成，率作兴事，惟尔师生，均有修己治人之责者。尚孟加慇勉懋，乃教学助宣风化之原，翊赞文明之治，钦哉。故谕。

16. 神宗显皇帝实录 卷五十三 万历四年 八月九日

衍圣公孔尚贤请朝贺，进表文马匹，许之。命免常朝。

17. 神宗显皇帝实录 卷九十 万历七年 八月二十四日

礼部题，该内阁传圣谕：衍圣公以万寿入贺，朝廷用宾礼待之。不在文武职官之列，今后也不必朝参，著贺毕，辞回，永为定例。

18. 神宗显皇帝实录 卷一百十五 万历九年 八月十日

先是，衍圣公孔尚贤庶母郭氏，受尚贤陵轹不堪，讦奏尚贤，滥用女乐，贿受船户，及岁贺入京，骚扰驿递诸不法事。下抚按勘覆，上命，且从宽贷，痛加省改，以后同三氏子孙都著三年朝觐时入贺。

19. 神宗显皇帝实录 卷一百十七 万历九年 十月十日

革衍圣公孔尚贤供应女乐二十六户，其林庙洒扫及大礼奏乐，听于庙户内拨用。

20. 神宗显皇帝实录 卷二百六 万历十七年 十月二十日

衍圣公孔尚贤自被弹后，三岁一朝。至是，请仍旧典，每岁率颜、曾、孟三氏子孙入贺万寿。部议许之。

21. 神宗显皇帝实录 卷三百三 万历二十四年 十月十日

癸酉，衍圣公孔尚贤参奏曲阜知县孔贞教，罪大恶极、不忠不孝、欺君者三、背祖者二，乞行褫职严治。其罪章下吏部。

22. 神宗显皇帝实录 卷三百十四 万历二十五年 九月二十八日

丙辰，鼎建乾清、坤宁二宫迎梁。赐文武大臣及执事官花币有差。衍圣公孔尚贤乞同京官恭迎，许之。

23. 神宗显皇帝实录 卷三百七十五 万历三十年 八月十一日

衍圣公孔尚贤以贺万寿圣节至，赐如例。

24. 熹宗哲皇帝实录 卷四 泰昌元年 十二月十四日

山东巡抚王在晋奏言：躬祀阙里，见孔子之庙貌，则王制也。原像衣冠，则王者之服也。至圣文宣王之称，高皇帝仍其旧。列圣因之。嘉靖间辅臣张璁删文宣王，止称至圣先师，去孔子生而相鲁之名位，并去历代所尊之王号。如谓幸学时，帝不加礼于王，夫周制之所谓王，非逊于唐宋之帝也。汉称宣尼、唐称宣父、开元谥文宣，由来远矣。先师无谥，而两庑之有谥者尽削，先师无爵，而两庑之有爵者，悉除。不王之孔子，何以追赠其父曰启圣公，荫及其孙曰衍圣公。前后皆贵爵，孔子独以一布衣，介于承前启后之间，此礼之至舛（意为违背）者也。先贤皆去爵，孟子何以尚称邹国亚圣公，乐正子、公孙丑尚称利国侯、寿光伯，颜孟之子孙皆为博士。而孔子之同堂师弟竟无一命，又礼之至舛者也。若必去王以尊师，是轩冕不能作，人而惟韦布，乃能范俗也。将庙貌及原像，亦可遽改乎。章付该部。

25. 熹宗哲皇帝实录 卷二十 天启二年 三月二十七日

予衍圣公孔尚贤并妻严氏祭葬如例。

十一、孔胤椿

（1571—1619）

孔胤椿，字懋龄，号震寰，孔子第六十五代孙，孔尚贤长子，后世为避讳作孔衍椿（图3-9）。万历二十二年（1594）定为衍圣公世子，给赐二品冠服。万历四十七年（1619）病逝，享年四十九岁。因早卒未能袭爵，天启五年（1625）追赐诰命。

十二、孔胤植

（1592—1647）

孔胤植，字懋甲，号对寰，孔子第六十五代孙，清代避讳作孔衍植，父孔尚坦、祖孔贞宁（衍圣公孔贞干之弟），万历四十七年（1619）袭封五经博士，堂伯父衍圣公孔尚贤诸子早亡且无孙，收孔胤植为嗣子，孔胤植天启元年（1621）袭封衍圣公，袭爵三年后给诰命（图3-10）。天启七年（1627）加封太子太保，崇祯元年（1628）加太子太傅，卒年56岁。

原配侯氏，东平人，河南布政使司右参政侯宁孙女，庠生侯承龙长女，封为夫人。

继配全氏（1600—1640），郓城人，鸿胪寺序班全朝式长女。

侧室陶氏，宛平人，承德长女，六十六代衍圣公孔兴燮生母（图3-11）。

儿子：孔兴燮，袭封衍圣公。

女四：长适刑部主事东平宋祖乙第三子，山西潞城知县宋国瑛。次适太常寺卿青阳尚忠次子，四氏学教授尚梦阳。次适江南提督都督同知汶上郭万程的儿子，广东博罗县丞郭懋敦。次适

图3-9 赠六十五代衍圣公孔胤椿画像
孔子博物馆藏

图3-10 六十五代衍圣公孔胤植画像
孔子博物馆藏

皇清誥封一品夫人有年六尺五十代衍圣公暨侧室陶夫人有年六尺五躔像

江左下士胡二乐敬题并篆

图3-11 六十五代衍圣公侧室陶夫人画像

孔子博物馆藏

兖州府推官虞城刘中砥第三子，浙江黄岩县知县刘子宽。

《明实录》中所记载孔胤植相关事例

1. 熹宗哲皇帝实录　卷二十二　天启二年　五月二十四日

准五经博士孔胤植袭封衍圣公。

2. 熹宗哲皇帝实录　卷七十四　天启六年　七月六日

衍圣公孔胤植劾奏曲阜知县孔闻简，赃私诸不法事。上以先圣后裔苛索伤体，其假旨假印，各犯仍著严究。

3. 熹宗哲皇帝实录　卷七十七　天启六年　十月二日

巡抚山东右佥都御史吕纯如、巡按御史杨方盛合疏言：曲阜知县一官，虽圣朝崇报特典，业已受百里之寄，与列城并称。邑长吏必慎选其人，方称任使，乃保举仰衍圣公鼻息，受恩私室，既未免委身狗人，而考选一法又拘生员一途，朝青衿暮墨绶，似觉非体。臣等集议于孔氏乡绅，商榷于司道。该府佥云，改用举监为便。乞敕吏部于孔氏举监中，酌定几名送部，考选、铨除、任事与州县官一体。考满升迁。章下吏部。

4. 附录　崇祯实录　崇祯五年　三月六日

癸卯，上幸太学，行释奠礼。先期征衍圣公孔胤植、五经博士颜光鲁、曾承业、孟弘誉陪祀。

5. 附录　崇祯实录　崇祯十四年　七月二十四日

戊戌，宴衍圣公孔胤植、五经博士孟闻玉。

6. 附录　史语所藏钞本崇祯长编　天启七年　十二月二十四日

丁巳，万寿圣节，帝御殿，文武官行庆贺礼。衍圣公及方面诸司官，俱于先一日面恩。衍圣公进马二匹。

7. 附录　"史语所"藏钞本崇祯长编　崇祯元年　七月二十二日

辛巳，衍圣公孔胤植加太子太傅。

8. 附录　"史语所"藏钞本崇祯长编　崇祯三年　三月十一日

辛卯，衍圣公孔胤植捐资助饷，优旨核收。

9. 附录　"史语所"藏钞本崇祯长编　崇祯四年　正月二十三日

皇太子千秋，衍圣公孔胤植进马。

10. 附录　痛史本崇祯长编　崇祯十六年　十一月二十日

庚戌，衍圣公孔胤植捐赀助饷，帝嘉其急公。

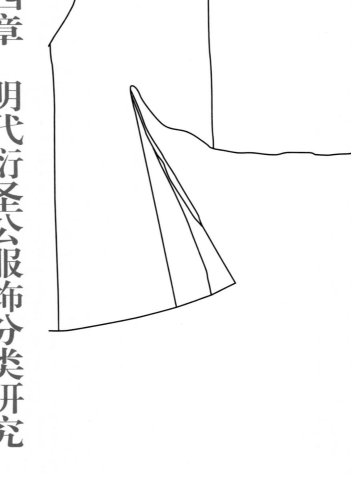

第四章 明代衍圣公服饰分类研究

明代服饰制度在创立之初，首先将尊卑贵贱、血脉亲疏作为服饰制度排序的准则，以帝后服饰为最高等级，然后依照血缘由近及远、等级由高到低、关系由亲及疏、身份由贵到贱的顺序依次排开，涵盖了帝后宗室、百官命妇、卫所官兵、生员士庶以及乐妓、僧道、农夫、商贾等各个阶层。

官员服饰是明代服饰文化体系中的中坚系统，在社会各阶层服饰中是相对稳定又承上启下的部分，是封建礼制阶层的典型代表，也是礼制的物化与再现。明代官员服饰在创制之初，就从服饰的形制、面料、颜色、尺寸以及配饰的材质等方面入手，确立了一个有别于帝后、宗室的尊礼重法、等级有序的官员服饰体系。不同身份等级的品官及命妇，只能服用本等的服饰，不能混同。[1]

孔子所创立的儒家学说自汉武帝采纳董仲舒"罢黜百家，独尊儒术"的建议后，就成为彼时显学，占据了主导地位。自此，历朝历代的统治者，都将儒学作为统治天下的正统学说。对孔子更是一再加封，对孔子的后裔也是厚待有加。明朝历代皇帝对孔氏后裔的恩遇表现也各不相同：有拨款修缮孔庙的；有颁赐祭孔礼乐器的；有在京城给赐馆舍以便衍圣公朝参的；有衍圣公遇盛典待入朝，朝廷用宾礼待之的；还有减免衍圣公府租税修治荒废田产的；更有皇上不顾大臣的劝阻给赐衍圣公超越文官一品资格的蟒衣的；至

于衍圣公例行的每岁入朝，贺万寿圣节之时的袭衣、冠带、钞币、羊、酒等给赐更是不胜枚举。

《太祖高皇帝实录》卷八十七记载，洪武七年（1374）明太祖在了解到孔庙祭器、法服陈旧之后，谕："孔子有功万世，历代帝王莫不尊礼，今庙舍器物废弛如此，甚失尊崇之意，乃命有司修治，其田产荒芜者悉蠲其税，仍设孔、颜、孟三氏子孙教授，训其族人。"[2]

《宪宗纯皇帝实录》卷十六载，成化皇帝在成化四年（1468）命减曲阜县孔氏子孙田租时曰："孔子有功于万世，其子孙所在优恤，命有司减其租。"[3]

《神宗显皇帝实录》卷一百五十五载，万历十二年（1584），在学官从祀与否的事情上有争议时，御史詹事说："上言，孔子有功，万世宜饗，万世之祀，诸儒有功孔子，宜从孔子之祀。"[4]

正是由于衍圣公府特殊的社会地位，一批色彩丰富、款式多样的明代服饰才得以传世留存下来，这些珍贵的服饰，对我们了解和认识明代的政治、经济、文化发展具有重要的参考价值。

关于明代衍圣公的官职等级，明代衍圣公共传十二代，由于孔承庆和孔胤椿早卒未袭，所得爵位属后世追赠，所以真正袭爵的衍圣公共十任。《明实录》中详尽地记载了关于明代衍圣公职官品阶界定过程。《太祖高皇帝实录》卷

1　王熹：《明代服饰研究》，南开大学，2007。
2　（明）佚名：《明太祖实录》卷八十七，台北"中研院史语所"，1962，第1554页。
3　（明）佚名：《明宪宗实录》卷十六，台北"中研院史语所"，1962，第343页。
4　（明）佚名：《明神宗实录》卷一百五十五，台北"中研院史语所"，1962，第2866页。

三十六上记载："洪武元年（1368）十一月七日，甲辰，以孔子五十六世孙希学袭封衍圣公，希大为曲阜世袭知县。置衍圣公官属：曰掌书、曰典籍、曰司乐、曰知印、曰奏差、曰书写各一人。立孔、颜、孟三氏教授司：教授、学录、学司各一人。立尼山、洙泗二书院，各设山长一人。复孔氏子孙及颜、孟大宗子孙徭役官属，并从衍圣公选举，呈省擢用……上谓礼部臣曰：孔子，万世帝王之师，待其后嗣秩止三品，弗称褒崇。其授希学秩二品，赐以银印。"[1]《太祖高皇帝实录》卷一百九记载："洪武九年（1376）闰九月十二日，癸巳，诏定中书省左右丞相、大都督府左右都督为正一品，大都督府同知、御史台左右御史大夫为从一品，中书省左右丞、王相府左右相、袭封衍圣公、真人、布政使司布政使都司、都指挥使为正二品……"[2]《明史·职官志二》中亦有关于衍圣公服饰适用等级的明确记载："衍圣公，孔氏世袭，正二品。袍带、诰命、朝班一品。"[3]《孔府档案·历代衍圣公袭爵仪注单》中相应记载："明洪武间，仍衍圣公，给银印，开设袭封衙门。给衍圣公诰命，皆如一品制，用织文玉轴，班列文臣之首。又赐正一品金织衣服、玉带、织锦衣麒麟纹，带、佩、环俱用玉。"

首先，衍圣公虽为文官二品，在冠服及诰命所用等级上被特许使用一品等级，每遇朝会、觐见，或遇新帝登基，加之进京给皇帝、太后贺万寿圣节等都需穿着符合礼仪要求的冠服出席。如遇皇帝驾幸国学，行释奠礼，衍圣公也要穿相应祭服陪祀或观礼。其次，衍圣公的主要职责是负责林庙祭祀和管理，包括每年祭祀孔子的典礼，管束族人，管理诸圣后裔，派丁守护林庙，保举曲阜知县和孔府属官，衍圣公在本府接见下属官员，审理家族事务或管理林庙事务，加之各州、府的官员来巡、拜谒，衍圣公都要穿相应服饰接

见处理[4]，这就奠定了孔府旧藏明代衍圣公礼仪服饰种类多样性的基础。

孔府传世下来的明代服饰以衍圣公服饰居多且系列完整。有在《大明会典》及《明史》礼仪服饰制度内明确记载的朝服、祭服、公服、常服、忠静冠服，也有未进入冠服制度，但在各类典章政书、小说话本等文学作品中被屡屡提及的吉服、素服和便服。

明代衍圣公的服饰按照礼仪类可以分为八类，分别为朝服、祭服、公服、常服、忠静冠服、吉服、素服、便服。每一类服饰都有各自相应的服饰制度、穿着场合及礼仪规范。

一、朝 服

（一）朝服的历史沿革

《礼记·玉藻》："孔子曰，朝服而朝。"

朝服自古以来就是官员参与大型国礼的礼服，进入官服礼制始于周代，其原型是朝会与祭祀功能合一的冕服。

周代：公、侯、伯以下朝祭皆用冕服，公、侯、伯、子、男朝天子则执圭，以合瑞。

汉明帝时：公卿、列侯朝觐皆玄冠绛衣。

南朝天子朝服有绛纱袍、绛纱裙，朱纱袍成为听政之服。[5]

唐群臣陪祭、朝会、大事服朝服：一品衮冕，二品鷩冕，三品毳冕，四品绣冕，五品玄冕，六品至九品爵弁；笏，三品以上，前屈后直，五品以上，前屈后挫并用象牙，九品以上，上挫下方，用竹木。《大唐开元礼》中记载："朝服，亦名具服。冠、帻、缨、簪导、绛纱单衣、白纱中单、白裙襦、革带、钩䚢、假带、曲领方

---

1 （明）佚名：《明太祖实录》卷三十六上，台北"中研院史语所"，1962，第666、667页。

2 （明）佚名：《明太祖实录》卷一百九，台北"中研院史语所"，1962，第1809、1810页。

3 （清）张廷玉：《明史》第六册，中华书局，1974，第1791页。

4 许晓：《孔府旧藏明代服饰研究》，苏州大学，2014。

5 （梁）沈约：《宋书》卷十八，中华书局，1974，第972页。

心、绛纱蔽膝、韠、舃、剑、双绶。"[1]

宋群臣朝服,用梁冠,一品、二品侍祠朝会五梁冠,诸司三品、御史台四品、两省五品、三梁冠,四品五品两梁冠,中书门下则五梁冠加笼巾貂蝉,御史大夫、中丞三梁冠加獬豸,衣有中单,六品以下两梁冠,无中单,去剑佩绶。

元礼制,去青服紫者佩金鱼,服绯者佩银鱼。

(二)明代品官朝服的建制及调整

明代品官朝服制度斟酌唐宋时期的内容,洪武元年(1368)定为:凡朝贺、辞、谢等礼皆服朝服。用梁冠,赤罗衣与白纱中单俱用皂领饰缘,裳与衣同,皂缘,蔽膝同裳色,大带用赤白二色,革带佩绶,白韠,黑履。以冠上梁之多寡以及配饰的材质、花样区分官员等级。朝服制度初定的时候,文武品官的等级还有正一品和从一品之分,后来随着职官等级的变化,朝服制度的品级也变成了没有正从品级之分了。明代朝服制度虽然历经数次调整,但是朝服和祭服的礼仪场合明确地分化开来,始终是维持不变的。

《大明会典》卷四十三,朝贺部分把重大节日的朝贺分为了正旦、冬至百官朝贺仪,万寿、圣节百官朝贺仪,冬至、大祀、庆成仪,还有东宫正旦、冬至百官朝贺仪,东宫千秋节百官朝贺仪,这些都属于明代重大节日里的由朝廷组织实施礼仪程序的朝会,称作"大朝会"。这种朝会,文武百官只行礼仪进行庆祝,并不奏事,非一般公共事务性朝参。大朝会的场合,皇帝穿衮冕,东宫也穿冕服,文武百官穿朝服。所以官员的衣服按礼仪场合的重要性排序,朝服应算作官员服饰里的"大礼服"。

《大明会典》中记载了洪武二十六年(1393)的朝服制度以及嘉靖八年(1529)的一次调整。《明实录》则更为详细地记载了从洪武元年的朝服之制初定,洪武六年(1373)、洪武八年

(1375)、洪武二十二年(1389)历经数次小的修改调整,洪武二十四(1391)年进行了一次大规模的定制,洪武二十六年微调,嘉靖八年进行最后一次调整以后终成定制沿用至明末的整个过程。

《太祖高皇帝实录》卷三十六的内容记载了洪武元年十一月二十七日明太祖朱元璋在洪武元年制定品官朝服之制时,命礼部参考周以来各朝各代的服饰制度,最后选取唐、宋时期的朝会服饰为参考标准这件事情的始末。

洪武元年十一月,礼部择取唐宋之制,斟酌损益后提议:凡朝贺、辞、谢等礼皆服朝服。用赤罗衣、白纱中单,俱用皂饰领缘,裳与衣同,皂缘,蔽膝同裳色。大带用赤白二色,革带佩绶,白袜黑履。梁冠一品、公、侯、三师及左右丞相、左右大都督、左右御史大夫冠八梁,国公加笼巾貂蝉;从一品平章、同知、都督七梁冠,其带用玉钩䚢,锦绶上用绿黄赤紫四色,丝织成云凤花样,下结青丝网,小绶用玉环二;二品冠六梁,革带用犀钩䚢,小绶用犀环,绶同一品,从二品冠五梁,革带用金钩䚢,锦绶用黄绿赤紫四色,丝织成云鹤花样,小绶用金环二;三品冠四梁,革带绶环俱同四品;五品冠三梁,革带用镀金钩䚢,锦绶用黄绿紫赤四色,丝织成盘雕花样,小绶银镀金环二;六品七品冠二梁,革带用银钩䚢,锦绶用黄绿赤三色,丝织成练鹊花样,小绶用银环二;八品九品冠一梁,革带用铜钩䚢,锦绶用黄绿二色,丝织成鸂鶒花样,小绶二用铜环二。其笏,五品以上用象牙,九品以上用槐木。明太祖对以上提议基本认同,只在局部细节上面做出了些许调整:"卿等所拟殊合朕意,但公爵最尊,而朝祭冠服无异侯伯以下于礼未安。今公冠宜八梁,侯及左右丞相、左右大都督、左右御史大夫七梁,俱加笼巾貂蝉,余从所议。寻命朝服衣裳中单领缘俱用青,祭服领缘仍用皂。"[2]

---

1 (唐)萧嵩:《大唐开元礼》卷三,民族出版社,2000,第28–31页。

2 (明)佚名:《明太祖实录》卷三十六下,台北"中研院史语所",1962,第693页。

洪武六年（1373）九月诏："文武官自今朝见皇太子朝服去蔽膝及佩。"[1]

洪武八年（1375）三月令："在外有司所服朝服宜依在京例，亦令官制相承，服用，其未入流官，凡遇朝贺，宜用红圆领衫，皂靴，缀班行礼。"[2]

洪武二十二年（1389）七月："上以朝服锦绶民间不能制，命工部织成，颁赐之至，是文官五品以上，武官三品以上皆给赐，俱不用云龙凤文。"[3]

洪武二十四年（1391）六月诏："六部、都察院、同翰林院诸儒臣，参考历代礼制，更定冠服居室器用制度。于是群臣集国初以来礼制，斟酌损益，更定以闻。"[4]这是一次规模宏大的更定，不仅更定了品官朝服，还涉及皇帝、太子、亲王、世子朝会冕服，品官公服、常服、命妇礼服、常服。文武官朝服定为："自公侯驸马伯一品至九品，俱用赤罗衣，白纱中单，皆青饰领缘。赤罗为裳，亦用青缘。蔽膝同裳色，大带用赤白二色绢，白韈黑履。公冠八梁，加笼巾貂蝉、立笔五折，四柱，香草五段，前后用玉为蝉。侯冠七梁，加笼巾貂蝉，立笔四折，四柱，香草四段，前后用金为蝉。伯冠七梁，加笼巾貂蝉，立笔二折，四柱，香草二段，前后用玳瑁为蝉，俱左插雉尾，驸马冠与侯同不用雉尾。一品七梁不用笼巾貂蝉，二品六梁，三品五梁，四品四梁，五品三梁，六品七品二梁，御史加獬豸，八品九品一梁。革带公侯驸马伯及一品用玉，二品用犀，三品四品用金，五品用银钑花，六品七品用银，八品九品用乌角。珮公侯至三品用玉，四品以下用药玉。绶公侯驸马伯及一品用绿黄赤紫四色云鹤花锦，玉环二，二品绶同但用犀环二，三

品四品用黄绿赤紫四色锦鸡花锦，金环二；五品用黄绿赤紫四色盘雕花锦，银镀金环二；六品七品用黄绿赤三色练鹊花锦，银环二；八品九品用黄绿二色鸂鶒花锦，铜环二，自云鹤以下花纹并环皆织成，俱下结青丝网。笏自五品以上至公侯皆用象牙，六品以下用槐木。其朝服于大祀、庆成、正旦、冬至、圣节及颁降、开读、诏赦、进表、传制则服之。"[5]这次更定之后的品官朝服的内容和《大明会典》所载洪武二十六年（1393）颁布实施的制度内容几近相同，洪武二十六年较之二十四年增添了"杂职未入流品人员，若遇大朝贺、进表，随班行礼，止用公服。"[6]

洪武二十六年四月："诏百官，凡朝会，无朝服者，许具公服行礼。"

洪武三十年（1397）奏准：杂职未入流品人员，若遇大朝贺、进表，"亦照九品官，朝服行礼"。此后该朝服制度一直沿用了一百三十余年，直至嘉靖八年明世宗发起的那次大规模服饰制度改革。

嘉靖八年（1529），明世宗在修订服饰制度时对品官朝服也做了适当调整："梁冠照旧式，上衣用赤罗青缘，其长过腰指寸七寸，毋掩下裳，中单白纱为之，青缘，下裳七幅，前三后四，每幅三襞积，赤罗青缘蔽膝，缀革带。绶各照品级花样，革带之后配绶，系而掩之，其环亦各照品级，用玉、犀、金、银、铜为之，不以织于绶。大带表里俱素，唯两耳及下垂缘以绿色，又用青组约之。革带一品玉，二品犀，三品四品金，五品银钑花，六品七品银，八品九品乌角俱照旧式。佩玉一如诗传之制，去双滴及二珩，其三品以上用玉，四品以下用药玉各照旧。袜履俱照旧式。"[7]

1 （明）佚名：《明太祖实录》卷八十五，台北"中研院史语所"，1962，第1516页。

2 （明）佚名：《明太祖实录》卷九十八，台北"中研院史语所"，1962，第1674页。

3 （明）佚名：《明太祖实录》卷一百九十六，台北"中研院史语所"，1962，第2951、2952页。

4 （明）佚名：《明太祖实录》卷二百九，台北"中研院史语所"，1962，第3110、3111页。

5 同4，第3110、3111页。

6 （明）申时行：《大明会典·卷六十一·冠服二》，万历十五年内府刊本。

7 同6。

《大明会典》万历十五（1587）年内府刊本所记载官员朝服穿搭如图4-1～图4-10。

（三）孔府旧藏明代衍圣公朝服

孔府旧藏明代朝服为明代衍圣公在进京参与重要礼仪事件和圣节、正旦、冬至不进京参与朝贺时在府内告天行礼所穿。明代历任衍圣公和朝廷来往关系都很密切，明太祖时期为方便衍圣公每年进京朝贺，还命兵部勘发符验和道里费给孔讷，以示殊遇。仁宗昭皇帝在永乐二十二年（1424）得知衍圣公孔彦缙多次来朝，皆馆于民，遂命工部赐孔彦缙宅第一处于京师，方便来京参与朝会。孔彦缙在宣宗章皇帝以及英宗睿皇帝在任期间也都连续数年进京贡马以贺万寿圣节，宣

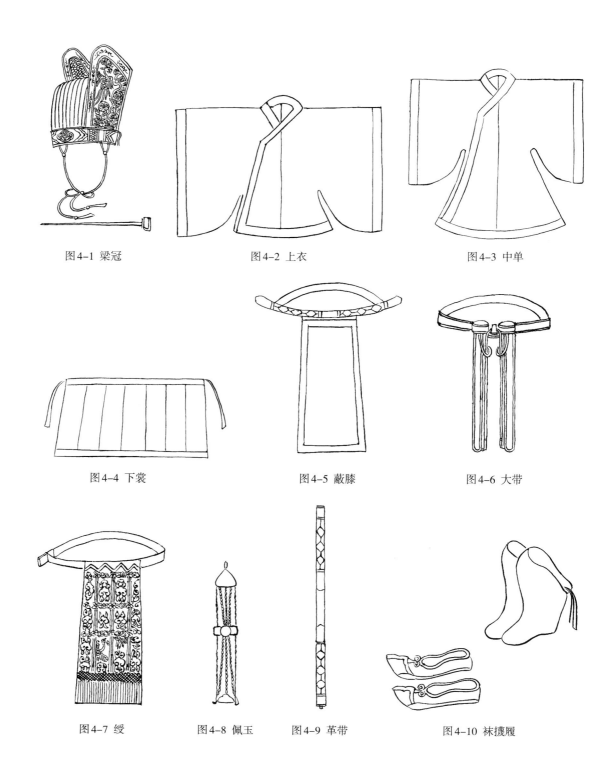

图4-1 梁冠　　　　图4-2 上衣　　　　图4-3 中单

图4-4 下裳　　　　图4-5 蔽膝　　　　图4-6 大带

图4-7 绶　　图4-8 佩玉　　图4-9 革带　　图4-10 袜揎履

宗和英宗也都依据先皇帝所定赏赐规格给予恩赐。"万历七年（1579）谕，衍圣公以万寿入贺，朝廷待以宾礼，不在文武职官之列，不必朝参。万历九年（1581）提准衍圣公及颜、曾、孟三氏子孙只许三年一次入贺，于朝觐年行。"[1] 在衍圣公进京朝贺时，每每参与朝贺都是要依例穿着朝服行礼。在遇上不进京参与朝贺的年头，每遇万寿圣节、正旦、冬至时节，在自己府内也是需要按照时辰穿朝服告天，举行仪式，以示普天同贺的。这一规定在《大明会典》卷之四十三，圣节、正旦、冬至天下司、府、州、县庆祝仪中可以查到："洪武间定，凡遇正旦、冬至、圣诞之辰，各处、司、府、州、县官于公厅斋沐，各俱公服行礼，后改用朝服，告天祝曰：'某衙门某官臣某等，荷国厚恩，叨详禄位，借赖天生我君，保民致治，今兹（正旦、冬至、圣旦）圣寿益增，臣等下情无任，忻跃感戴之至。'宣德四年（1429），令在外大小衙门，遇正旦等节，庆贺礼俱照洪武初舞蹈山呼，行四十拜礼。"[2] 由此可见，孔府旧藏的明代朝服也并非只有进京参与朝贺之时才穿着，遇需穿朝服的时节，若没有被应允进京朝贺，即便是在自家府内，也还是要在规定的时辰斋戒、沐浴、穿朝服、念贺词、行礼仪的。

明朝初封衍圣公为正二品，阶资善大夫，洪武元年（1368）授孔子五十六代孙孔希学袭封；洪武十七年（1384）孔讷袭封时，礼部循例拟授予资善大夫阶，明太祖认为，"既爵公，勿事散官，赐诰以织文玉轴，与一品同"后又令"袍带、诰命、朝班一品"。明代衍圣公所享用的衣冠服饰按照文官一品等级，朝服用赤罗衣、赤罗裳、白纱中单、冠用七梁、革带用玉装饰、佩用玉质、笏板象牙质。

现存的孔府旧藏明代衍圣公朝服涵盖了官员朝服的主要构成，其中梁冠、赤罗衣、赤罗裳、云头履、象牙笏版和朝参牙牌在山东博物馆有收

藏，另有一套同款赤罗衣、白纱中单、玉带、玉佩、象牙笏版和朝参牙牌收藏在孔子博物馆。明代衍圣公朝服虽然历经了明、清、民国数百年的历史，保存至今仍然形制完整、颜色鲜艳、主配服及配饰完备，这在中国服饰史的发展历程中实属罕见，它们的存世不仅有助于印证明代文献记载的朝服体系的真实性，对明代朝服体系的考证和完善也有促进作用。

1. 梁冠（图4-11）

图4-11 梁冠[3] 山东博物馆藏

关于梁冠，乾隆年间编修的《曲阜县志》里曾有给赐记录。明太祖洪武七年（1374）二月，衍圣公孔希学觐言："先师庙堂廊庑圯坏，祭器、乐器、法服不备。"恳请朝廷予以修治。"先世田产兵后多荒废而岁输税额如旧"，恳请朝廷从实征纳。明太祖谕："孔子有功，万世历代帝王莫不尊礼，今庙舍器物废弛如此，甚失尊崇之意，乃命有司修治，其田产荒芜者悉蠲其税，仍设孔、颜、孟三氏子孙教授，训其族人。"[4] 此后明太祖："诏免衍圣公税粮三十顷，颁钟磬各一，簧琴十，瑟四，凤箫、洞箫、埙、篪、笙、笛各四，搏拊二，祝敔、麾各一，祭服一，副内元端一，纁裳一，皂缘白中单一，赤韍一，大带二，

1 （明）申时行：《大明会典·卷四十三·万寿圣节百官朝贺仪》，万历十五年内府刊本。
2 （明）申时行：《大明会典·卷四十三·圣节正旦冬至天下司府州县庆祝仪》，万历十五年内府刊本。
3 孔子博物馆：《齐明盛服——明代衍圣公服饰展》，文物出版社，2021，第14页。
4 （明）佚名：《明太祖实录》卷八十七，台北"中研院史语所"，1962，第1554页。

犀角革带一，七梁冠一，方心曲领一，二色带二，铜钩药玉珠佩一，三色彩结犀角双环绶一，皂履二，白袜二，又赐磁祭器一副，酒盏一百二十五，酒尊五，有盖毛血盘一十五，罍四，和羹盌四，笾豆楪四百八十，爵二十。"[1] 此次不仅诏免了税粮，颁赐了祭孔礼乐器，同时还赐了祭服一件，皂缘白中单一件，七梁冠一件，配饰大带、革带、方心曲领、二色带、玉佩、绶、履、袜。当时七梁冠是作为祭服的首服和祭孔礼乐器一起颁赐予衍圣公的。

明代的朝服和祭服的首服都是梁冠，一品文官的朝服梁冠和祭服梁冠并无区别。依照洪武元年（1368）、洪武二十四年（1391）、嘉靖八年（1529）的服饰制度，以及明代衍圣公所享受的一品官员的冠服资格，衍圣公的梁冠应为七梁冠。目前孔府传世下来的明代朝服和祭服都有实物所藏，但梁冠仅存一件，且梁有缺失，现存五梁。孔府旧藏梁冠的冠顶左侧有一道纵梁所压出的印痕，可见该处曾经有一梁存在；冠顶右侧有约三厘米宽度的结构性缺失，如果按照左右对称的结构复原，此处还应有一梁存在。虽然该冠目前残存五梁，但是依据以上推测，该冠完好的时候应为七梁。有文字可考的给赐也只发现了洪武七年（1374）这一条，所以目前收藏于山东博物馆的这件梁冠是朝服冠还是祭服冠，是否为洪武七年颁赐那一件，还未可知。

2. 赤罗衣和赤罗裳（图4-12～图4-15）

上衣下裳的形制，创制于黄帝时期，是早期礼仪制度建立的标志之一。明代把朝服形制定为衣、裳制，也是遵循周礼之制。洪武元年（1368）对朝服衣裳的规定如下："赤罗衣，白纱中单，朝服衣、裳、中单领缘俱用青。"洪武二十四年（1391）和二十六年（1393）改为："赤罗衣，白纱中单，皆青饰领缘，赤罗为裳，亦用青缘。"上衣和下裳都用青色缘边。嘉靖八年（1529）定

制："上衣用赤罗青缘，其长过腰指寸七寸，毋掩下裳，中单白纱为之，青缘，下裳七幅，前三后四，每幅三襞积。"

关于朝服颜色的选定，《明太祖实录》卷五十二记载：洪武三年（1370）五月二十三日，皇帝下诏命礼部考证历代服色所尚，礼部奏言："历代异尚，夏尚黑，商尚白，周尚赤，秦尚黑，汉尚赤，唐服饰尚黄旗帜尚赤，宋亦尚赤，今国家承元之后，取法周汉唐宋，服色所尚，于赤为宜。上从之。"[3]

明朝崇尚火德，赤是明朝的尚色。除了百官的朝服用赤罗衣，帝王后妃宗室主配服也多有用红色。

皇帝：洪武二十六年定制的皇帝冕服下裳用纁色、蔽膝用红罗、朱袜赤舄；皮弁用绛纱衣、蔽膝随衣用绛色；嘉靖八年定皇帝武弁衣、裳、蔽膝、袜、舄俱赤色。

皇后：洪武四年（1371）定皇后常服真红大袖衣，永乐三年（1405）定皇后常服内搭鞠衣用红色；永乐三年定皇妃礼服大衫、霞帔用红色。

皇太子：洪武二十六年定皇太子衮冕下裳和蔽膝用纁色、袜舄皆用赤，皮弁绛纱袍，红裳，常服袍用赤色。

皇太子妃：永乐三年定，皇太子妃常服大衫、霞帔用红色。

亲王：洪武二十六年定，亲王衮冕下裳和蔽膝用纁；永乐三年定，亲王皮弁用绛纱袍，下裳、蔽膝用红色；永乐三年定亲王常服赤色袍。

亲王妃：永乐三年定，亲王妃大衫、霞帔用大红色。

世子：永乐三年定，世子衮冕下裳、蔽膝皆用纁色，赤袜赤舄；皮弁用绛纱袍，红裳；常服赤色袍。

世子妃：永乐三年定，大衫、霞帔用大红色。

郡王：永乐三年定，衮冕下裳、蔽膝皆用

---

1 （清）潘相纂修：《曲阜县志》卷二十八，清乾隆三十九年圣化堂藏版。

2 孔子博物馆：《齐明盛服——明代衍圣公服饰展》，文物出版社，2021，第18页。

3 （明）佚名：《明太祖实录》卷五十二，台北"中研院史语所"，1962，第1026页。

图4-12 赤罗衣 孔子博物馆藏

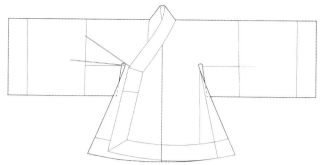

图4-13 赤罗衣形制图

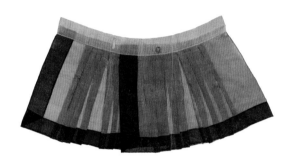

图4-14 赤罗裳[1] 山东博物馆藏

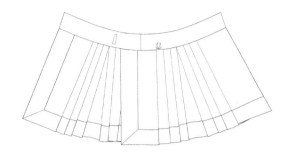

图4-15 赤罗裳形制图

缥色，赤袜赤舄；皮弁用绛纱袍，红裳；常服赤色袍。

郡王妃：永乐三年定，大衫、霞帔用大红色。

长子：朝服大红素罗衣、大红素罗裳及蔽膝。

除此之外，文武百官公服一至四品用绯袍，吉礼时的吉服也多用大红色，延续至今为喜庆之色。

古代文献中所记载各种关于红颜色的称谓，如缥、绛、红、赤、绯大都是依据织物浸入染液的次数和浸染时长的不同来区分和定义的。《说文解字》《尔雅》《三礼图》《古今图书集成》等文献中都有相关红色的定义描述如：一染（一入）谓之缥；三染谓之缥；四入为朱……

古代文献所记载的关于服饰所用赤色色彩释义：

《说文解字》："赤，南方色也。"

《白虎通德论》："赤者，盛阳之气也。"

《释名》："赤，赫也，太阳之色也。"

《玉篇》："南方色也，朱色也。"

《宋本广韵》："赤，南方色。"

《篇海类编》《重刊详校篇海》："南方色，朱色也。"

《周礼·考工记》："南方谓之赤。"

《古今图书集成》："赫染赤。"

孔府旧藏的两件赤罗衣和一件赤罗裳，皆为蚕丝质地。衣身主体红色，衣缘蓝色，织物组织结构均为二经绞罗（图4-16）。从服饰质地、颜色、袍服结构及缘边颜色和服饰整体织物组织结构看，均符合明代朝服服饰制度（图4-17）。

3. 白纱中单

最早有朝服内衬白纱中单的记录始于唐朝，然后就是洪武元年（1368）十一月编修朝服制度的时候，起初礼部是建议"用赤罗衣、白纱中单，俱用皂饰领缘……"，但是明太祖朱元璋寻命"朝服衣、裳、中单领缘俱用青，祭服领缘仍用皂。"根据文献记载，皂缘，自洪武元年起就是朝服和祭服中单的标志性区别，所以孔子博物馆的蓝色衣缘白纱中单应是标准明代官员朝服内衬中单（图4-18）。

1 孔子博物馆：《齐明盛服——明代衍圣公服饰展》，文物出版社，2021，至18页。

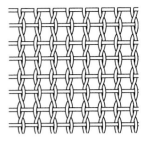

图4-16 赤罗朝服衣身主体和衣缘的二经绞罗织物组织结构图

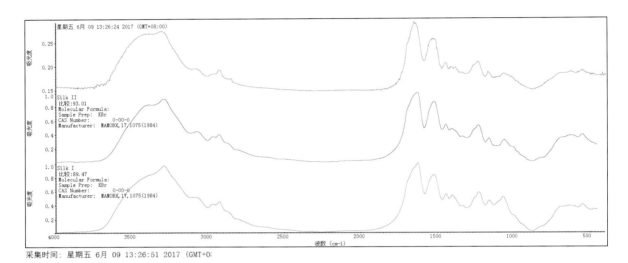

采集时间：星期五 6月 09 13:26:51 2017（GMT+0:

图4-17 赤罗朝服的纤维和家蚕丝的纤维光谱相似性对照图

图4-18 白纱中单 孔子博物馆藏

4. 云头履（图4-19）

洪武二十六年（1393）颁布的朝服之制，朝服上衣下裳的下面是搭"白袜黑履"，嘉靖八年（1529）修改朝服制度的时候："袜履俱照旧式"。在《大明会典》的服饰制度里朝服搭配的始终是"白袜黑履"，但是在明代品官画像中我们可以看到多有镶绿色缘边的红色朝鞋出现。《明史·舆服三》里记载："万历五年（1577）令百官正旦朝贺，毋蹑朱履。"[1]从文献记载和画像均看出，孔府旧藏的这种朱红色云头履在朝服穿搭中是常态，虽然如此，这种"朱履"却始终没有被记入正典服饰制度。

图4-19 云头履[2] 山东博物馆藏

图4-20 玉带 孔子博物馆藏

5. 玉带

玉带，以金、玉带板装饰的革带，是唐、宋以来历代官员等级差异的重要标识，明代纳入服饰制度，根据质地不同划分等级。洪武元年（1368）品官革带的制度是：一品、从一品其带用玉钩𫮃；二品、从二品革带用金钩𫮃；三品革带同四品；五品革带用镀金钩𫮃；六品、七品革带用银钩𫮃；八品九品革带用铜钩𫮃。洪武二十四年（1391）更定：革带，公、侯、驸马、伯及一品用玉，二品用犀，三品四品用金，五品用银钑花，六品七品用银，八品九品用乌角。嘉靖八年品官革带质地品级等差俱照旧式，与洪武二十四年并无差别。

孔府旧藏的这件玉带銙共有二十枚，其中三台三枚、圆桃六枚、排方七枚、挞尾二枚、辅弼二枚，缝缀在蓝绸包裹皮革的鞓带上，两端钉铜制插扣。按照明代规制，属一品官员玉带，符合明代朝廷授予衍圣公袍带用一品等级的特殊礼遇（图4-20）。

6. 玉佩

玉佩是朝服最初的组成部分。《礼记·玉藻》："凡带必有佩玉，唯丧否。佩玉有冲牙；君子无故，玉不去身，君子于玉比德焉。"关于为何佩玉，《礼记》中有如下解释：玉佩的左右铿锵鸣声应合于五声中的徵角和宫羽；趋走和行走时的节拍与《采齐》《肆夏》相应；向后转时走圆形路线，右拐弯时走直角路线，行进身体略向前倾，后退身体略向后仰，只有这样才能使佩玉发出铿锵的鸣声。正因为君子在步行时能够听到佩玉的鸣声，所以一切邪僻的念头也就无从进入君子的心灵。佩玉还有"节步"的作用，古人认为，越是尊贵之人，步行越慢越短，佩玉是令"君臣尊卑，迟速有节"。周代时候，自天子而下，佩玉就依身份等级不同而有质地的差异：天子佩白玉，公侯佩山玄玉，大夫佩水苍玉，世子佩瑜玉，士佩瓀玟。

《明实录》里关于朝服玉佩的制度的变化有如下记载：洪武元年（1368）的朝服制度只是提及"大带用赤白二色，革带佩绶"，并未对佩做出等级差别的要求；洪武六年（1373）要求"文武官朝见皇太子朝服去蔽膝及佩"；洪武二十四年（1391）明确"珮，公侯至三品用玉，四品以下用药玉"；嘉靖八年（1529）令："佩玉一如诗传之制，去双滴及二珩，其三品以上用玉，四品以下用药玉各照旧"。

嘉靖朝进士王世懋曾在《窥天外乘》中记载了一个关于嘉靖皇帝修改朝服佩玉制度的故事："玎珰玉佩之制，原无纱袋。嘉靖中，世宗升殿，尚宝司卿谢敏行[1]捧宝，玉佩飘摇，偶与上佩相勾连，不能脱。敏行惶怖跪，世宗命中官为之解，而敏行跪不能起，又命中官掖之，赦其罪。因诏中外官俱制佩袋，以防勾结，缙绅便之。独太常寺官以骏奔郊庙，取铿锵声，不袋如故。"早在《礼记》已有为了避免发声而将玉佩挽在革带上的记录："君在不佩玉，左结佩，右设佩，居则设佩，朝则结佩，齐则绪（一种赤色丝织品）结佩而爵韠（蔽膝）。"[2]上朝时，臣下在国君面前，要把左玉佩系住，祭祀神灵时要把佩都以赤色的丝织品系住，避免发出声响。

在尚宝司谢敏行殿前失仪事件后，礼部参考了历代礼制规范和舆服制度，做出以下调整："朝服，在祭天之时，仍保留玉佩古制，在其他场合，玉佩皆着纱袋。"官员朝服的玉佩用透明的红纱制成的纱袋收纳。祭天之时依祖制保留佩玉原制不做修改，是为遵守祖制，记录历史文明，其他场合"着纱袋"是因时制宜。

孔府旧藏的雕龙纹玉佩，青玉质，由多枚玉件组成：玉珩一、玉瑀一、玉琚二、下垂玉花一、下冲牙一、玉璜二、玉滴二（4-21）。自珩而下，系组五组，贯以玉珠。其中一条玉佩缺玉滴一枚。

玉佩钉缀在橘红色罗织物上。较之于嘉靖年间的"着纱袋"，钉缀在罗织物上，可以更清楚地识别玉佩的玉质和纹饰，且能确保玉佩不会由于走动产生摇晃而发生勾连，"钉缀"或许是较之于"着纱袋"的另外一种更为优化的保存形式。

7. 牙笏

周代朝见天子就用笏，诸侯用象牙材质，大夫以鱼须文竹，天子有令则书于笏。此后历代沿袭，明代也不例外。洪武元年（1368）定："其笏，五品以上用象牙，九品以上用槐木。"洪武二十四年（1391）："笏，自五品以上至公侯皆用象牙，六品以下用槐木。"该制度一直沿用至明末。

孔府旧藏的笏板为象牙材质，笏板内侧上端阴刻朱书"天启四年（1624）八月初三日，皇上幸学，钦赐六十五代袭封衍圣公孔"，由此可知该笏版是明熹宗朱由校赐给六十五代衍圣公孔胤植的钦赐之物（图4-22）。

8. 牙牌（图4-23）

朝参牙牌是为方便在京官员上朝（朝参）、出入禁城而设。

牙牌之制始于明代，起初仅供陪祀官员入坛使用。洪武八年（1375）二月，制陪祀官入坛牙

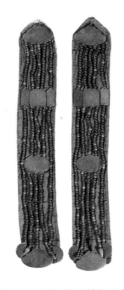

图4-21 玉佩 孔子博物馆藏

图4-22 象牙笏板 孔子博物馆藏

1　谢敏行，于嘉靖二十七年八月三十日由尚宝司司丞升为尚宝司卿，嘉靖三十九年升尚宝司卿谢敏行为太常寺少卿。

2　王文锦：《礼记译解·玉藻第十三》，中华书局，2016，第423页。

图4-23 牙牌 孔子博物馆藏

牌，陪祀官曰"陪"，供事官曰"供"，执事人曰"执"。随后才在官员出入禁城时，作为通行证普及开来。《明会要·卷二十四·舆服下·牙牌》记载："洪武十一年（1378）三月丁酉，始制牙牌给文武朝臣，牙牌之号五，以察朝参，公、侯、伯曰'勋'，驸马、都尉曰'亲'，文官曰'文'，武官曰'武'，教坊司曰'乐'。嘉靖中期，总编曰'官字某号'。朝参配以出入。不，则门者止之。私相借者，论如律。有故，纳之内府。"[1]

孔府旧藏朝参牙牌有一对，分别收藏于孔子博物馆和山东博物馆，均为象牙材质，长方圆顶，上端云花有穿孔，朝参牙牌一面刻"衍圣公"三字，一面刻"朝参官悬带此牌，无牌者依律论罪，借者及借与者罪同。出京不用"。侧面刻"文字柒百柒拾叁号"。该件牙牌为文官"文"字序列第"柒百柒拾叁号"。

关于明代朝服的分配制度，明太祖定制朝服制度之初，曾多次赐群臣朝服。四库全书《明史·卷六十七》记载："洪武元年（1368），命制公服、朝服，以赐百官。"《明实录》里也有记载，洪武三年（1370）二月："命省部官会太史令刘基，参考历代朝服公服之制。凡大朝会，天子衮冕，御殿，则服朝服，见皇太子则服公服，仍命

制公服、朝服以赐百官。"[2]此次赐服的范围极广，给赐人数达两千八百多人。洪武四年（1371）五月也曾"命工部预造朝服以备给赐。"[3]此后，为了保持文武官员朝、祭之服规范使用，历代皇帝统一制作并赏赐朝、祭之服的事例多有发生，明代衍圣公也应在给赐范围之内。

朝服由产生之初的朝祭功能合一的冕服，发展过程中历经了各代的变化和革新，在礼仪功能中逐渐产生分化，直至明代，在参考历史各代服饰制度的基础上，逐步确定了在形制、颜色、质地、配服、配饰各元素明确，等级尊卑差异明显，上下品阶层化清晰的明代朝服制度。明代衍圣公朝服，作为目前可知唯一的传世朝服，为印证明代朝服制度、穿着礼制，深入解读明代服饰的"礼"文化内涵提供参考和依据。

（四）孔府档案记载的关于明代衍圣公贺万寿圣节事例

1.《孔府档案》卷001-000060

记录了万历十八年（1590）三月十六日，衍圣公为进京贺万寿圣节进贡购置马匹事（图4-24）。

"一票差伴当苑珣、徐翠、刘春、李芝准此，万历十八年三月十六。袭封衍圣公府为庆贺事，今差各役前往临濮会置买进贡万寿圣节马匹，仰沿过关津，把截去处，念批放行，如临濮不便所往河南潼关（今陕西潼关）等处，访买各该关隘，一体遵照施行，毋得阻滞。一批差舍人陈策、王提，伴当刘春、徐翠、苑珣。万历十八年三月十六，定限次月回，日报。"

万历十八年在任的衍圣公为孔尚贤。孔尚贤在万历九年（1581），被庶母郭氏讦奏，陵铄庶母，滥用女乐，贿受船户，及岁贺入京，骚扰驿递诸不法事，被皇上责令痛加省改，仅许三年一次进京朝贺。直至万历十七年（1589）始，才恢

---

1 （清）龙文彬：《明会要》卷二十四，中华书局，1956，第394页。

2 （明）佚名：《明太祖实录》卷四十九，台北"中研院史语所"，1962，第973页。

3 （明）佚名：《明太祖实录》卷六十五，台北"中研院史语所"，1962，第1229页。

图4-24 《孔府档案》卷001-000060局部
孔子博物馆藏

图4-25 《孔府档案》卷01-000054局部
孔子博物馆藏

复了孔尚贤可以仍按旧典，每岁率颜、曾、孟三氏子孙入贺万寿。万历十八年这次进京贺万寿圣节进贡购置马匹事件，也是衍圣公孔尚贤自万历九年被弹劾事件以后首次贡马给皇帝庆贺生日，进京庆贺圣节的时候，如果一起参与群臣朝贺，也是要穿大红色朝服的。

2.《孔府档案》卷01-000054

记录了天启二年（1622）十月，袭封衍圣公为庆贺万寿圣节事，差役赍捧表文正副本赴礼部告授交进，守候批回，须至批者，计开表文一通，副本一本（图4-25）。

衍圣公孔胤植于天启二年五月袭封，天启二年十月时孔胤植刚刚任职不久，该文书也是衍圣公孔胤植为进京庆贺皇帝万寿圣节的事，特上书表文给礼部请求批示的副本。万寿圣节在历任皇帝当朝期间都是举国共贺的大事，对于文武百官来说更是普天同庆的朝贺大典，孔胤植进京朝贺依例也是要穿朝服的。

（五）《明实录》记载明代衍圣公贺万寿圣节事例

1. 宣宗章皇帝实录 卷十四 宣德元年 二月八日

袭封衍圣公孔彦缙以贺万寿圣节来朝，贡马。

2. 宣宗章皇帝实录 卷二十五 宣德二年 二月六日

甲子，袭封衍圣公孔彦缙朝贺万寿圣节。

3. 宣宗章皇帝实录 卷五十一 宣德四年 二月七日

袭封衍圣公孔彦缙以贺万寿圣节至。

4. 英宗睿皇帝实录 卷二十四 正统元年 十一月三日

甲午，袭封衍圣公孔彦缙来朝，奉表贡马贺万寿圣节，赐宴并赐钞、币等物。

5. 英宗睿皇帝实录 卷三十六 正统二年 十一月十日

丙申，袭封衍圣公孔彦缙来朝，上表贡马贺万寿圣节，赐宴并钞、币等物。

6. 英宗睿皇帝实录 卷四十八 正统三年 十一月五日

乙酉，袭封衍圣公孔彦缙来朝，奉表贡马贺万寿圣节，赐宴并赐钞、币等物。

7. 英宗睿皇帝实录 卷六十一 正统四年 十一月五日

己酉，袭封衍圣公孔彦缙来朝，奉表进马贺万寿圣节，赐宴并赐钞、币等物。

8. 英宗睿皇帝实录　卷七十三　正统五年　十一月四日

袭封衍圣公孔彦缙来朝，上表进马贺万寿圣节。赐宴并赐钞、币等物。

9. 英宗睿皇帝实录　卷八十五　正统六年　十一月七日

庚子，袭封衍圣公孔彦缙来朝，上表进马贺万寿圣节，赐宴并赐钞、币等物。

10. 英宗睿皇帝实录　卷一百二十三　正统九年　十一月五日

庚辰，袭封衍圣公孔彦缙来朝，上表进马贺万寿圣节，赐宴及钞、币等物。

11. 英宗睿皇帝实录　卷一百三十四　正统十年　十月二十四日

甲子，袭封衍圣公孔彦缙来朝，奉表进马贺万寿圣节，赐宴并钞、币等物。

12. 英宗睿皇帝实录　卷一百四十七　正统十一年　十一月二日

丙寅，袭封衍圣公孔彦缙来朝，贡马贺万寿圣节，赐宴及彩、币等物。

13. 英宗睿皇帝实录　卷一百五十九　正统十二年　十月三十日

戊子，袭封衍圣公孔彦缙贡马贺万寿圣节，赐宴并赐钞、币等物。

14. 英宗睿皇帝实录　卷一百七十二　正统十三年　十一月二日

袭封衍圣公孔彦缙来朝，贡马贺万寿圣节，赐宴并赐钞、币等物。

15. 神宗显皇帝实录　卷九十　万历七年　八月十四日

礼部题，该内阁传圣谕：衍圣公以万寿入贺，朝廷用宾礼待之。不在文武职官之列，今后也不必朝参，著贺毕辞回，永为定例。

16. 神宗显皇帝实录　卷二百十六　万历十七年　十月二十日

衍圣公孔尚贤自被弹后，三岁一朝。至是，请仍旧典，每岁率颜、曾、孟三氏子孙入贺万

寿。部议许之。

17. 神宗显皇帝实录　卷三百七十五　万历三十年　八月十一日

衍圣公孔尚贤以贺万寿圣节至，赐如例。

18. 附录　史语所藏钞本崇祯长编　天启七年　十二月二十四日

丁巳，万寿圣节，帝御殿，文武官行庆贺礼。衍圣公及方面诸司官，俱于先一日面恩。衍圣公进马二匹。

（六）明代品官穿朝服的相关图像

1.《徐显卿宦迹图》第八开"皇极侍班"

描绘了百官着朝服参加大朝会的盛大场面。万历五年（1577）八月时任侍读（正六品）的徐显卿，每遇皇极殿举行大朝会，便侍列于东班。图中除锦衣卫和侍卫将军以外，文武百官均着朝服。

2.《徐显卿宦迹图》第十三开"楚藩持节"

描绘了万历七年（1579），徐显卿奉命领荆王金册、通山王金册赴荆州和武昌。这次册封的荆王为仁宗庶六子朱瞻堈八世孙常㳂，通山王为太祖之孙楚王朱桢九世孙名蕴铉，按照万历时期的册封制度皆为遣史封册。图中所描绘的是在奉天殿的册封礼仪之后，册封使节从午门出发的情景。徐显卿身着红色朝服，持笏，跟随在两驾册宝亭（或龙亭）之后。仪仗从东门出来后，沿御道西侧行进。册宝亭内置有金册和诰敕等，分别由四位身着红色朝服的官员护卫和四名宦官抬驾，其后有一宦官举黄伞。[1]

3.《徐显卿宦迹图》第二十六开"幽陇沾恩"

所绘情景为万历十五年（1587）二月，《大明会典》修成，徐显卿得到皇帝的诰命，被加恩封赠祖父母及父母，穿着朝服领了诰敕的情状。

4. 故宫博物院藏沈炼画像

画像中的沈炼也是身着朝服，戴五梁冠。

5. 中国国家博物馆藏明代早期所绘的北京紫禁城图

图内有一官员头戴二梁冠，身着朝服，腰系

1　杨丽丽：《一位明代翰林官员的工作履历——〈徐显卿宦迹图〉图像简析》，《故宫博物院院刊》2005年第4期。

大带，挂玉佩，手执笏，脚穿红绿相间的云头履。

6. 美国普林斯顿大学图书馆收藏有一套《明陆文定公像》

总共 10 幅画像。这些画像里涉及了朝服、常服、公服、忠静冠服、道服、斗笠、幅巾、东坡巾等。该画册为明代画家沈俊受邀为时任礼部尚书陆树声[1] 画了一套衣冠像，画像中的陆树声身着朝服，戴五梁冠。

7. 收藏于青岛市即墨区博物馆的蓝章画像

画像中蓝章头戴二梁冠，身着朝服，腰悬玉佩，手持笏。明代规定六七品官的梁冠为二梁，可见蓝章时任六七品官。考蓝桢之《先侍郎公年谱》可知，蓝章在弘治十年（1497）授贵州道监察御史，正七品，蓝章所着的朝服符合正七品的等级要求。

8. 山东省平阴县博物馆所藏的《东阁衣冠年谱画册》

其中有一页于慎行朝服像，画册中的于慎行头戴三梁冠，身穿朝服，大带、蔽膝、玉佩一应俱全。

9. 中国国家博物馆所藏《丛兰事迹图册》的"户科给事"

图中的丛兰即头戴二梁朝冠，身着大红朝服，着黑履，带、佩、笏板一应俱全。

（七）《明实录》里所记载的百官朝服典型事例

1. 明太祖实录 卷二十七 吴元年十一月二十三日

乙未，冬至，文武百官朝贺如常仪。是日，太史院进《戊申岁大统历》，先是，本院会太常司议进历仪：宋以每岁十月朔，明堂设仗，如朝会仪，受来岁新历，颁之郡县。今拟先冬至一日，中书省臣同太史院使以进历闻。至日，黎明，上御正殿，百官朝服侍班，执事者设奏案于丹墀之中，太史院官具公服，院使用盘袱捧历从正门入，属官从西门入，院使以历置案

上，与属官序立，皆再拜。院使捧历由东阶升，自殿东门入，至御前跪进。上受历讫，院使兴，复位，皆再拜。礼毕，乃颁之中外。

2. 明太祖实录 卷二十八上 吴元年 十二月十九日

中书左相国李善长率礼官以即位礼仪进：即位之日，先告祀天地，礼成，就即位于南郊。丞相率百官以下及都民、耆老拜贺，舞蹈，呼万岁者三。礼毕，具卤簿，导从诣太庙，奉上册宝，追尊四代考妣，仍告祀社稷。还，具衮冕，御奉天殿，百官上表称贺。前期，侍仪司设表案于丹墀中内道之西北，设丞相以下百官拜位于内道上下之东西……鼓初严，百官俱朝服。次严，各依品从齐班于午门外，以北为上，东西相向。通班、赞礼及宿卫、镇抚等官入就位，诸侍卫官各服其器服，及尚宝卿、侍从官入。鼓三严，丞相以下文武官以次入，各就位。皇帝衮冕，升御座，大乐鼓吹振作。乐止，将军卷帘，尚宝卿以宝置于案，拱卫司鸣鞭，引班引文武百官入丹墀拜位，北面立……

3. 明太祖实录 卷二十八下 吴元年 十二月二十三日

乙丑，礼部尚书崔亮等以所定册立皇后、皇太子礼仪进其册后仪，前册一日，内使监设御座于奉天殿，如仪。尚宝卿设御宝案于御座前，侍仪司设册宝案于宝案之南，册东宝西……质明，鼓初严，催班舍人催百官具朝服，导驾官、侍从官入，迎车驾。次严，引班舍人引文武百官入，就侍立位，引礼引使副具朝服入，就丹墀受制位，诸执事者各就位。三严，侍仪奏外办，御用监奏请皇帝服衮冕，御舆以出……

4. 明太祖实录 卷三十三 洪武元年 闰七月十二日

遣将出师受节钺礼仪：……次严，文武官具朝服入侍立位，大将军朝服入，立候于丹墀之西北，所部将士鼓吹，皆候于午门外。鼓三严，皇帝服武弁服出……

1　隆庆六年（1572）七月，起升吏部右侍郎兼翰林院侍读学士陆树声为礼部尚书。

5. 明太祖实录　卷三十五　洪武元年　十月
三十日

命礼官定正旦朝会仪：……鼓初严，百官俱
朝服。次严，各依品从齐班于午门外，以北为
上，东西相向。通班、赞礼及宿卫、镇抚等官
入就位，诸侍卫官各服其器服，及尚宝卿、侍
从官入，诣谨身殿候迎。鼓三严，文武官以次
入，各就位。侍仪奏外办，御用监奏请皇帝服
衮冕，御舆以出……

6. 明太祖实录　卷三十六下　洪武元年　十一
月二十七日

公侯以下朝祭冠服：……凡朝贺、辞谢等礼，
皆服朝服。

7. 明太祖实录　卷三十六下　洪武元年　十一
月二十九日

命礼部定冠礼。礼官议：凡皇太子冠……鼓
初严，文武官具朝服。次严，护卫等各就位。东
宫官导从皇太子至殿门，赞礼同太常博士引，诣
奉天殿东房，侍卫官入，诣谨身殿奉迎。三严，
文武官入就位，皇帝服通天冠、绛纱袍……明
日，谒庙，如时享礼。陪祭官先赴庙庭，皇太子
服衮冕，执圭……明日，百官具朝服，诣奉天殿
称贺。退，易公服，诣东宫称贺，赐宴。亲王
冠，亦如之。

8. 明太祖实录　卷三十七　洪武元年　十二月
七日

癸酉，诏定皇太子、亲王及士庶婚礼。礼
部官及翰林诸儒臣议曰："凡皇太子婚礼，前期，
礼部移文司天监择日纳采，奏请命某官为使者，
某官为副使，告示文武百官具朝服侍班……"

纳采……傧者引主婚者朝服序立于大门内之
西，东向……

请期……告文武百官具朝服侍班……

行册礼……傧者引主婚者朝服立于大门内之
西……

亲迎前三刻，东宫官具朝服……皇太子既入
次，宫人、傅姆、启妃服褕翟、花钗，前后拥护
出就合内位前，南向立，傅姆立于妃之左右，宫
人、内侍分立于其后，主婚者具朝服立于西阶之

下……

9. 明太祖实录　卷四十五　洪武二年　九月
二十一日

壬子，定蕃王朝贡礼：……凡蕃王来朝……
文武官具朝服入，就侍立位……皇帝服通天冠、
绛纱袍，御舆以出。

凡蕃国遣使朝贡至龙江驿，遣应天府同知礼
待，如蕃王朝贡礼……百官具公服……舍人引使
者服朝服，奉表后从……

蕃使见东宫……择日，皇太子赐宴……如有
赐物，礼部官于午门外置于案，执事者服窄袖红
衫举案，捧礼物官具朝服入……

蕃国遇正旦、冬至、圣节，皆望阙行礼……
众官先具朝服，齐班于王宫门外，东西执事俱就
位。王于后殿具冕服，未赐者服其服，众官入，
俟立于殿庭东西……

蕃国进贺表笺……王具冕服、众官具朝服诣
案前，用印毕，用黄袱裹表、红袱裹笺，各置于
匣中，仍各以袱裹之，捧表笺官捧置于案。使者
与捧表笺官各就位，引礼引王入，及众官俱就拜
位……礼毕……众官朝服送至国外，使者捧表笺
以行。

10. 明太祖实录　卷四十九　洪武三年　二月
二十九日

命省部官会太史令刘基参考历代朝服、公服
之制。凡大朝会，天子衮冕御殿，则服朝服；见皇
太子，则服公服。仍命制公服、朝服，以赐百官。

11. 明太祖实录　卷五十二　洪武三年　五月
七日

乙未，册妃孙氏为贵妃，吴氏为充妃，郭氏
为惠妃，郭氏为宁妃，达氏为定妃，胡氏为顺
妃。其仪：……其日质明，文武百官皆朝服，引
班分引序立于奉天殿丹墀之两旁，东西相向。赞
引引使副公服入，就横街南位北面立……

12. 明太祖实录　卷五十三　洪武三年　六月
十八日

乙亥，买的里八剌朝见，上皮弁服御奉天
殿，百官具朝服侍班。侍仪使引买的里八剌具本
俗服，行五拜礼。至东宫见皇太子，四拜，百官

便服侍班。朝毕，赐之衣冠。买的里八剌母及妃朝见坤宁宫，命妇具冠服侍班，朝毕，俱赐以中国服。

13. 明太祖实录　卷五十七　洪武三年　十月七日

壬戌，重定内使服饰之制。上谕宰臣：凡内使监未有职名者，当别制帽，以别监官。礼部定拟：内使监官凡遇朝会，照依品级，具朝服、公服行礼。

14. 明太祖实录　卷五十八　洪武三年　十一月七日

壬辰，征虏大将军、中书右丞相、信国公徐达，左副将军、浙江行中书省平章李文忠等师还至龙江，车驾出劳于江上，达等奉车驾还宫。明日，率诸将上平沙漠表。上御奉天殿，皇太子、亲王侍，百官朝服陪列。

15. 明太祖实录　卷六十一　洪武四年　二月一日

洪武四年二月乙卯朔，侍仪司言：文武百官朝服，各从品级，侍仪舍人、引班执事宜有定制。乃命中书省拟：侍仪舍人并御史台知班、引礼执事，冠进贤冠，无梁，服绛色衣，其蔽膝及履袜、革带、大带、槐笏与九品同，惟不用中单。

16. 明太祖实录　卷六十二　洪武四年　三月一日

洪武四年三月乙酉朔，策进士于奉天殿，登第者百二十人，赐吴伯宗等三名进士及第，第二甲十七人，赐进士出身，第三甲百人，赐同进士出身，诏赐伯宗朝服冠带，授礼部员外郎。

17. 明太祖实录　卷六十五　洪武四年　五月十三日

命工部预造朝服，以备给赐。

18. 明太祖实录　卷六十五　洪武四年　五月二十二日

癸酉，定中宫妃主常服及外命妇朝服、常服之制。先是，上以古者天子、诸侯服衮冕，故后与夫人亦服袆翟，今群臣既以梁冠、绛衣为朝服，而不敢用冕，则外命妇亦不当用翟衣以朝，命礼部议之。

19. 明太祖实录　卷六十八　洪武四年　十月二十五日

时方以十一月七日郊祀，于是太常复条奏行礼，次第，先祭六日，百官沐浴，宿官署。翌日昧爽，朝服诣奉天殿丹墀受誓戒毕……

20. 明太祖实录　卷七十九　洪武六年　二月十四日

礼部奏定救日食礼仪：其日，皇帝常服，不御正殿，中书省设香案，百官朝服序立行礼，鼓人伐鼓，复圆乃止。

21. 太祖明实录　卷八十二　洪武六年　五月一日

礼部尚书牛谅奏定太岁、风云雷雨、岳镇、海渎、山川、城隍诸神祈报……前祀一日，中书丞相朝服省牲。至日清晨，皇帝具皮弁服入就位。典仪唱：迎神。协律郎举麾，奏保和之曲，执事官于各坛神位前斟酒……

22. 明太祖实录　卷八十五　洪武六年　九月二十四日

诏文武官自今朝见皇太子，朝服去蔽膝及佩。

23. 明太祖实录　卷九十七　洪武八年　二月二日

壬寅，重定颁赐及迎接诏诰仪。礼部尚书章善言：百官于御前受赐及迎诏礼仪未定，请著为式，颁示中外。凡朝官受赐，于御前跪受，如衣则服以拜，赐皆五拜叩头。在官受赐者，初行四拜，既受赐，复四拜。在外百司迎接诏敕，先具服郊迎，以龙亭仪仗导至公署，班定，四拜，跪听宣读毕，俯、伏、兴、四拜，舞蹈，三呼万岁，复四拜而毕。凡车驾出入经过州县，官员父老许于仗外路右五十步俯，俟驾过。驾所止处，官员具朝服迎见，行五拜叩头礼。其公侯、大臣、近侍等官在外迎接者并同其受诰命，若诸司正官，则具朝服，于正厅行四拜礼，受讫，复四拜，若首领官、属官则于本家拜受，如前仪。

24. 明太祖实录　卷九十七　洪武八年　二月十二日

又定颁诏诸蕃及蕃国迎接仪：……至日，蕃王率国中众官、耆老出迎于国门外，王具冕服，众官具朝服，行五拜礼……

25. 明太祖实录　卷九十八　洪武八年　三月十七日

丁丑，陕州府知事郑庆复言：在外有司所服朝服，宜依在京例，亦令官制相承服用，其未入流官，凡遇朝贺，宜用红圆领衫、皂靴，缀班行礼。从之。

26. 明太祖实录　卷一百三　洪武九年　正月十日

命翰林学士宋濂、王府长史朱右等定议王国所用礼乐。濂等奏：王初之国，所过州县文武官迎接，便服行四拜礼。王至国冕服，国内文武官朝服，行八拜礼。迎接诏敕，王冕服，文武官朝服。遇天寿圣节，服如之。上表称贺、其祭祀山川等神，王皮弁服，文武官祭服。正旦、冬至，服与天寿圣节同。文武官贺王，四拜称贺，再四拜成礼。其朝服皆去蔽膝、四品以下并去佩，乐用二十四人。王寿日冕服，诣宗庙致祭，然后叙家人礼，文武官免贺……

27. 明太祖实录　卷一百七　洪武九年　七月十日

驸马受诰仪：是日，吏部官奏：请颁诰……驸马服朝服讫，引礼引诣香案前……次日，韩国公李善长与驸马谢恩。后十日，善长进表笺，奏请婚期。

亲迎仪：是日，驸马受醮戒讫……具朝服候。申时，序班二人具朝服，引驸马由午门西角门入，至右红门，内官二员具服接引，驸马至内使监前候报……

28. 明太祖实录　卷一百三十六　洪武十四年　三月九日

礼部言：凡诏书播告天下，许先期通报，所在官司具朝服迎接，开读其敕。符所至事多机密，不须预报迎接，止用常服行礼。

29. 明太祖实录　卷一百三十六　洪武十四年　三月十日

乙未，礼部奏定王国庆贺礼仪：凡遇皇帝、皇后寿日及冬至、正旦，王国先期进庆贺表笺。陈设毕，王冕服就位，百官朝服随班，俱四拜……如皇帝寿日，则设香案于殿前露台上，王具冕服于案前，文武官具朝服于丹墀东西，四拜讫，王诣案前跪，百官皆跪……冬至、正旦亦然。皇后寿日，则设香案于宫内露台上，王具冕服，妃具礼服，自行告祝礼，如前仪，百官不必随班。皇太子寿日，先期，进笺。王具皮弁服，行入拜礼，百官具朝服随班。至日，告祝天地，王皮弁服，百官朝服，亦行八拜礼。亲王寿日，则具冕服受贺，百官具朝服，四拜，班首由东阶升殿，致词云：兹遇殿下寿诞之辰，某等敬祝千岁寿。

30. 明太祖实录　卷一百三十九　洪武十四年　十月二十三日

江西按察司有书吏言其副使田嘉写表署名，不具朝服，为不敬。上曰：拜表则具朝服，写表虽常服何害？小吏摭拾长官细故，此风不可长也。命法司正其罪。

31. 明太祖实录　卷一百五十六　洪武十六年　九月十八日

戊午，天寿圣节，皇太子、亲王服玉色常服，驸马浅色常服，诣上前行八拜礼，百官具朝服，诣奉天殿行礼。毕，赐宴华盖殿，如常礼，不举乐。

32. 明太祖实录　卷一百七十二　洪武十八年　三月十九日

庚辰，诏定蕃国进表礼仪：……典仪、内赞、外赞、宣表、展表官、宣方物状官各具朝服，其余文武官常服就位。仪礼司官奏：请升殿。皇帝常服出，乐作，升座，乐止……

33. 明太祖实录　卷一百九十六　洪武二十二年　四月至七月十六日

壬午，给赐文武官锦绶。初，上以朝服锦绶民间不能制，命工部织成，颁赐之。至是，文官五品以上、武官三品以上皆给赐，俱不用云龙凤文。

34. 明太祖实录　卷二百九　洪武二十四年　六月四日

己未，诏六部、都察院同翰林院诸儒臣参考

历代礼制，更定冠服、居室、器用制度。……其朝服于大祀、庆成、正旦、冬至、圣节及颁降、开读诏赦、进表、传制，则服之。

35. 明太祖实录　卷二百二十四　洪武二十六年　正月二十七日

是月，重定亲王、公主婚礼：凡亲王纳征前一日……鼓三严，文武官具朝服东西向立，待钟声止，仪礼司跪奏：请升殿。皇帝具皮弁服，导驾奉引如常仪……

公主婚礼……亲迎其日，驸马受醮戒讫，具仪从鼓乐前导至午门西下马，至朝房具朝服候。申时，序班二人具服，引驸马由午门西角门入至右红门，内官二员具服接引驸马至内使监前候报，公主醮戒将毕，引驸马至右门西，东向立……

36. 明太祖实录　卷二百二十六　洪武二十六年　三月三日

礼部奏更定救日食仪：……至期，百官朝服入班……

37. 明太祖实录　卷二百二十七　洪武二十六年　四月二十五日

己亥，诏百官凡朝会无朝服者，许具公服行礼。

38. 明太祖实录　卷二百二十八　洪武二十六年　六月二十八日

壬寅，命礼官重定朝贺传制等仪。……其日清晨……鼓初严，文武官具朝服，齐班于午门外……

39. 明太祖实录　卷二百二十八　洪武二十六年　六月二十八日

传制、誓戒及遣官祭祀礼：凡大祀，前三日，陈设如常仪，文武官各具朝服，诣丹墀拜位。皇帝御华盖殿，具皮弁服。钟声止，执事官行礼讫……凡遣官祭祀，前一日，陈设如常仪。次日，各官具朝服于丹墀，北向立。皇帝御华盖殿，具皮弁服……

40. 明太祖实录　卷二百二十八　洪武二十六年　六月二十八日

进春礼：是日早，文武百官具朝服于丹墀内，北向，引礼引应天府县官就拜位。赞：鞠

躬，乐作，四拜，乐止……

41. 明太祖实录　卷二百二十八　洪武二十六年　六月二十八日

开读诏赦仪：……鼓初严，文武百官各具朝服。鼓次严，引礼引公侯侍班于午门外，东西相向，钟声止。仪礼司跪奏：请升殿。皇帝具皮弁服，导驾官前导，乐作，升座，乐止，鸣鞭……

42. 明太祖实录　卷二百三十二　洪武二十七年　三月至四月十一日

凡蕃国王来朝，先遣礼部官劳于会同馆。明日，各服其国服，如尝赐朝服者，则服朝服，于奉天殿朝见，行八拜礼。

43. 明太宗实录　卷十四　洪武三十五年　十一月八日

丁亥，礼部进册皇后仪注：……至日早，锦衣卫官设卤簿大驾，内官设皇后受册位于宫中，及设节册宝案，节案居中，册东宝西，设香案于节案之前，设内赞二人，引礼二人，设女乐于丹陛之上。上具皮弁服，御华盖殿。翰林院官以诏书用宝讫，鸿胪寺官奏：执事官行礼。毕，奏：请升殿。如常仪。文武百官具朝服，行叩头礼……

44. 明太宗实录　卷二十下　永乐元年　五月十五日

永乐元年五月辛卯，淇国公丘福同文武百官进太祖高皇帝、孝慈高皇后尊谥议：前一日，礼部同鸿胪寺官于奉天殿中设谥议案。是日早，锦衣卫设卤簿驾，教坊司设中和韶乐及大乐。上具衮冕，御华盖殿。捧设谥官立于奉天殿丹陛之东，鸿胪寺入，奏：执事官行礼，赞：五拜。毕，奏：请升殿。导驾官前导，乐作，升座，乐止，文武官各具朝服诣丹墀拜位……

45. 明太宗实录　卷四十四　永乐三年　七月二十三日

丙辰，皇太子千秋节，文武百官早朝毕，具朝服，赴文华殿行贺礼。

46. 明仁宗实录　卷二下　永乐二十二年　九月十五日

丁亥，礼部进册立皇后、皇妃仪注：……至

日早，锦衣卫设卤簿大驾，内官设皇后、皇妃受册位于各宫中，设节册案于受册位之北，皇后宫中增设宝案，各设香案于节册案前，设女乐于丹墀上，不作，内赞、引礼各二人。上服皮弁服，御奉天门内，鸿胪寺官奏：执事官行礼。毕，奏：请升座。导驾官导上升御座，文武百官具朝服，行叩头礼。毕，侍班如常仪，正、副使就拜位……

47. 明仁宗实录　卷三上　永乐二十二年　十月九日

庚戌，礼部进册立皇太子、册皇太子妃及封亲王、世子、郡王仪注：前一日，鸿胪寺设诏案于奉天门，设各节册宝案于诏案之南，设各彩舆于丹墀之东南。尚宝司设宝案，教坊司设中和韶乐、大乐，皆不作。是日早，锦衣卫设卤簿大驾，内官设皇太子拜位于丹陛上，次亲王，又次世子、郡王拜位。皇太子、亲王、世子、郡王各具冕服以俟。皇帝服衮冕，御奉天门，内导驾官前导，皇帝升座。尚宝司官置宝于案，鸣鞭报时。毕，文武百官朝服，行叩头礼……

48. 明宣宗实录　卷一　洪熙元年　六月九日

丁未，行在礼部上即位仪注：……一，是日早，鸣钟鼓，锦衣卫设卤簿驾。上御奉天门内，文武百官各具朝服，入午门，俟齐，上服衮冕，鸿胪寺官引执事官进至奉天门内行礼……

49. 明宣宗实录　卷六十一　宣德五年　正月二十一日

壬戌，进两朝实录：……是日早，监修官英国公张辅等率总裁、纂修官，皆朝服，捧实录置舆中。上先具衮冕，既鸿胪寺官朝服引实录舆，用鼓乐，伞盖导从左顺门东廊出，由金水桥中道行，监修等官皆后随至奉天门下，监修、总裁、纂修等官捧实录置于案，乐止。俟舆及香亭退，鸿胪寺奏：执事官行礼。赞：五拜。奏：请升殿。导驾官前导，乐作，上御奉天殿，乐止，鸣鞭，监修、总裁、纂修等官入班，文武百官朝服，分左右侍班……

50. 明宣宗实录　卷一百九　宣德九年　三月一日

皇太子初受朝于文华殿，文武百官具朝服，行八拜礼。

51. 明英宗实录　卷一　宣德十年　正月九日

是日，礼部进即位仪注：一，钦天监谨择明日壬午辰时大吉……一，是日早，遣官祗告天地、宗庙、社稷。设酒果，具衰服，亲诣大行皇帝几筵前告受命，行五拜三叩头礼。改服衮冕，诣奉天殿前，设香案、酒果告天地，诣奉先殿告祖宗，俱行五拜三叩头礼。仍诣大行皇帝几筵前、母后前、母妃前，俱行五拜三叩头礼。鸣钟鼓，上衮冕御华盖殿，文武官各具朝服，入丹墀内俟候……

52. 明英宗实录　卷一百十四　正统九年　三月二日

壬子，锦衣卫设丹陛驾，百官朝服侍班，国子监祭酒率学官、诸生上表谢恩，上具皮弁服，御奉天殿。行礼毕，上易服，御奉天门，礼官引祭酒、司业及学官赐衣服，诸生赐钞，遂赐公、侯、伯、驸马、武官都督以上、文官三品以上及翰林学士至检讨、国子监祭酒至学录宴。

53. 明英宗实录　卷一百九十三　废帝郕戾王附录第十一　景泰元年　六月十四日

是日，至大同，虏声言送驾还，守将郭登等设计，于城月门里具朝服以候，潜令人伏城上，俟上皇入，即下月城闸板。

54. 明宪宗实录　卷一　天顺八年　正月二十一日

甲戌，礼部进即位仪注：……是日早，鸣钟鼓，锦衣卫设卤簿大驾，上服衮冕，御华盖殿，文武百官各具朝服，入册墀内俟候，鸿胪寺引执事官进至华盖殿……

55. 明宪宗实录　卷二十七　成化二年　三月三日

甲辰，上御谨身殿，拆卷填榜，出御奉天殿，传制唱名：赐罗伦等三人为第一甲进士及第，季琼等九十八人为第二甲进士出身，刘煊等二百五十八人为第三甲同进士出身。其百官朝服侍班，及出榜称庆致辞，悉如旧仪行。

56. 明宪宗实录　卷三十九　成化三年　二月

十七日

癸丑，德王见潾之国，陛辞。上御奉天门，早朝毕，文武百官稍退立。上降宝座后座，王冕服由左顺门，内引二人朝服前导，由第二桥上奉天门，至上前行五拜礼。上赐王酒，王饮讫。叩头毕，上兴，送王至东陛。王复叩头下，上目送王出午门，乃还。

57. 明宪宗实录　卷一百　成化八年　正月一日

成化八年春正月戊戌朔，上诣奉先殿、皇太后宫行礼。毕，出御奉天殿，以星变，免行庆贺礼。文武群臣及天下朝觐官、四夷朝使具朝服，行八拜礼。

58. 明孝宗实录　卷二　成化二十三年　九月上二日

戊戌，礼部进即位仪注：……是日早，鸣钟鼓，锦衣卫设卤簿大驾。文武官员各具朝服，入候丹墀内。上既御华盖殿，鸿胪寺官传旨：百官免贺。遂引执事官就次行礼，赞：请升殿。上由中门出，御奉天殿宝座。锦衣卫鸣鞭，鸿胪寺赞：百官行五拜三叩头礼。

59. 明孝宗实录　卷十一　弘治元年　二月八日

壬寅，礼部进视学仪注：一，择弘治元年三月初三日，驾视太学……明日，国子监祭酒率学官、监生上表谢恩。上服皮弁服，御奉天殿。锦衣卫设丹陛驾，百官朝服侍班。行礼毕，上易服，御奉天门，礼部引奏：赐祭酒、司业、学官及三氏子孙衣服，诸生钞锭。毕，驾还。

60. 明孝宗实录　卷六十　弘治五年　二月九日

礼部进册立东宫仪注：一，择弘治五年三月初八日辰时。一，前期一日，遣大臣告天地、宗庙、社稷，上亲告奉先殿……上具皮弁服，御华盖殿，执事官行一拜叩头礼毕，鸿胪寺官奏：请升殿。导驾官导上升座，鸣鞭讫，文武百官具朝服，行叩头礼，左右侍班。引礼引正副使入，就拜位。赞：四拜……一，是日，皇太子谒告。毕，内侍引诣太皇太后前、皇太后前，行八拜礼。次诣上前、皇后前，各行八拜礼。毕，回宫。一，次日，文武百官具朝服，上表称贺，陈设如常仪。上具衮冕，御华盖殿，执事官行五拜

三叩头礼……

61. 明孝宗实录　卷一百九十四　弘治十五年　十二月十一日

己酉，纂修《大明会典》成，翰林院进呈，上御奉天殿受之。文武百官各朝服，侍班行礼。

62. 明武宗实录　卷八　弘治十八年　十二月九日

己未，上初以服制避正殿，明年元旦，诏百官免贺。文武大臣奏：《春秋》重五始，今皇上嗣大历服，改元初纪，即不称贺，亦请御正殿。其合行礼仪，当如彝典，以慰中外臣民之望。有旨：升殿。命礼部斟酌，具仪奏之。至是，尚书张升奏：弘治旧仪元旦，上服黄袍，御奉天殿。鸣钟鼓、鸣鞭，作堂下乐。百官具公服，行五拜三叩头礼。次日，御奉天门，服浅色袍、黑翼善冠、犀带，百官具常服朝参。今宜参酌设卤簿驾，并中和韶乐，设而不作。百官具朝服，先行四拜致词，再行四拜礼。上命：一准弘治元年例行。

63. 明武宗实录　卷八　弘治十八年　十二月十二日

礼部奏：明年正月初四日，顺天府进春。旧制文武百官各具朝服，行庆贺礼。今山陵甫毕，宜仿弘治元年礼仪，上服黄袍，御奉天殿。鸣钟鼓、鸣鞭，作堂下乐。百官具公服，行五拜三叩头礼。

64. 明武宗实录　卷十二　正德元年　四月三日

壬子，礼部上进玉牒仪注：……是日早，锦衣卫设卤簿驾，修玉牒官具朝服，捧玉牒置宝舆中。上御华盖殿，具皮弁服。鸿胪寺官导迎宝舆，用鼓乐、伞盖。修玉牒官后随，由二桥行至奉天门，由左门入至丹墀案前，捧玉牒置于案，乐止，宝舆香亭退。鸿胪寺官奏：执事官行礼。讫，奏：请升殿。导驾官前导，乐作，上御奉天殿，文武百官各具朝服侍班……

65. 明武宗实录　卷六十九　正德五年　十一月十八日

庚午，礼部进上徽号礼仪：一，先期四日，太常寺宿于本寺。次日早，具奏致斋三日。遣官祭告天地、宗庙、社稷。祭仪用果酒、脯醢、香

帛迎神，四拜，行一献礼，读祝送神，四拜，礼毕。一，前期，礼部行移各衙门。是日，鸣钟鼓，百官具朝服随班行礼……

66. 明武宗实录　卷一百五十五　正德十二年　十一月二十九日

辛丑，冬至节，上在宣府[1]，文武群臣具朝服，于奉天门行遥贺礼。

67. 明武宗实录　卷一百七十一　正德十四年　二月十日

是日，以大祀天地，群臣具朝服，听受誓戒，致斋，至夜不能待，传制而退。

68. 明武宗实录　卷一百七十七　正德十四年　八月二十日

礼部上亲征颁诏仪注：……是日，锦衣卫设卤簿驾，百官各具朝服，入丹墀内侍立，上具冕服，御华盖殿……

69. 明世宗实录　卷十一　嘉靖元年　二月二十一日

戊戌，礼部拟恭上昭圣慈寿皇太后、庄肃皇后、寿安皇太后、兴献后尊号礼成，文武百官庆贺及颁诏仪注：……是日，锦衣卫设卤簿驾，百官各具朝服，入丹墀内侍立……

70. 明世宗实录　卷十七　嘉靖元年　八月九日

壬午，礼部奏：本月初十日，恭遇万寿圣节，文武百官例先期习仪。至日，具朝服行庆贺礼。今武宗皇帝服制未满，是日又遇孝慈高皇后忌辰，宜暂免习仪。初九日，廷臣并在外进表官员各具吉服，于奉天门致词，行五拜三叩头礼。表文、彩段俱免，宣读陈设径送司礼监交收。诏可。

71. 明世宗实录　卷三十七　嘉靖三年　三月二十八日

癸巳，礼部拟上昭圣康惠慈寿皇太后、章圣皇太后尊号仪注：……至日，鸣钟鼓，百官具朝服随班行礼……

72. 明世宗实录　卷五十二　嘉靖四年　六月十二日

庚子，进《武宗毅皇帝实录》。上具冕服，御奉天殿受之，百官朝服行庆贺礼。

73. 明世宗实录　卷九十　嘉靖七年　七月九日

礼部奏进恭上孝惠皇太后尊号、皇考尊谥、圣母徽号礼成，文武百官称贺并颁诏仪注：……是日，锦衣卫设卤簿驾，百官各具朝服，入丹墀内侍立……

74. 明世宗实录　卷九十四　嘉靖七年　闰十月二十三日

辛卯，先是，悼灵皇后发引。次日，上命经筵官俱吉服侍班。尚书方献夫等以为山陵未毕，臣子之情不忍遽尔从吉，请于经筵罢讲之后，仍令百官衣浅色衣朝参。上不许，曰：朝廷礼仪，自有定制，卿等余哀未忘，许于退朝后行之。无何，会遣官册封，故事当鸣鞭作乐，百官朝服侍班。献夫复言：今新有皇后之丧，大乐一作，恐圣心增感，宜暂令辍乐。上怒其违旨，命照旧行。

75. 明世宗实录　卷一百十八　嘉靖九年　十月三日

己未，礼部上进呈玉牒仪注：……是日早，锦衣卫设卤簿驾，修玉牒官具朝服，捧玉牒置宝舆中。上御华盖殿，具皮弁服。鸿胪寺官导迎宝舆，用鼓乐伞盖。修玉牒官后随，由二桥行至奉天门，由左门入至丹墀案前，捧玉牒置于案，乐止，宝舆香亭退。鸿胪寺官奏：执事官行礼。讫，奏：请升殿。导驾官前导，乐作，上御奉天殿，文武百官各具朝服侍班……

76. 明世宗实录　卷一百十八　嘉靖九年　十月十五日

礼部上大祀圜丘仪注：一，前期十日，太常寺题请视牲，次请命大臣三员看牲，四员分献。一，前期五日，锦衣卫备随朝驾，上诣牺牲所视牲。其前一日，上常服告于庙。一，前期四日，上御奉天殿，太常寺奏祭祀，进铜人如常仪，本寺博士捧告，请太祖祝版于文华殿，候上亲填御名讫，捧出。一，前期三日，上具祭服，以脯醢、酒果诣太庙，请太祖配帝还，易服御奉天

1　宣府，明初设立的九边镇之一，因镇总兵驻宣化府得名，也称"宣镇"。

殿，百官具朝服，听受誓戒……

77. 明世宗实录　卷一百十九　嘉靖九年　十一月三十日

丙辰，楚王荣㴐奏：乞申明王国礼仪。事下礼部详定，尚书李时等据祖训、《大明会典》及弘治间会议事例，条列具奏，仍通行天下王府遵行。一，王奏庆贺、筵宴日，镇巡等官有不具朝服，止行四拜礼。臣考祖训，凡正旦，王冕服升殿，出使官便服，行四拜礼。文武官具朝服，行八拜礼。按镇守、巡抚、巡按俱系使臣，合便服，止行四拜礼。三司等官系本土官，合朝服行礼。

78. 明世宗实录　卷一百四十七　嘉靖十二年　二月二十五日

戊戌，礼部上圣驾临幸太学仪注：……百官常服，先请午门外伺候，驾还，卤簿大乐止于午门外。上御奉天门，鸣鞭，百官常服，鸿胪寺官致词，行庆贺礼。毕，鸣鞭，驾兴，还宫，百官退。次日，袭封衍圣公率三氏子孙，国子监祭酒率学官、监生上表谢恩。上具皮弁服，御奉天殿。锦衣卫设卤簿驾，百官朝服侍立行礼……

79. 明世宗实录　卷一百五十八　嘉靖十三年　正月十日

丁未，礼部上册立皇后，进封宸妃、丽妃颁诏仪注：……是日，锦衣卫设卤簿驾。百官各具朝服，入丹墀内侍立。上具冕服，御华盖殿。鸿胪寺官引执事官进至华盖殿，就次行五拜三叩头礼……

80. 明世宗实录　卷一百八十一　嘉靖十四年　十一月八日

诏以淑女曹氏册封端嫔。礼部奏上仪注：……至期，上具常服，以册封端嫔祭告三殿如常仪。礼毕，上易皮弁服，御华盖殿。鸿胪寺官、执事官各具朝服行礼。毕，奏：请升殿。导驾官导上升座，文武百官各具公服入班，行叩头礼。左右侍班、正副使具朝服入，就拜位……是日，端嫔具服俟，皇后率诣三殿行谒告礼，如常仪。谒内殿毕，端嫔具服诣昭圣康惠慈寿皇太后前、章圣慈仁皇太后前，俱行八拜礼。毕，候上服皮弁服，皇后亦具服，各升座。赞引女官引

端嫔诣前就拜位，行八拜礼。毕，还宫。奏上，上曰：今后补封嫔御一准此仪行。百官仍用朝服……

81. 明世宗实录　卷一百八十四　嘉靖十五年　二月十二日

丁酉，礼部上册嫔仪：……一，至期，上具弁服，御华盖殿。鸿胪寺官奏：执事官具朝服行礼。毕，奏：请升殿。导驾官导上升殿座，文武百官各具朝服入班，行叩头礼。左右侍班、正副使亦具朝服入，就拜位……

82. 明世宗实录　卷一百八十九　嘉靖十五年　七月十五日

先是，万寿圣节，以太庙未成，暂罢庆贺。至是，复报罢。礼部疏请，上曰：览奏具悉忠敬，今岁仍罢，俟祖宗神主回庙，庶终朕情。部臣又以往岁行礼太简，无以伸臣子庆祝之情，因草上仪注，先期免习仪。是日，上具皮弁服，御奉天殿。锦衣卫陈设大驾卤簿，百官朝服四拜。鸿胪寺官即丹陛，代班首致辞。毕，复四拜。中外所进币、马、方物、表文俱免陈设。上曰：朕服常服，百官仍公服行，余如所拟。

83. 明世宗实录　卷一百九十　嘉靖十五年　八月十二日

乙未，礼部上进呈列圣宝训实录仪注：……是日早，锦衣卫设卤簿驾。史官具朝服至馆，捧宝训、实录置宝舆中。鸿胪寺官导迎宝训、实录宝舆，用鼓乐伞盖，从东廊北行，由左顺门外引，由桥南中道行。史官后随，从二桥行至奉天门阶下，由左门入，至丹墀案前，捧宝训、实录置案。乐止，俟香亭、宝舆退。上服常服，御华盖殿。鸿胪寺官奏：执事行礼。赞：五拜。奏：请升殿。导驾官前导，乐作，上御奉天殿，乐止，鸣鞭。史官及文武百官各具朝服诣丹墀，分左右侍班……

84. 世宗明实录　卷一百九十二　嘉靖十五年　十月六日

戊子，皇帝二子生，上亲定祭告郊庙礼仪，示礼部。礼部因尊奉拟上仪注：一，本月初九日卯时，皇上亲诣南郊以诞生皇子，奏告昊天上

孔府旧藏服饰研究——明代衍圣公卷

帝。午时祭告奉先殿、崇先殿，俱祭服行事……

一，初十日早，皇上具冕服，御奉天殿，鸿胪寺致词，文武百官各具朝服称贺，先后俱行四拜礼……

85. 明世宗实录　卷一百九十二　嘉靖十五年　十月十二日

礼部上颁诏议注：……是日，锦衣卫设卤簿，百官各具朝服，入丹墀内侍立。上具冕服，御华盖殿……

86. 明世宗实录　卷一百九十四　嘉靖十五年　十二月二十三日

甲辰，礼部上加两宫徽号仪注：……一，先一日，女官设昭圣恭安康惠慈寿皇太后宝座、章圣慈仁康静贞寿皇太后宝座于两宫中，各设册宝案二于宝座前，册东宝西，设香案于册宝案前，设皇帝拜位于两宫丹陛上。正宫设内赞二人，内官陈设仪仗于两宫丹陛东西，女官擎执者立于宝座之左右。钟鼓司设乐于两宫丹陛东西，北向。一，初三日鸣钟鼓，文武百官各具朝服，于金水桥南北向序立。上冕服，御华盖殿……

87. 明世宗实录　卷一百九十九　嘉靖十六年　四月一日

己酉朔，先是，礼部以皇第三子生，上命名剪发仪注。上谓：命名仪视元子当有差，令再拟以闻。及是尚书严嵩等言：今皇第四子生亦将及，三月请一时并举。乃具上其仪：……是日，命皇子名。上具常服，御乾清宫，升座。皇后率康妃、靖妃各具朝服见，行四拜礼……

88. 明世宗实录　卷二百十五　嘉靖十七年　八月三十日

庚午初，上钦定每岁季秋朔，大宗伯朝服，捧进次年大报等祀日册。时大学士夏言为礼部尚书，捧册。次年九月朔，礼部以皇子生称贺，于时言已入内阁，仍捧摄之。及是月朔，复颁明堂大享敕谕，礼部尚书严嵩请仍以祀册命言摄捧。

89. 明世宗实录　卷二百十七　嘉靖十七年　十月二十七日

丁卯，礼部奏十一月初一日子时圜丘恭上册表仪：翰林院恭拟合用祭告文，太常寺备牲醴、

玉帛及告景神殿脯醢、酒果。钦命捧册表大臣二员，文武官照例各具祭服陪祀，其文官六品以下、武官五品以下俱朝服陪拜……是日，文武百官先具朝服，于金水桥南东西相向序立，其陪祀文官五品以上、武官四品以上、六科都给事中、皇亲指挥以下、千百户等官各具祭服，于庙街门北向序立，上冕服御华盖殿，鸿胪寺卿奏：请行礼。内侍官捧各册宝置于案……

90. 明世宗实录　卷二百二十　嘉靖十八年　正月二十六日

乙未，礼部上册立皇太子、册封裕王、景王仪注：……锦衣卫设大驾卤簿，至日，百官各具朝服，入丹墀内侍立，上具冕服，御华盖殿……

91. 明世宗实录　卷二百二十一　嘉靖十八年　二月二十三日

行在礼部议亲王朝行殿仪注：圣驾将至，王具常服，预出郊候驾。驾至，则立迎道侧，俟驾过乃退。上御行殿，王朝服入朝……

92. 明世宗实录　卷二百二十二　嘉靖十八年　三月十二日

圣驾抵承天府，舍旧邸卿云宫，遂谒皇考于隆庆殿。是日，谕行在礼部：朕仰荷天眷，既临旧邸，奏告诸仪，宜即行事。于是，礼部具仪以上：以十二日太常寺奏祭祀，上御龙飞门，百官吉服侍班，行叩头礼。自十三日为始，致斋三日……二十日，上表称贺及颁诏。前期，鸿胪寺陈设表案、诏案于龙飞殿中。锦衣卫设随朝驾仪及迎诏彩舆、香亭于丹墀。教坊司设中和韶乐。百官各具朝服，地方官吏、师生、耆老等俱随班行礼……

93. 明世宗实录　卷二百二十三　嘉靖十八年　四月十一日

诏至京师，文武百官具朝服出迎，开读午门外。

94. 明世宗实录　卷二百二十七　嘉靖十八年　闰七月十九日

甲寅，初，四月间，将奉慈孝献皇后梓宫葬于太峪。礼部拟上葬毕祔庙仪注，得旨：令增入皇后亚献仪。未上，至是，慈宫已祔显陵。上谕礼部以八月七日卯刻，慈主祔庙。部乃遵前谕，

具上其仪：……内侍官诣灵座前跪，奏请慈孝献皇后神主降座升舆，诣太庙祫享。奏讫，上捧神主由殿中门出，奉安于舆内，执事官捧衣冠置于舆，后随内侍擎伞扇如仪。上至右顺门，具祭服升辂后随。文武百官不系陪祀者，俱朝服于金水桥南跪迎神主舆，候驾遇退……

95. 明世宗实录　卷二百三十三　嘉靖十九年　正月六日

己亥，上感阁贵妃之薨，诏以今月十日告庙，册封诸妃嫔曾出皇子及皇女者。礼部具上仪注：……一，是日早，内官设皇贵妃、各妃嫔受册位于各宫中，设节册宝案于受册位之北，设香案于节册宝案前，设内赞各三人、引礼各二人。至期，上皮弁服，御华盖殿。鸿胪寺官奏：执事官行礼。毕，奏：请升殿。导驾官导上升座，文武百官朝服入班，行叩头礼。左右侍班、正副使朝服入，就拜位……

96. 明世宗实录　卷二百五十六　嘉靖二十年　十二月二十七日

鸿胪寺以正旦习仪请。上曰：皇伯母神主未奉庙中，暂免朝贺，止如朔望御殿，例行五拜礼，不必致词。初二日至初四日，暂免御殿。初五日后，候旨行。于是礼部复请班首致词称贺，百官朝服，前后行八拜礼，从之。诏：立春特享各庙，祝文金捧主官名。

97. 明世宗实录　卷二百五十八　嘉靖二十一年　二月十二日

上敕礼部：未封御侍二，各封妃，张氏封淑妃，马氏封贞妃，今月二十八日发册行礼，暂罢御殿。礼部上册封淑妃、贞妃仪注：……是日寅时，奉天殿发册，百官各吉服侍班。鸿胪寺官引正副使具朝服入，就拜位，行四拜礼……

98. 明世宗实录　卷二百六十九　嘉靖二十一年　十二月二十四日

己亥，顺天府官进春，命司礼监捧进，百官具朝服侍班，行庆贺礼。

99. 明世宗实录　卷三百　嘉靖二十四年　六月八日

己亥，礼部上太庙奉安神主仪注：……本日，文官五品以上、武官四品以上、六科给事中各具祭服，恭诣陪祀。十七日，文武百官各具朝服，于奉天门前上表称贺……

100. 明世宗实录　卷三百　嘉靖二十四年　六月十日

礼部尚书费采等奏上庙制更新、奉安神主礼成，文武百官称贺及颁诏仪：一，前期一日，鸿胪寺设表案于奉天门上。是日早，百官各具朝服入，至奉天门前，东西侍立。鸿胪寺官赞：排班。班齐……

101. 明世宗实录　卷三百十七　嘉靖二十五年　十一月十九日

礼部尚书费采上疏谓：积雪初霁，天气凝寒，冬至期贺恐有烦圣。躬请如昨岁例，臣等各具朝服，于奉天门行五拜三叩头礼，少伸臣子拜祝之忱。上以其言为忠敬，报可。

102. 明世宗实录　卷三百十七　嘉靖二十五年　十一月二十一日

甲戌，百官朝服诣奉天门，行五拜三叩头礼，仍上表称贺。

103. 明世宗实录　卷三百二十六　嘉靖二十六年　八月十日

戊子，万寿圣节，上不御殿，命成国公朱希忠代告天子玄极宝殿。百官朝服，诣奉天门行五拜三叩头礼，上表称贺。免宴，赐节钱钞。

104. 世宗肃皇帝实录卷三百三十　嘉靖二十六年　十一月二日

己卯，冬至，上不御殿，百官朝服，诣奉天门行五拜三叩头礼，免庆成宴，赐节钱钞，中宫免命妇朝贺。

105. 明世宗实录　卷三百四十四　嘉靖二十八年　正月一日

壬申朔，命成国公朱希忠代行拜天礼于玄极宝殿。上不御殿，群臣朝服，于奉天门行五拜三叩头礼，仍具表称贺。罢群臣宴，赐节钱钞。王府进贺人员及四夷朝贡使俱宴于阙左门。

106. 明世宗实录　卷三百四十六　嘉靖

二十八年 三月五日

乙亥，礼部上皇太子冠礼仪注：……一，前一日，鸿胪寺设节案于奉天殿。至日早，锦衣卫设仪仗，文武百官朝服侍班，如常仪。持节及赞冠、宣敕戒官各具朝服就拜位，候鸿胪寺序班举案至丹墀中道置定，鸣赞赞：行五拜三叩头礼……一，次日早，文武百官具朝服，于奉天门前称贺，行五拜三叩头礼。毕，就诣文华殿，贺皇太子，行四拜礼。锦衣卫陈设仪仗，如常仪。

107. 明世宗实录　卷三百九十三　嘉靖三十二年 正月一日

是日日食，阴云不见，有顷大雪，百官以救护罢朝贺。次日始，朝服诣奉天门，行五拜三叩头礼，仍上表称贺。免群臣宴，赐节钱钞。王府进贺人员及四夷朝贡使仍宴于阙左门。

108. 明世宗实录　卷三百九十三　嘉靖三十二年 正月二十四日

礼部奏上二王婚礼仪注：……至日早，内官监设彩舆，教坊司设大乐于午门外，内官设王妃凤轿仪仗于彩舆之南。是日早，百官具朝服左右侍班。序班导引正副使先于丹陛下正中行四拜礼……

109. 世宗肃皇帝实录　卷四百六　嘉靖三十三年 正月一日

壬寅朔，上不御殿，命成国公朱希忠代拜天于玄极宝殿，文武百官朝服，诣奉天门行五拜三叩头礼，各上表称贺。

110. 明世宗实录　卷四百十三　嘉靖三十三年 八月十日

万寿圣节，命驸马都尉邬景和代拜天于玄极宝殿，上不御殿，百官朝服，诣奉天门行五拜三叩头礼，上表称贺。

111. 明世宗实录　卷四百四十二　嘉靖三十五年 十二月二十六日

辛亥，立春，顺天府官进春，上不御朝，百官朝服行庆贺礼，免春宴。

112. 明世宗实录　卷四百四十六　嘉靖三十六年 四月十五日

戊戌，礼部奏上颁诏仪注：……是日质明，百官具朝服至端门，鸿胪寺官赞：排班。班齐，行四拜礼……

113. 明世宗实录　卷四百六十三　嘉靖三十七年 八月四日

以大朝等门成，群臣具朝服，诣门行五拜三叩头礼，奉表称贺。

114. 明世宗实录　卷四百六十四　嘉靖三十七年 九月二日

选监生陈景行女陈氏为裕王继妃，命钦天监择吉，以嘉靖三十七年九月初九日尚冠、纳征、发册，十八日安床、开面，十九日亲迎。礼部因上仪注：……是日早，百官具朝服侍班，序班引正副使先于丹陛下正中行四拜礼，执事官举节案、玉帛案至丹墀，置于中道……

115. 明世宗实录　卷四百九十三　嘉靖四十年 二月二日

礼部奏上景王辞朝仪注：……次日，文武百官各具朝服侍班，景王具冕服，由东华门入，至大朝门御座前，行五拜三叩头礼。赞引引王由东阶出承天门，至幕次易服。王自祭承天门之神，礼毕，王乘舆出长安左门至府，同妃启行，由朝阳门出。百官易吉服，至桥东左右序立，候王辂过而回……

116. 明世宗实录　卷五百二十四　嘉靖四十二年 八月十日

丙辰，万寿圣节，遣成国公朱希忠祀天于玄极宝殿，驸马都尉谢诏祭内殿。上嘉二臣代祀祗慎，劼劳年久，诏岁增希忠禄米百石，加诏太子太保。文武群臣各具朝服，于皇极门行五拜三叩头礼，免群臣宴，赐节钱钞。王府入贺人员及四夷朝贡使仍宴于阙左门。

117. 明世宗实录　卷五百四十　嘉靖四十三年 十一月九日

戊申，百官朝服，诣皇极门行五拜三叩头礼，奉表贺冬至。

118. 明世宗实录　卷五百四十四　嘉靖

四十四年 三月十五日

建醮[1]五日，停常封，百官朝服，诣皇极门行五拜三叩头礼，上表称贺。

119. 明世宗实录 卷五百五十五 嘉靖四十五年 二月十二日

甲戌，史馆诸臣纂修《承天大志》成。礼部拟上进呈仪注：……一，至日，百官具朝服侍班，总裁官率纂修官俱朝服，总裁官捧表置于表亭，纂修官捧大志置于彩舆，鸿胪寺官导引，用鼓乐伞盖，由会极门下，由左门入至皇极殿丹墀内……

120. 明世宗实录 卷五百五十五 嘉靖四十五年 二月二十二日

史馆纂修官进《承天大志》，百官朝服侍班，上不御殿，命司礼监官捧入……

121. 明世宗实录 卷五百六十四 嘉靖四十五年 闰十月七日

甲午，命成国公朱希忠以紫宸宫成，告谢玄极宝殿，驸马都尉谢诏告内殿。百官具朝服，诣皇极门行五拜三叩头礼，上表称贺。

122. 明穆宗实录 卷一 嘉靖四十五年 十二月二十一日

丁未，礼部进即位仪注：……一，是日早，鸣钟鼓，锦衣卫设卤簿大驾，文武官员各具朝服，入候丹墀内。上服衮冕，御中极殿，鸿胪寺官传旨：百官免贺……

123. 明穆宗实录 卷三 隆庆元年 正月十六日

壬申，礼部进册立皇后仪注：……一，是日早，鸣钟鼓。锦衣卫设卤簿大驾，上具冕服，御中极殿，鸿胪寺官奏：执事官行礼。毕，奏：请升殿。导驾官导上升座，文武百官具朝服入班，行叩头礼，左右侍班……

124. 明穆宗实录 卷六 隆庆元年 三月十九日

甲戌，礼部进册封皇贵妃、贤妃仪注：……一，是日早，鸣钟鼓，锦衣卫设仪仗，如朔望仪。上具皮弁服，御中极殿。执事官行礼毕，鸿胪寺奏：请升殿。导驾官导上升座，鸣鞭讫，文武百官俱朝服入班，行叩头礼……

125. 明穆宗实录 卷九 隆庆元年 六月二十六日

礼部进圣驾临幸太学行释奠礼仪注：一，八月初一日，行礼前期，致斋一日……初二日，袭封衍圣公率三氏子孙，祭酒、司业率学官、诸生，各上表谢恩。上具皮弁服，御皇极殿，锦衣卫设卤簿驾，百官朝服侍班行礼。上易常服，御皇极门，礼部官引奏，赐祭酒、司业、学官及三氏子孙衣服，诸生钞锭。毕，驾还……

126. 明穆宗实录 卷十四 隆庆元年 十一月一日

隆庆元年十一月壬子朔，礼部上大祀圜丘及出入告庙仪注：一，前期五日，锦衣卫备随朝驾，如常仪。质明，上御皇极殿，太常寺官奏请圣驾视牲，百官具吉服朝参……一，前期三日，质明，上乘舆，诣太庙门西降舆，至庙门幄次内，具祭服，诣太庙，告请太祖配神，行一献礼。毕，上出至幄次内，易皮弁服，回御中极殿，太常寺、光禄寺官奏省牲讫。上御皇极殿传制，文武百官朝服听受誓戒。一，前期二日，午后，太常寺官捧苍玉、帛匣、香盒同神舆亭进于皇极殿内，司礼监官捧帛，同安设于御案之北。一，前期一日……上具祭服出，导驾官导上由内墙左棂星门入，行大祀礼，如常仪。祭毕，上至大次，易常服至斋宫少憩，驾还。正祭前期一日，免朝。文武百官例该陪祀者先期入坛伺候，其余各具吉服，于承天门外桥南东西序立，候驾出大明门而退。候驾还之时，陪祀官先趋回，其同余百官具朝服，照前序立迎接。候驾入午门，百官随诣皇极殿丹墀内侍立，行庆成礼。一，初六日早，上常服以亲诣南郊视牲，预告于太庙。内赞赞：就拜位。上就拜位，内赞官导上至太祖及列祖香案前，奏：上香。上讫，奏：复位。奏：跪。奏：读告词。读讫，奏：行四拜礼。

---

1 道士设法坛做法事。一般清明、农历七月十五和十月初一会设坛为亡魂超度或为新庙落成、神像开光等事祈福的法事。

毕，上随诣世宗皇帝几筵殿、弘孝殿。

127. 明穆宗实录　卷四十一　隆庆四年　正月二日

庚午，上始御皇极殿受朝，百官具朝服，行八拜礼，不宣表。

128. 明穆宗实录　卷五十二　隆庆四年　十二月十八日

礼部奏上献俘仪注：是日，文武百官具朝服，诣午门前，行庆贺礼。先一日，内官设御座于门楼前檐正中……

129. 明穆宗实录　卷五十九　隆庆五年　七月二日

礼部以虏王遣使贡献上庆贺仪注：……一，是日早，鸣钟鼓，文武百官各具朝服侍班。上皮弁服，御中极殿，本部堂上官跪奏：请上位看马……

130. 明神宗实录　卷二　隆庆六年　六月十日

甲子，上即位……是日，百官朝服，行五拜三叩头礼。乐设而不作，进表不宣，如常仪。

131. 明神宗实录　卷七　隆庆六年　十一月七日

己丑，冬至，郊遣成国公朱希忠代还报，赐希忠银币。明日，百官朝服贺，诏暂免庆成宴。朝鲜国王李昖遣陪臣贡方物、马匹表贺，赐宴赏如例。

132. 明神宗实录　卷二十七　万历二年　七月十二日

翰林院进《穆宗皇帝实录》，百官朝服庆贺。

133. 明神宗实录　卷五十二　万历四年　七月二日

礼部拟进幸学仪注：……至日早，锦衣卫设卤簿驾，百官朝服侍班。上御中极殿，具皮弁服。礼部官及各执事官行礼如常仪……

134. 明神宗实录　卷六十五　万历五年　八月十一日

钦天监择本月甲戌进《世宗肃皇帝实录》，礼部上仪注：……是日早，锦衣卫设卤簿驾，上御中极殿，具衮冕服。文武百官具朝服侍班，监修、总裁、纂修等官朝服至馆前……

135. 明神宗实录　卷一百八十二　万历十五年　正月二十七日

丙辰，进呈《大明会典》仪注：……上御皇极殿……文武百官各具朝服侍班……

136. 明神宗实录　卷三百二　万历二十四年　九月十四日

丁未，礼部题十月初一日颁历，百官朝服祗领。

137. 明神宗实录　卷三百四十三　万历二十八年　正月一日

万历二十八年正月丙午朔，上不御殿，文武百官朝服，诣午门行五拜三叩头礼，各具表贺。

138. 明神宗实录　卷三百六十二　万历二十九年　八月十四日

己卯，大学士沈一贯言：连年恭遇圣诞，俱传免朝，大小臣工止于私宅叩头。万里来朝者仅习仪而去。今年万寿圣节，臣等咸望肇举旷仪，驾幸文华殿受贺。傥遇免朝，愿于五凤楼前，如外朝仪节，各具朝服行礼。庶展臣子万分不能自安之心。奉旨：览卿奏，具见忠爱敬慎。但文华殿窄狭，行礼侍卫不便。御殿暂免，文武庆贺官员五凤楼前如仪行礼，卿可传示遵行。

139. 明神宗实录　卷四百十六　万历三十三年　十二月六日

丙午，礼部拟上皇太子第一子满月剪发仪注：……是日，上具常服，御便殿升座。皇太子率皇太子妃各具朝服朝见，行四拜礼……

140. 明神宗实录　卷四百十七　万历三十四年　正月一日

庚午朔，上御殿，文武百官朝服，诣午门行五拜三叩头礼。辅臣沈鲤、朱赓仍诣仁德门行礼。

141. 明神宗实录　卷五百七十二　万历四十六年　七月十一日

丁酉，礼部以皇太子千秋题天下文武百官，至日，具朝服赴文华殿，行庆贺礼。

142. 明神宗实录　卷五百八十二　万历四十七年　五月二日

甲申，礼部题上惠王婚礼仪注：……至日早，锦衣卫设卤簿大驾，上具衮冕服，诣先殿祭告，用祝文、祭品如常仪。鸣钟鼓，上具皮弁服，御文华后殿。鸿胪寺奏：执事官行礼。毕，请升殿，导驾官导上御文华殿，作乐，鸣鞭，文武百官各具朝服入班，行叩头礼……

143. 明光宗实录 卷二 万历四十八年 七月二十八日

礼部进即位仪注：……一，是日早，鸣钟鼓，锦衣卫设卤簿大驾，上服衮冕，御文华后殿。文武官员各具朝服，入丹墀内伺候，鸿胪寺引执事官进至文华后殿，将行礼之时，照旧制传旨百官免宣表免贺，只行五拜三叩头礼……

144. 明熹宗实录 卷四 泰昌元年 十二月二十五日

戊辰，礼部进冠礼仪注：……前期一日，出示文武百官于是日各具朝服行礼……是日，皇上诣光宗贞皇帝几筵前、孝元贞皇后神主前、孝和皇太后几筵前谒告，如常仪。择二十五日谒太庙，其仪与时祭同。谒庙之明日，百官具朝服称贺……

145. 明熹宗实录 卷二十六 天启二年 九月七日

钦天监择九月二十二日卯时册封信王，礼部恭进仪注：……是日早，锦衣卫设卤簿大驾，鸣钟鼓，文武百官各具朝服，入丹墀内侍班，上具皮弁服，御文华后殿……

146. 明熹宗实录 卷三十六 天启三年 七月十三日

礼部上进《光宗贞皇帝实录》仪注：……是日早，锦衣卫设卤簿大驾，如常仪。五鼓，文武百官具朝服，于皇极门外东西侍立，监修、总裁、纂修等官具朝服至馆前，监修官捧表置表亭中，纂修官捧实录置宝舆中……

147. 明熹宗实录 卷三十九 天启三年 十月二十三日

礼部拟皇子诞生仪注：一，本月二十四日祭告南郊、北郊、太庙、社稷坛，通用酒果、脯醢三献，南北郊各加一牛，先期行太常寺备办，翰林院撰文。一，是日，祭告毕，皇上具衮冕服，御皇极门内殿。文武百官各具朝服，鸿胪寺官致词称贺，先后行四拜礼……

148. 明熹宗实录 卷七十七 天启六年 十月四日

癸卯，皇极殿成，礼部进颁诏仪注：……是日，鸣钟鼓，锦衣卫设卤簿大驾。文武百官各具朝服，入丹墀内侍立，先设御座于宝座后，上具衮冕服升座……

149. 明熹宗实录 卷七十八 天启六年 十一月十九日

礼部题信王婚礼仪注：……至日早，锦衣卫设卤簿大驾。上具衮冕服，诣奉先殿祭告，用祝文、祭品如常仪。鸣钟鼓，设御座于皇极殿宝座后，上具皮弁服升座。鸿胪寺奏："执事官行礼。"毕。请升殿，导驾官导上御皇极殿。作乐，鸣鞭，文武百官各具朝服入班，行叩头礼，左右侍班、正副使入就拜位……

二、祭 服

（一）祭服的历史沿革

《左传·成公·成公十三年》："国之大事，在祀与戎。"[1]

《礼记·祭统》："礼有五经，莫重于祭。"[2]

《礼记·曲礼》："无田禄者，不设祭器；有田禄者，先为祭服。"[3]

《礼记·中庸》："齐明盛服，以承祭祀。"[4]

《史记·礼书》："上事天，下事地，尊先祖而隆君师，是礼之三本也。"[5]

1 十三经注疏整理委员会：《十三经注疏·春秋左传正义》，北京大学出版社，2000。
2 十三经注疏整理委员会：《十三经注疏·礼记正义》卷第二十七，北京大学出版社，2000，第1570页。
3 十三经注疏整理委员会：《十三经注疏·礼记正义》卷第四，北京大学出版社，2000，第133页。
4 十三经注疏整理委员会：《十三经注疏·礼记正义》卷第五十二，北京大学出版社，2000，第1675页。
5 （汉）司马迁：《史记》卷二十三，中华书局，1959，第1167页。

祭服在古代为祭祀时所用的礼服，古代帝王和诸侯公卿皆用冕服。明代品官祭服是皇帝亲祀郊庙、社稷时，文武官分献、陪祀所穿的礼服。

帝王祭服。自黄帝始祭祀用冕服，有虞氏制十二章；"周制，王有五冕六服：祭昊天上帝则服大裘冕，祀五帝亦如之，享先王则服衮冕，享先公飨射鷩冕，四望山川毳冕，社稷五祀希冕，群小祀玄冕，凡兵事韦弁服，视朝皮弁服，甸冠弁服，凶事弁服，吊事弁绖服，燕居玄端；汉高祖始制长冠以入宗庙；后汉明帝初服旒冕，备文十二章；晋祀天明堂以大冕，祀太庙朝会以法冕，小会及临轩以絺冕，征猎以绣冕，耕藉、飨国子以纮冕，听政以通天冠；齐郊庙以平天冠服，临朝以通天冠绛纱袍；隋祭天、地、明堂服衮冕，朝日、夕月、宗庙、社稷、朝会皆服之，朔日受朝及大会诸祭祀还则服通天冠服；唐制，天子之服十有四等，祀天、地服大裘冕，践祚、享庙、征还、遣将、饮至加元服，纳后、元日受朝贺、临轩册拜王公服衮冕，冬至受朝贺、祭还、宴群臣、养老服通天冠，其鷩冕、毳冕、絺冕、玄冕、缁布冠、武弁、弁服、黑介帻、白纱帽、平巾帻、白裌各因事而服之；宋祀天服大裘冕，祭宗庙、元日受朝贺及册拜服衮冕，宴会及冬至受朝贺服通天冠……元祀天服大裘加衮，祀宗庙服衮冕。"[1]

品官祭服。公侯以下祭服，在洪武元年（1368）初定制式的时候同样参考了周代以来历代的群臣助祭之时的祭服制度：周代制度是公、侯、伯以下朝祭皆用冕服；汉明帝时的制度是公、卿、列侯助祭，三公诸侯用山龙九章，九卿以下用华虫七章，皆备五采大佩，赤舄绚履，玄衣纁裳，冕皆广七寸，长一尺二寸，前圆后方，朱缘里玄，前垂四寸，后垂三寸，系玉珠为九旒，以其绶采色为组缨，三公诸侯青玉珠，卿大夫五旒黑玉珠，皆有前无后，郊天地祀明堂则

服之；"唐群臣助祭，一品衮冕，二品鷩冕，三品毳冕，四品绣冕，五品玄冕，六品至九品爵弁……宋群臣助祭，亲王、中书门下服九旒冕，九卿七旒冕，四品五品五旒冕，为献官则服之大祀奉礼服，平冕无旒……"[2]

（二）明代的祭服制度

自周朝始一直延续至唐宋，臣下助祭一直服衮冕，只是群臣和帝王在服饰上的等级差别历代逐渐明晰。明代的祭服相对于以上历代产生了变革和发展，冕服成为皇帝、太子、亲王、亲王世子、郡王祭祀的专属。文武官员朝祭之时皆不服衮冕，古时衮冕的功能产生了分化，明代品官的服饰依据朝祭场合的不同有了新的定义和分工，朝有朝服，祭有祭服。洪武初年定，文武品官陪祀郊庙、社稷及家祭皆用祭服。这种在名称、形制等细节上各不相同的实质性区别，是明太祖在确立服饰制度之初就明确帝王宗室和文武官员两大社会阶层服饰尊卑可辨的鲜明特征。

明代皇帝的祭服在参考了历代皇帝祭服的基础上，于洪武年初定为衮冕，祭祀天地、宗庙、社稷、先农，正旦、冬至、圣节、册拜都需着衮冕。洪武四年（1371）"诏礼部参考历代祀郊庙、社稷、日月、诸神冕服，并百官陪祭冠服之制。于是礼部与太常司、翰林院议奏：上亲视圜丘、方丘、宗庙及朝日、夕月，服衮冕；祭星辰、社稷、太岁、风云雷雨、岳镇、海渎、山川、先农，皆用皮弁服；群臣陪祭各服本品梁冠祭服。从之。"[3]

《明史》载："凡祀事，皆领于太常寺而属于礼部。明初以圜丘、方泽、宗庙、社稷、朝日、夕月、先农为大祀，太岁、星辰、风云雷雨、岳镇、海渎、山川、历代帝王、先师、旗纛、司中、司命、司民、司禄、寿星为中祀，诸神为小

---

1 （明）佚名：《明太祖实录》卷三十六下，台北"中研院史语所"，1962，第677、678页。

2 （明）佚名：《明太祖实录》卷三十六下，台北"中研院史语所"，1962，第688页。

3 （明）佚名：《明太祖实录》卷六十，台北"中研院史语所"，1962，第1170页。

祀。后改先农、朝日、夕月为中祀。凡天子所亲祀者，天地、宗庙、社稷、山川。若国有大事，则命官祭告。其中祀小祀，皆遣官致祭，而帝王陵庙及孔子庙，则传制特遣焉。每岁所常行者，大祀十有三：正月上辛祈谷，孟夏大雩，季秋大享，冬至圜丘皆祭昊天上帝，夏至方丘祭皇地祇，春分朝日于东郊，秋分夕月于西郊，四孟季冬享太庙，仲春仲秋上戊祭太社、太稷。中祀二十有五：仲春仲秋上戊之明日，祭帝社帝稷，仲秋祭太岁、风云雷雨、四季月将及岳镇、海渎、山川、城隍，霜降日祭旗纛于教场，仲秋祭城南旗纛庙，仲春祭先农，仲秋祭天神、地祇于山川坛，仲春仲秋祭历代帝王庙，春秋仲月上丁祭先师孔子。小祀八：孟春祭司户，孟夏祭司灶，季夏祭中霤，孟秋祭司门，孟冬祭司井，仲春祭司马之神，清明、十月朔祭泰厉，又于每月朔望祭火雷之神。至京师十庙、南京十五庙，各以岁时遣官致祭。其非常祀而间行之者，若新天子耕耤而享先农，视学而行释奠之类。嘉靖时，皇后享先蚕，祀高禖，皆因时特举者也。其王国所祀，则太庙、社稷、风云雷雨、封内山川、城隍、旗纛、五祀、厉坛。府州县所祀，则社稷、风云雷雨、山川、厉坛、先师庙及所在帝王陵庙，各卫亦祭先师。至于庶人，亦得祭里社、谷神及祖父母、父母并祀灶，载在祀典。虽时稍有更易，其大要莫能逾也。"[1]

祭祀的等级在历史的发展过程中有些许调整，祭祀所穿的衣服在不同的皇帝任职时期也有所不同。《大明会典》记载：凡祭天地、宗庙、社稷、先农、册拜服衮冕。明太祖时期定下的祭祀山川诸神是帝王亲祀，穿皮弁服，后因国有大事或皇帝不便等原因，也变成了遣官代行祭祀之礼。这种现象在嘉靖八年（1529）的时候由于灾异多端，嘉靖皇帝在秋祭山川诸神时不敢懈怠，又变成了"亲祀"，并且在翻阅了内阁所藏太祖高皇帝所载《存心录》内容后，发现当时的规定是：凡祭太

岁、风云雷雨、岳镇、海渎，皇帝具皮弁服行礼。认为神有尊卑，且礼有隆杀，祭山川诸神，祭服诚不宜上同郊社，故执行中以皮弁服行礼。

皇帝的衮冕服制度在不同时期也各有调整。洪武十六年（1383）初，定冕的形状为前圆后方，衮玄衣黄裳，织十二章纹，衣六章，裳六章，白罗中单，黄色蔽膝绣龙、火、山纹；洪武二十六年（1393）增加了冕板的宽度和长度尺寸标准，以后历任皇帝将此标准相延不替，衮服中单由白罗改为素纱，红罗蔽膝织龙、火、山纹；永乐三年（1405）又对冕板质地做了要求，以綖桐板为质，还规定了冕旒五彩珠的色彩顺序为赤、白、青、黄、黑相次，衡和簪的质地为玉，衮服十二章纹的布局发生了改变，衣八章，裳四章，蔽膝四章，织藻、粉米、黼、黻各二；嘉靖八年调整冕旒彩珠为七彩，顺序为黄、赤、青、白、黑、红、绿，衣玄色，织六章，裳黄色，绣六章，蔽膝黄罗为之，上绣龙一，下绣火三。详尽的调整内容尽数列举如下。

洪武十六年定："冕前圆后方，玄表缥里，前后十二旒，每旒五彩玉十二珠，五彩缫十有二就，就相去一寸，红丝组为缨，黈纩充耳，玉簪导。衮，玄衣黄裳，十二章，日、月、星辰、山、龙、华虫六章织在衣。宗彝、藻、火、粉米、黼、黻六章绣在裳。白罗大带红里，蔽膝随裳色，绣龙、火、山文。玉革带、玉佩。大绶六采赤、黄、黑、白、缥、绿，小绶三，色同大绶，间施三玉环。白罗中单，黻领青缘襈。黄袜黄舄金饰。"[2]

洪武二十六年定："衮冕十二章，冕板广一尺二寸，长二尺四寸，冠上有覆，玄表朱里，前后各有十二旒，旒五彩玉珠十二，玉簪导，朱缨。圭长一尺二寸。衮，玄衣缥裳，衣六章，织日、月、星辰、山、龙、华虫，裳六章，织宗彝、藻、火、粉米、黼、黻。中单以素纱为之。红罗蔽膝，上广一尺，下广二尺，长三尺，织

1 （清）张廷玉：《明史》卷四十七，中华书局，1974，第1225、1226页。
2 （明）申时行：《大明会典·卷六十·冠服一》，万历十五年内府刊本。

火、龙、山三章。革带佩玉长三尺三寸。大带素表朱里，两边用缘，上以朱锦，下以绿锦。大绶六采，用黄白赤玄缥绿织成，纯玄质五百首，小绶三，色同大绶，间织三玉环。朱袜赤舄。"**1**

永乐三年定："冕冠十有二旒，冠以皂纱为之。上覆曰綖桐板为质，衣之以绮，玄表朱里，前圆后方，广一尺二寸，长二尺四寸。前后各十有二旒，每旒各五采缫，十有二就，贯五采玉珠十二，赤、白、青、黄、黑相次，以玉衡维冠，玉簪贯纽，纽与冠武并系缨处皆饰以金綖，以左右垂黈纩充耳，系以玄纮，承以白玉瑱朱纮。玉圭长一尺二寸，剡其上，刻山四，盖周镇圭之制，以黄绮约其下，别以袋韬之，金龙文。衮服十有二章，玄衣八章，日、月、龙在肩，星辰、山在背，火、华虫、宗彝在袖（每袖各三），皆织成本色领襈，襈裾，纁裳四章，织藻、粉米、黼、黻各二，前三幅，后四幅，前后不相属，共腰，有襞积，本色綼裼。中单以素纱为之，青领襈襈裾，领织黻纹十三。蔽膝随裳色，四章，织藻、粉米、黼、黻各二，本色缘，有纰施于缝中，其上玉钩二。玉佩二，各用玉珩一，瑀一，琚二，冲牙一，璜二，瑀下有玉花，玉花下又垂二玉滴，琢饰云龙文，描金，自珩而下系组五，贯以玉珠，行则冲牙二滴与璜相触有声，其上金钩二。有二小绶，六采以副之，六采，黄、白、赤、玄、缥、绿，纁质。大带，素表朱里，在腰及垂，皆有綼，上綼以朱，下綼以绿，纽约用素组。大绶六采，黄、白、赤玄、缥、绿，纁质。小绶三，色同大绶，间施三玉环，龙纹皆织成。袜舄皆赤色，舄用黑绚纯，以黄饰舄首。"**2**

嘉靖八年定："冠制以圆框，乌纱冒之，冠上有覆板，长二尺四寸，广二尺二寸，玄表朱里，前圆后方，前后各七彩玉珠十二旒，以黄、赤、青、白、黑、红、绿为之，玉珩、玉簪导、朱缨、

青纩、充耳缀以玉珠二。凡尺皆以周尺为度。衣玄色，凡织六章，日、月在肩，各径五寸；星、山在后；龙、华虫在两袖，长不掩裳之六章。裳，黄色，为幅七，前三幅，后四幅，连属如帷，凡绣六章，分作四行，火、宗彝、藻为二行，米、黼、黻为二行。中单素纱为之，青缘领，织黻纹十二。蔽膝随裳色，罗为之，上绣龙一，下绣火三，系于革带。大带素表朱里，上缘以朱，下以绿，不用锦。革带前用玉，其后无玉，以佩绶系而掩。圭，白玉为之，长尺二寸，剡其上，下以黄绮约之，上刻山形四，盛以黄绮囊，藉以黄锦。朱袜赤舄，黄绦缘，玄缨结。"**3**

皇帝的皮弁服。朔、望视朝，降诏、降香，进表，四夷朝贡，朝觐，则服皮弁服，嘉靖间令祭太岁、山川等神皆服。皮弁服的制度在洪武二十六年做了定制，又于永乐三年进行了调整。

洪武二十六年定："皮弁用乌纱冒之，前后各十二缝，每缝中缀五采玉十二以为饰，玉簪导，红组缨。其服绛纱衣，蔽膝随衣色，白玉佩，革带，玉钩牒，绯白大带。白袜黑舄。"**4**

永乐三年定："皮弁用黑纱冒之，前后各十二缝，其中各缀五采玉十二缝，及冠武并贯簪，系缨处皆饰以金，玉簪、朱纮缨玉以赤白青黄黑相次。玉圭长如冕服之圭，有脊并双植文，剡其上，黄绮约其下，及有韬金龙文。绛纱袍，本色领襈襈裾。红裳，如冕服内裳制，但不织章数。中单以素纱为之，如深衣制，红领襈襈裾，领织黻纹十三。蔽膝随裳色，本色缘，有玉钩二。玉佩、大带、大绶、袜、舄俱如冕服内制。"**5**

文武官员的祭服。文武官员的祭服在不同时期也各有调整。洪武元年初定与朝服同，但是上衣变青色，加方心曲领，中单领用皂缘；洪武六年为了区别家祭和陪祭服装的区别，增加了官员家祭服饰三品以上去方心曲领，三品以下并去佩

---

1 （明）申时行：《大明会典·卷六十·冠服一》，万历十五年内府刊本。

2 同1。

3 同1。

4 同1。

5 同1。

绶的要求；嘉靖八年皇上亲定百官朝、祭服图式，与礼官议定官员祭服去方心曲领。具体祭祀场合陪祭身份等级以及祭服主配服、配饰细节的调整列举如下。

明太祖洪武元年（1368）十一月二十七日礼部议定：品官"陪祀祭服制與朝服同惟衣色用青加方心曲领……"但皇上御览之后又觉得祭服与朝服的差别甚微，略感不妥，认为"卿等所拟，殊合朕意，但公爵最尊，而朝祭冠服无异，侯伯以下于礼未安。今公冠宜八梁，侯及左右承相、左右大都督、左右御史大夫七梁，俱加笼巾、貂蝉，余从所议。寻命朝服衣裳中单，领缘俱用青，祭服领缘仍用皂……大带一品用玉，二品花犀，三品四品用金，以荔枝为花，五品以下用角。"[1]

《明史》卷四十七载："凡陪祀，洪武四年，太常寺引周礼及唐制，拟用武官四品，文官五品以上，其老疾疮痬刑餘丧过体气者不与。从之。后定郊祀，六科都给事中皆与陪祀，余祭不与。又定，凡南北郊，先期赐陪祀执事官明布衣，乐舞生各给新衣。制陪祀官入坛牙牌，凡天子亲祀，则配以入。其制有二，圆者与祭官佩之，方者执事人佩之。俱藏内府，遇祭则给，无者不得入坛。"[2]明代牙牌的出现始于祭祀，为皇帝亲祀之时陪祀官和执事官进入庙坛的凭证。后发展为官员日常朝参出入禁城的通行证。

洪武六年（1373），诏定品官家用祭服、公服之时，首次确定了品官家祭所用祭服。为了区别于陪祀祭服，在与陪祀祭服的等级区分上做了差别调整。皇上谕礼部臣："古者，士大夫祭家庙，亦有祭服，其见私亲尊长，亦必有公服。其仪制度等杀以闻。于是定议品官之家，私见尊长而用朝君公服，于理未安，宜别制梁冠、绛衣、

绛裳、革带、大带、白韈、乌舄、佩绶，其衣裳去缘襈，三品以上用佩绶，三品以下不用。其祭服，三品以上去方心曲领，三品以下并去佩绶。从之。仍令如式制祭服，赐公、侯各一袭，以为祭家庙之用。"[3]

洪武九年（1376）正月十日，在定议王国所用礼乐时规定："上表称贺，其祭祀山川等神，王皮弁服，文武官祭服。……靖江王祭宗庙用冕服，文武官祭服。"[4]

洪武二十四年（1391）关于祭服的更定与之前差别不大，仍是："其文武官陪祭服：一品至九品并同朝服，但不用赤罗衣，俱用青罗为衣，白纱中单，赤罗裳，俱皂领缘，方心曲领。……其命妇冠服：……入内朝见君后，在家见舅姑并夫及祭祀，许用冠服，余皆常服。"[5]

洪武二十九年（1396）初，祀山川诸神，流官祭服，未入流官公服。

洪武二十九年以后接受礼部大臣建议，"未入流官凡祭皆用祭服，与九品同。"[6]

嘉靖八年时，嘉靖皇帝以服饰制度定制已久，仅载于《会典》及《内阁秘图》，久而久之细节已讹变了许多，所以，亲定百官朝、祭服图式，诏礼部摹板绘彩，颁行中外。此次祭服制度细节的修正，主要缘于祭服的配饰在多年的流传过程中已经变化多端，面目全非，每逢祭祀，官员带佩各异。"带缀于韐，无缭约之制……绶随品级花样，后则但取华美而任意妆饰。裳之襞积，烦简不同，珮惟玉璧、铜鉴杂用。每遇朝贺、祭祀，服人人殊。"[7]于是先出图说示阁臣，由礼官议定，并通告各王府及中外百官更正，但是百官还是没有统一修正，承讹如故。圣旦前夕，时任给事中的戴儒请求礼部明确祭服样式，以便

孔府旧藏服饰研究——明代衍圣公卷

---

1 （明）佚名：《明太祖实录》卷三十六下，台北"中研院史语所"，1962，第693页。

2 （清）张廷玉：《明史》卷四十七，中华书局，1974，第1242、1243页。

3 （明）佚名：《明太祖实录》卷八十六，台北"中研院史语所"，1962，第1532、1533页。

4 （明）佚名：《明太祖实录》卷一百三，台北"中研院史语所"，1962，第1733、1734页。

5 （明）佚名：《明太祖实录》卷二百九，台北"中研院史语所"，1962，第3113–3116页。

6 （明）佚名：《明太祖实录》卷二百四十六，台北"中研院史语所"，1962，第3575页。

7 （明）佚名：《明世宗实录》卷一百八，台北"中研院史语所"，1962，第2549、2550页。

圣旦大朝会之前穿戴整齐习仪。"礼官按秘图、会典，酌以今上所定冕服，说草上图注不称旨。上乃谕内阁亲定公服，所用革带照旧，朝祭服，大带表里俱素，两耳及下垂缘以绿色，就以蔽膝。珮绥系之珮玉，更复古制。裳并三齐，如礼官所言。且令议方心曲领名义。于是礼官言：方心曲领始于隋时，非古也。上曰：方心曲领，古制不传。况始自隋，岂可袭用，宜革之。余如图注，通行中外职官遵行。毋得违越，仍会议各王府官一体更正。"[1]

嘉靖九年（1530），礼部认为由于《大明会典》《大明集礼》与《内阁秘图说》所载要求不统一，礼部认为应以《内阁秘图说》为正，"如中单之制，则领不宜用织黼，而亲王、郡王、世子当有等级锦绶之制，当以玉为环施之绶，间不宜以织丝代。王蔽膝之制，亲王、世子四章，织藻、粉米、黼、黻各二，而郡王章二，无藻、粉米。"[2]而《会典》《集礼》则纂修之时或简略或有误，应纠正这些差谬以后重新颁示各藩，要求依例遵守。且"王府章服，物多贵重，皆取给内府，则靡费不赀，若使自制，则踰越无度。臣以为自郡王而上，冕冠、玉圭、中单、大带、蔽膝、大小韠鞸，各仍旧无议矣。惟青衣、纁裳系应禁之物，当造自内府，须奏请颁给。而玉带、玉环、玉珮听自为之，其长子而下朝祭服，俱于所司领价，更改嗣后，定以为式。"[3]

嘉靖十年（1531），太常寺卿陈道瀛请更造陪祭官青纱祭服，皇上认为，祭服领诸有司多不爱护反致不洁，令文官五品以上、武官都督以上如式自造，余武职官，量制给用。

（三）孔府旧藏明代衍圣公祭服

孔庙即孔子庙，是奉祀孔子的庙宇。孔庙本为曲阜阙里的孔氏家庙，后世随着孔子及儒学地位不断提高，逐步纳入国家礼制。在隋唐"庙学合一"的体制下，州县皆立孔子庙，孔庙成为官方主导下儒家文化的祭祀场所和开展学校教育的机构。自此孔庙也被称为文庙，之后孔庙祭祀制度趋于定型。

《明史》载：凡祀事，皆领于太常寺而属于礼部。明初以圜丘、方泽、宗庙、社稷、朝日、夕月、先农为大祀；太岁、星辰、风云雷雨、岳镇、海渎、山川、历代帝王、先师、旗纛、司中、司命、司民、司禄、寿星为中祀；诸神为小祀。后改先农、朝日、夕月为中祀。凡天子所亲祀者，天地、宗庙、社稷、山川。若国有大事，则命官祭告。其中祀小祀，皆遣官致祭，而帝王陵庙及孔子庙，则传制特遣焉。

明代的祀先师在国家祭祀体系中位居中祀。在历史上祀孔有两次升为大祀的经历。一次是宋高宗绍兴十年（1140），升为大祀，宁宗庆元元年（1195）仍降为中祀；一次是清光绪三十二年（1906），再一次升为大祀。纵观整个历史时期，从祭祀等级来看，祀先师在国家祭祀中位居中祀是常态。

明代衍圣公常规性参与盛大祀孔的场合以皇上视学和孔庙祭祀为主。明代衍圣公需要穿祭服的祭祀场合有五种：第一，每年春秋二丁阙里孔庙祭祀孔子之时，衍圣公需要穿祭服行礼。衍圣公的主要社会职能是林庙管理，其中孔庙祭祀是他重要且常规性的事务。第二，每遇阙里孔庙皇上遣官致祭时，衍圣公作为陪祀人员，需穿祭服陪祀。第三，每遇皇上视学之际，先期会通知衍圣公前往陪祀观礼，届时衍圣公会携孔孟颜三氏子孙前往观礼，这时是需穿祭服。第四，作为朝廷任命的二品官员，衍圣公和其他所有文武官员一样，如遇皇上亲祀郊庙社稷，在京文官五品武官四品以上人员，需参与陪祀，陪祀之时，衍圣公和其他官员一样，需要穿祭服。第五，家祭。和其他文武官员一样，衍圣公家祭需穿祭服，且

1 （明）佚名：《明世宗实录》卷一百八，台北"中研院史语所"，1962，第2550页。

2 （明）佚名：《明世宗实录》卷一百十一，台北"中研院史语所"，1962，第2640页。

3 同2，第2641页。

依照洪武六年（1373）和嘉靖八年（1529）的规定，衍圣公家祭所穿祭服是去方心曲领的。

曲阜孔庙所用祭器、乐器和祭服一应全备，如有年久失修，器乐法服破旧损毁的情况，朝廷会颁赐或修治。《太祖高皇帝实录》卷八十七，记载：洪武七年（1374）二月二十二日，衍圣公孔希学觐言恳请朝廷修治庙堂、从实征税："先师庙堂廊庑圮坏，祭器乐器法服不备……先世田产，兵后多荒废，而岁输税额如旧"，明太祖谕："孔子有功，万世历代帝王莫不尊礼，今庙舍器物废弛如此，甚失尊崇之意，乃命有司修治，其田产荒芜者悉蠲其税，仍设孔颜孟三氏子孙教授训其族人"。[1]

此次申请颁赐祭祀法服的事件在《明实录》并无后续的记载，但是在清乾隆《曲阜县志》卷二十八中有洪武七年诏"免衍圣公税粮三十顷颁乐器祭服于阙里"的记载"诏免税粮三十顷，颁钟磬各一，箦琴十，瑟四，凤箫、洞箫、埙、篪、笙、笛各四，搏拊二，祝敔、麾各一；祭服一，副内元端一，纁裳一，皂襈白中单一，赤韨一，大带二，犀角革带一，七梁冠一，方心曲领一，二色带二，铜钩药玉珠佩一，三色彩结犀角双环绶一，皂履二，白袜二；又赐磁祭器一副，酒盏一百二十五，酒尊五，有盖毛血盘一十五，罍四，和羹盆四，笾豆楪四百八十，爵二十。"[2]该记载刚好与《明实录》中的前因衔接起来，完整地记录了朝廷颁赐孔庙祭祀礼乐器和法服的始末。

此次不仅颁赐了祭孔礼乐器，同时还赐了祭服一件，祭服的配服皂缘白中单一件，七梁冠一件，配饰大带、革带、方心曲领、二色带、玉佩、绶、履、袜。成书于洪武三年（1370）的《明集礼》，记载了洪武三年的祭服制度："凡上位亲祀郊庙、社稷，群臣分献、陪祀，则具祭服，一品七梁冠，衣青色，白纱中单，具用皂领饰缘，赤罗裳，皂缘，赤罗蔽膝，大带用白赤二色，革

带用玉钩鞢，白袜黑履，锦绶上用绿、黄、赤、紫四色，丝织成云凤四色花样，青丝网小绶二，用玉环二……"洪武七年所赐阙里的祭服与该制度里记载的祭服及配服、配饰吻合，但是与《明实录》所载的洪武六年的品官家用祭服调整"其祭服，三品以上去方心曲领，三品以下并去佩绶"的要求略有不同，按理衍圣公文官二品的身份等级家祭是不用方心曲领的，但是此次颁赐的是孔庙祭祀法服，应该是不限于家祭也不限于主祭官衍圣公使用的。例如，崇圣祠分献由曲阜知县职掌，曲阜知县在洪武七年，由于孔希大做事罢职，明太祖朱元璋乘机把曲阜知县由世袭六品官员改为世职六品，令衍圣公保举贤德的族人送部选授，虽然世袭改为了世职，曲阜知县的品级依然还是六品，也就是崇圣祠分献官穿的是六品祭服。由此可见，颁赐孔庙的祭祀法服，有可能是针对孔庙祭祀整个礼仪程序过程中所有献官的，并非仅限于主祭官衍圣公一人，这也符合颁赐祭服及配饰时所涉及人员的等级不一的要求。

孔府旧藏明代衍圣公的祭服皂罗衣时代应较晚，与洪武七年给赐之时所执行的祭服制度中的描述略有不符，给赐之时应执行的是明代早期的祭服制度："衣青色，白纱中单，具用皂领饰缘，赤罗裳，皂缘"，而该衣实为皂罗衣青缘（图4-26）。

平阴县博物馆所藏《东阁衣冠年谱画册》中有一幅于慎行的祭祀场景图，图中于慎行头戴七梁冠，手执笏，身着皂色祭服上衣，蓝色衣缘，下穿赤色裳，也是蓝色衣缘，大带佩绶俱全，脚穿红色绿缘履。这幅于慎行祭祀场景图中的祭服与我们的青缘皂罗衣一致，由此可知出现青缘皂罗衣并非个例，或许是一种普遍的社会性改动，只是没有及时载入官颁文献中。

于慎行（1545—1607），明隆庆二年（1568）进士，改庶吉士，授编修。万历元年（1573）《穆宗实录》成，进修撰，充日讲官。后升礼部右侍郎、左侍郎，转改吏部，掌詹事府，又升礼部尚

1　（明）佚名：《明太祖实录》卷八十七，台北"中研院史语所"，1962，第1554页。

2　（清）潘相纂修：《曲阜县志》卷二十八，清乾隆三十九年圣化堂藏版。

书。万历三十三年（1605）诏为詹事未上任，后朝中推出七位阁臣，首为于慎行，诏加太子少保兼东阁大学士，入参机务。图中于慎行所戴七梁冠佩戴级别为一品，于慎行品级擢升为一品应是万历年间所发生的事情，由此可见，祭服出现上衣改用皂色、衣裳都为青缘的现象是不晚于万历时期出现的。

山东博物馆收藏有一件孔府旧藏皂缘白纱中单，但是该中单何时所得并无明确档案记载，唯

有"皂缘"，自洪武元年起就是朝服和祭服中单的标志性区别，所以该衣应为祭服中单是可以确信无疑的（图4-27）。

（四）由孔府旧藏明代衍圣公的祭服看祀先师仪程中不同身份等级人员的服饰穿着

明代释奠先师孔子的礼仪可以分为中央和地方两种。在中央主要分为两个部分，一是视学

图4-26 皂罗衣 孔子博物馆藏

图4-27 白纱中单[1] 山东博物馆藏

---

1 孔子博物馆：《齐明盛服——明代衍圣公服饰展》，文物出版社，2021，第34页。

仪，皇帝诣太学释奠孔子并讲学；二是皇帝亲自或遣官释奠先师孔子。在整个释奠仪式中，参与人员可分为三类：第一类是献祭主体包括主祭官、分献官与陪祀官等，他们代表朝廷向孔子献祭；第二类是乐生和舞生，他们的配乐和舞蹈与整个礼仪相辅相成，构成一个整体；第三类是以通赞为首的礼生群，负责引导整个仪式过程，让整个活动井然有序。

服饰作为祭祀礼仪的重要组成部分，与祭祀仪程中斋戒、更衣、盥洗等程序相辅相成，共同表达了献祭主体面对先贤洁净身心，毕诚毕敬，盛装行仪的态度，也令整个祭祀活动更显有序、庄重与诚敬。

首先，是献祭主体的服饰，即主祭官、分献官、陪祀官的服饰。

《礼记·文王世子》记载："凡学，春官释奠于其先师。秋冬亦如之。凡始立学者，必释奠于先圣先师。"[1]视学是明代每朝皇帝登基后的一项重要礼仪，洪武十五年（1382）在南京国子监行视学仪后，将其礼仪颁为定制。明惠帝朱允炆在建文元年（1399）三月，明宪宗朱见深于成化元年（1465）三月初十，明孝宗朱佑樘于弘治元年（1488）三月初三，明武宗朱厚照于正德元年（1506）三月初四，明世宗朱厚璁于嘉靖元年（1522）三月初七，明穆宗朱载垕于隆庆元年（1567）八月初一，皆为登基元年就在国子监行视学礼。

在视学仪中，由于祀先师属于中祀，皇帝作为主祭官，是服皮弁服行礼仪的。在释奠仪式结束后，皇帝易常服进行讲学，从武宗皇帝开始，明确记载穿翼善冠、黄袍，进行讲学。

对于分献官、陪祀官，在《明武宗实录》中有以下记载："武官都督以上，文官三品以上及翰林院七品以上，同国子监官具祭服伺候陪祀。"[2]可见，陪祀官需服祭服，至于分献官在视学仪中所服并未有记录。

除视学释奠外，皇帝还会亲诣庙学进行祭祀。这种情况皇帝仍是主祭官，服皮弁服；对于分献官，在《明太祖实录》中有以下规定："今宜定制以仲春、仲秋二上丁日降香遣官祀于国学，以丞相初献、翰林学士亚献、国子祭酒终献……是日，献官法服并执事官集斋所省馔、省牲，告充、告腯。"[3]这则史料记录当时分献官服"法服"，由《太祖高皇帝实录》卷八十七所记载的洪武七年（1374）二月二十二日，衍圣公孔希学觐言："先师庙堂廊庑圮坏，祭器乐器法服不备。"恳请朝廷予以修治，随后，朝廷赐祭服一套可知，法服即祭服。

皇帝遣官释奠先师孔子，则所遣官员为主祭官，在《明太祖实录》卷一百四十五的记载中，洪武十五年有关于释奠先师孔子的仪注颁布，仪注中关于祭服的穿用身份如下："三献……祭服则主祭、陪祀官与执事者服之，陪祀儒士则用深衣、幅巾，每岁以春、秋二仲月上丁日行事。"[4]根据这段记录，我们可以推断主祭官、陪祭官以及执事者（礼生群体）均服祭服，所服祭服的等级随官员各自本有等级，以冠上梁的多寡以及带、佩、绶、笏板的质地和颜色等细节区分等级，等级区别同朝服。

明代皇帝遣官释奠孔子大部分情况下是在北京举行祭祀，极少遣官赴曲阜阙里释奠孔子。阙里孔庙一般是衍圣公主祭，如遇皇帝亲临或遣官致祭，主祭者则是皇帝或遣官，皇帝如不亲祭，则由遣官代表皇帝行礼，衍圣公陪祀，明代没有皇帝至阙里孔庙亲祀的事例，都是遣官致祭。

一般情况下，如遇国家有重大庆典的时候皇上才遣祭阙里以事告之。据《明太祖实录》记载："丁未，诏以大牢祀先师孔子于国学，仍遣使诣曲阜致祭。"[5]洪武年间，朱元璋遣官至曲阜释奠

1　十三经注疏整理委员会：《十三经注疏·礼记正义》，北京大学出版社，2000。

2　（明）佚名：《明武宗实录》卷九，台北"中研院史语所"，1962，第289页。

3　（明）佚名：《明太祖实录》卷三十四，台北"中研院史语所"，1962，第606页。

4　（明）佚名：《明太祖实录》卷一百四十五，台北"中研院史语所"，1962，第2283页。

5　（明）佚名：《明太祖实录》卷三十，台北"中研院史语所"，1962，第516页。

孔子，但仅仅一笔带过并未详细记录，但从洪武初年的祭服穿用制度可以了解到的是主祭官、陪祭官以及执事者（礼生群体）仍服祭服。

根据《阙里志》卷之六《礼乐志·祀典》记载，明代共遣官致祭阙里16次，多为皇帝登极，遣祭行礼，以事告知。（1）洪武元年（1368），太祖高皇帝登极，遣使致祭曲阜孔子庙。（2）永乐十四年（1416），遣官祭阙里。（3）宣德元年（1426），宣宗皇帝登极，遣太常寺寺丞孔克准诣阙里祭告。（4）正统元年（1436），英宗皇帝登极，遣国子监司业赵琬诣阙里祭告。（5）景泰元年（1450），景帝登极，遣翰林院侍讲吴节以香帛诣阙里祭告。（6）天顺元年（1457），英宗复位，遣工科左给事中孙昱诣阙里祭告。（7）成化元年（1465），宪宗皇帝登极，遣吏部右侍郎尹旻诣阙里祭告。（8）成化十三年（1477），增孔子庙笾豆乐舞之数，遣翰林院学士王献诣阙里祭告。（9）弘治元年（1488），孝宗皇帝登极，遣太常寺少卿田景贤诣阙里祭告。（10）弘治十二年（1499），庙灾，遣侍讲学士李杰诣阙里祭告。（11）弘治十七年（1504），重建庙成，遣大学士李东阳以香帛并御制碑文诣阙里祭告。（12）正德八年（1513），因流寇犯阙里，遣山东巡抚都御史赵璜告。（13）嘉靖元年（1522），世宗皇帝登极，遣吏部尚书石珤诣阙里祭告。（14）隆庆元年（1567），穆宗皇帝登极，遣尚宝司卿刘奋庸诣阙里祭告。（15）万历元年（1573），神宗皇帝登极，遣尚宝司司丞张孟男诣阙里祭告。（16）天启元年（1621），熹宗皇帝登极，遣顺天府府丞姚士慎诣阙里祭告。

由以上文献分析可知：（1）在视学仪中皇帝作为主祭官服皮弁服进行祭祀，仪式完成后，皇帝易常服（武宗皇帝开始，则是改穿翼善冠、黄袍）进行讲学。陪祭官及执事者（礼生群体）均服符合自身等级的祭服。（2）在皇帝亲祭中，仪式参与人员所服服饰与视学仪相同。（3）遣官祭祀中，所遣官员为主祭官，主祭官、陪祭官及执事者（礼生群体）均服符合自身等级的祭服。

（此段史料分别依据：《太祖高皇帝实录》卷三十四，洪武元年八月九日条；《太祖高皇帝实录》卷一百四十五，洪武十五年五月二十九日条；《太宗文皇帝实录》卷五十二，永乐四年三月一日条；《武宗毅皇帝实录》卷九，正德元年正月二十六日条。）

其次，是乐舞生的服饰。乐舞生的服饰变化可分为三个时期。

吴元年。《太祖高皇帝实录》卷二十六，吴元年（1367）十月二十日定：文舞生，唐帽紫、大袖袍，执羽箫，革带、皂靴。（寻改用幞头、绯紫袍、靴带仍旧）。武舞生：唐帽、紫大袖袍，执干戚，革带、皂靴。（寻改用幞头、绯紫袍、靴带仍旧）。

洪武时期。《太祖高皇帝实录》卷三十，洪武元年二月七日条载：乐生，服绯袍、展脚幞头、革带、皂靴。文引舞舞生：各执羽箫，服红袍、展脚幞头、革带、皂靴。武引舞舞生：各执干戚，服红袍、展脚幞头、革带、皂靴。引舞舞生穿红袍，与吴国时期普通舞生穿紫袍有所不同。《太祖高皇帝实录》卷七十六，洪武五年（1372）十月十六日命定乐生、文武舞生冠服之制"文舞生及乐生，黑介帻，漆布为之，上加描金蝉，服红绢大袖袍，胸背画缠枝方葵花，红生绢为里，加锦臂韝二，皂皮四缝靴，黑角带。武舞生：武弁，以漆布为之，上加描金蝉，服饰、靴、带并同文舞生"[1]。

嘉靖时期。《世宗肃皇帝实录》卷一百十记载，嘉靖九年（1530）要举行祀先蚕吉礼，嘉靖皇帝命礼部商议冠服之制，于是礼部便有女乐生冠服改制。女乐生：黑绉纱描金蝉冠、黑丝缨、黑素罗销金葵花胸背大袖、女袍黑生绢衬衫锦领、涂金束带、白韝、黑鞋。结合史料，此种改变仅是为祀先蚕（皇后为礼仪的主要执行者）所定，其他场合仍沿旧习。

通过查阅《明实录》，除洪武五年（1372）命定乐生、文武舞生冠服之制，嘉靖九年（1530）

祭先蚕修改女乐生服饰外，并未有其他乐舞生冠服改制记录。由此可以认为明代洪武五年以后乐舞生服饰如下：

文舞生及乐生：黑介帻，漆布为之，上加描金蝉，服红绢大袖袍，胸背画缠枝方葵花，红生绢为里，加锦臂韝二，皂皮四缝靴，黑角带。

武舞生：武弁，以漆布为之，上加描金蝉，服饰、靴、带并同文舞生。

礼生服饰。礼生乃至礼官的起源，可以追溯到《周礼·春官》，春官的职能与礼生相当接近，主要职责在于"帅其属而掌邦礼，以佐王和邦国"，春官的首脑是大宗伯，大宗伯最重要的职能是准备祭祀，并在祭祀、丧葬、朝会、觐见等礼仪场合，或赞相天子行礼，或代天子行礼。秦改春官为奉常，汉初改太常，后代太常之名或有更异，但太常系统成为中央政府不可或缺的一个重要部分，他们主要职能之一是奏定仪轨和赞相礼仪。

最早提及礼生的文献之一，是东汉末年应劭所著《汉官仪》。此书载："春三月，秋九月，习乡射礼，礼生皆使太学学生。"每当春秋乡射之时，不仅陈钟鼓管弦，而且有升降揖让之礼，其间需要礼生赞礼仪是不言而喻的。唐代在太常寺下设礼院，又称太常礼院，置有专职礼生，由礼院博士直接管理，其职能是在祠祭中赞相礼仪。宋承唐制，设置礼院。在元代，礼生包括两个群体：一类是隶属于太常寺大乐署的专业人户，另一类是各地官方礼仪中赞相礼仪的仪式专家。两者的身份不同，前者是职业性的，而后者不是。

明清时期礼生来源有二：一是儒学生员；二是选取民间俊秀子弟之声音洪亮者。《明太祖实录》："诏免太常司斋郎、礼生之家摇（徭）役"。这说明，明初很可能承袭了元代旧制，在太常寺设置礼生一职。清代在曲阜孔庙设专职礼生。道光二十四年（1844）刊行的《钦定礼部则例》对此有以下规定："一、曲阜文庙设礼生八十名，以供祭祀陈设、鸣赞、引赞、读祝之事，于庙户、佃户子弟内选取四十名，曲阜县俊秀内选取四十名，由衍圣公办理造册，送部查核。一、先贤先儒家庙祭祀，由各子弟赞襄，毋庸额设礼生，衍圣公不得私给执照。"

礼生的主要职能包括两个方面：一是充当司仪之职的赞礼，如通赞、引赞，根据礼仪环节，宣唱礼名、肃班、引导行礼、宣读祝文等；一是担任事务性工作的执事，如陈设物品、呈送请柬、纠仪等。[1]赞礼生、通赞、引生、引赞、捧帛生、捧爵生、读祝生等都是礼生，即除乐舞生以外的其他执事均可归入礼生。

礼生群体虽负责引导整个仪式过程、不可或缺，但史料对礼生群体的记载一带而过，在《太祖高皇帝实录》卷一百四十五中有如下记载："是月，颁释奠先师孔子仪注于天下府、州、县学……祭服则主祭、陪祀官与执事者服之。"[2]根据这段记录，我们可以了解礼生群体服祭服，但祭服也有等级之分，礼生所服祭服的具体样式、纹饰并未发现相关记载。

综上所述，释奠先师仪式过程中，除乐舞生外，参与人员大都服祭服。《大明会典》卷六十一，关于祭服具体样式有如下记载："洪武二十六年定：文武官陪祭服，一品至九品青罗衣白纱中单，俱用皂领缘，赤罗裳皂缘，赤罗蔽膝，方心曲领，其冠带佩绶等第并同朝服……又令杂职祭服与九品同。嘉靖八年定：上衣用青罗皂缘，长与朝服同；下裳用赤罗皂缘，制与朝服同；蔽膝、绶环、大带、革带、佩玉、袜履，俱与朝服同；去方心曲领。"[3]

由此可知，明代祀先师礼仪活动中主祭官（皇帝所遣官员）、分献官、陪祀官均要穿着符合自身品级的祭服，礼生群体作为杂职，其祭服应与九品官员所服祭服相同。

1 赵克生：《何谓礼生？礼生何为？——明清礼生的分类考察与职能定位》，《史林》2021年第2期。

2 （明）佚名：《明太祖实录》卷一百四十五，台北"中研院史语所"，1962，第2283页。

3 （明）申时行：《大明会典·卷六十一·冠服二》，万历十五年内府刊本。

（五）以嘉靖元年正月二十六日，礼部所拟三月初七日皇帝幸学仪注为例，说明不同身份等级有不同的服饰穿着

仪注呈现了明代释奠先师时皇帝在不同的礼仪程序中皮弁、翼善冠、黄袍的变换，以及文武官员陪祀、讲经、行庆贺礼、伺班、上表谢恩、赐宴时常服、祭服、朝服的更换规律，这种同一礼仪场合不同身份等级的人物穿着不同以及转场更换相应礼仪服饰的现象，正是明代服饰礼仪秩序规范，制度执行严格的真实体现。

《明实录》世宗肃皇帝实录卷十记载，嘉靖元年（1522）正月二十六日，礼部拟三月初七日幸学仪注请皇上批阅，制曰可。

前期致斋一日，太常寺预备祭仪祭帛，设大成乐器于殿上，列乐舞生于阶下之东西；国子监洒扫殿堂内外；司设监同锦衣卫设御幄于大成门之东上南向，司设监设御座于彝伦堂正中；鸿胪寺设经案于堂内之左，设讲案于堂内西南，至日置经于案；锦衣卫设卤簿驾；教坊司设大乐俱于午门外。

是日（三月初七）早百官免朝，先诣国子监门外迎驾。陪祀官武官都督以上，文官三品以上，及翰林院七品以上同国子监官，具祭服伺候行礼。驾从东长安门出，卤簿以次前导，乐设而不作，太常寺先陈设祭仪于各神位前，设帛、设酒尊爵如常仪。司设监设上拜位于先师神位前正中，学官率诸生于成贤街左，迎上至大成门外，降辇，礼部官导上入御幄，礼部官奏请具服，上具皮弁服，讫。奏请行礼，太常官导上出御幄，由中道诣大成殿陛上，典仪唱：执事官各司其事。执事官各先斟酒于爵，候导，上至拜位。赞：就位。百官亦各就拜位，四配、十哲、分奠官各列于陪祀官之前，俱北向立。赞：迎神。乐作，乐止。赞：上鞠躬。拜。兴。拜。兴。平身。通赞：分献官陪祀官行礼同。赞：释奠，搢圭。上搢圭，太常寺卿跪进帛。乐作，上立受帛。献毕，授太常卿，奠于神位前。乐止，进爵。乐作，上受爵。献毕，复授太常寺卿，奠于神位前。乐止，赞：

出圭。上出圭，四配、十哲、两庑分奠官，以次诣神位前，奠爵。讫，各以次退就原位。赞：送神。乐作，乐止。赞：上鞠躬。拜。兴。拜。兴。平身。通赞：分奠官、陪祀官行礼同。赞：礼毕。太常寺官导上由中道出，上入御幄，更翼善冠、黄袍。讫，礼部官入奏，请幸彝伦堂。上升舆，礼部官、鸿胪寺官前导，由棂星门出，从太学入门。诸生先分列于堂下东西相向，祭酒、司业、学官立于诸生前。驾至，祭酒以下及诸生跪，俟驾过，然后起，序立北向，百官分列堂外稍上，左右侍立，上至彝伦堂，升御座。赞：祭酒、司业、学官、诸生五拜叩头礼。武官都督以上，文官三品以上，及翰林院学士升堂，光禄寺预设连椅于左右，执事官各以次序立。赞：进讲。祭酒从东阶升，由东小门入至堂中，鸿胪寺官举经案进于御座稍前，礼部尚书奏请授经于讲官，祭酒跪，礼部尚书以经授祭酒，祭酒受经置于讲案，讫，复至堂中叩头，上赐讲官坐，祭酒复叩头，就西南隅几榻坐讲。上赐武官都督以上、文官三品以上及翰林院学士坐，皆叩头，序坐，诸生圜立于外以听。祭酒讲毕，以经置于原案，叩头退出堂外，就本位。司业从西阶升，进讲，如仪，退就位。鸿胪寺官奏传制，堂内侍坐官起立。赞：有制。祭酒以下学官及诸生皆北面跪，听宣谕。宣毕。赞：五拜叩头礼。毕，学官诸生以次退，先从东西小门出，列于成贤街右伺候。尚膳监进茶御前，上命光禄寺赐各官茶，各官复坐饮茶，毕，退列于堂外，叩头，分班序立。鸿胪寺奏礼毕，驾兴升舆出太学门，升辇，卤簿大乐，振作，前导，祭酒以下及诸生送驾，跪，叩头，退。百官常服，先诣午门外，伺候驾还，卤簿大乐止于午门外。上御奉天门，鸣鞭，百官常服，鸿胪寺致词，行庆贺礼毕，鸣鞭，驾兴还宫，百官退。

初八日，袭封衍圣公率三氏子孙，国子监率学官监生，上表谢恩。上具皮弁服，御奉天殿，锦衣卫设卤簿驾，百官朝服侍班，行礼毕。上易服，御奉天门，礼官引奏，赐祭酒、司业、学官及三氏子孙衣服，诸生钞锭，毕，驾还。是日，上御奉天门赐宴，武官都督以上，文官三品

以上，翰林院学士并检讨以上，祭酒、司业、学官、三氏子孙及礼部太常寺、光禄、鸿胪寺、执事官员与宴。

初九日，祭酒司业率学官监生谢恩，上赐敕勉励师生，祭酒捧置彩舆，师生迎导至太学开读，行礼如仪。

初十日，祭酒、司业、率学官、监生复谢恩，各衙门办事监生俱合取回，迎驾观礼。赐孔、颜、孟三氏子孙。袭封衍圣公绖衣一套，犀带一条，纱帽一顶，五经博士颜重德、孟元俱绖衣一套，带一条，各与纱帽一顶，其余族人各与素绖衣一套，讲官每人照例各与绖衣一套，罗衣一套，其余学官每人与绖衣一套，监生每名钞五锭，吏典每名钞二锭。

释读：幸学首先要由钦天监择吉日，报皇上审阅，如果皇上认为日子可以，再由礼部拟该日幸学仪注。嘉靖元年三月初七日的这次幸学，礼部于正月二十六日就开始拟仪注，上报皇帝，审

阅同意后，三月初七日就按照仪注所设定的礼仪程序执行。

幸学仪全程分四日完成，除去前期太常寺预备祭仪祭帛、设乐器于殿、列乐舞生、国子监洒扫、司设监同锦衣卫设御幄、司设监设御座于、鸿胪寺设经案、设讲案、锦衣卫设卤簿驾、教坊司设大乐这些准备工作之外，幸学当天皇上释奠孔庙、幸彝伦堂、幸学隆施和陪祀和诸臣所穿的衣服依据场合的不同也是有所变化的。

1. 关于"皮弁服"（图4-28）

皇上从东长安门出，卤簿仪仗，至大成门外降辇，入幄更皮弁服。明初以历代帝王、先师为中祀，每岁所常行者，中祀二十有五，其中包括春秋仲月上丁祭先师孔子。若新天子耕耤而享先农，视学而行释奠之类可以不按照规定时间进行，此次便是新帝登基后首次幸学。《明会要》卷六，礼一，祭祀总序载"明初，以圜丘、方泽、宗庙、社稷、朝日、夕月、先农为大祀；太岁、星辰、

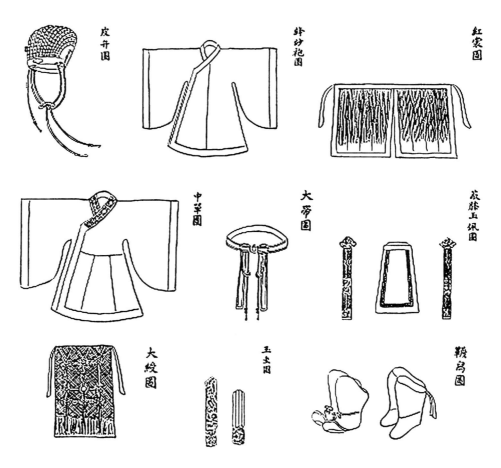

图4-28 《大明会典》所载皇帝的皮弁服

风云雷雨、岳镇、海渎、山川、历代帝王、先师、旗纛、司中、司命、司民、司禄、寿星为中祀;诸神为小祀。后改先农、朝日、夕月为中祀。天地、太庙、社稷、山川诸神皆天子亲祀。国有大事,则遣官祭告。若先农、城隍、旗纛、马祖、五祀、京仓、先贤、功臣合祀皆遣官致祭。而帝王寝陵及孔子庙则传制特遣。"[1]依据《大明会典》的记载嘉靖年始,祭太岁、山川等神也服皮弁,《明会要》的记载表明祭太岁、山川和先师都是中祀,《明实录》所载,视学行释奠礼皇上皆服皮弁服,明成祖朱棣在永乐四年(1406)视学时,"礼部尚书郑赐言,宋制谒孔子服靴袍再拜。上曰:见先师礼不可简,必服皮弁行四拜。"[2]由此可见,皮弁在明代也是祀先师时皇帝所穿的祭祀礼服。

皮弁之制始于洪武二十四年(1391),"上以百官侍朝皆公服,而己独便服,非所以示表仪,于是又命礼部仿古制为皮弁绛袍、玄圭以临群臣,东宫听政亦如之。"[3]洪武二十六年(1393)定,皮弁用乌纱帽之前后各十二缝,每缝中缀

五彩玉十二以为饰,玉簪导,红组缨,其服绛纱衣,蔽膝随裳色,白玉佩,革带,玉钩䚢,绯白大带,白袜黑舄。永乐三年(1405)定,皮弁用黑纱帽之前后各十二缝,其中各缀五彩玉,十二缝及冠武并贯簪系缨处皆饰以金玉簪,朱纮缨,玉以赤白青黄黑相次,玉圭长如冕服之圭,有脊,并双植纹剡其上,黄绮约其下及有韬,金龙纹绛纱袍,本色领褾襈裾,红裳如冕服内裳制,但不织章数,中单以素纱为之如深衣制,红领褾襈裾,领织黻纹十三,蔽膝随裳色,缘有玉钩二,玉佩大带大绶袜舄俱如冕服内制。

2. 关于"祭服"

行释奠礼当日,文武百官与国子监门外迎驾,陪祀官武官都督以上、文官三品以上及翰林院七品以上同国子监官,具祭服伺候行礼。这里的仪注中明确了祭服穿着群体的身份等级范围。

3. 关于"翼善冠黄袍"(图4-29)

礼部官员奏请行礼,太常寺官员引导皇上至大成殿陛上,至拜位,行礼,通赞、分献、陪

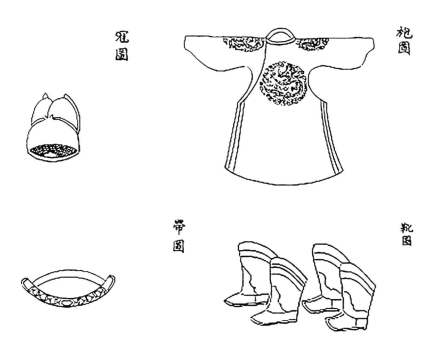

图4-29 《大明会典》所载皇帝的常服图示

1 (清)龙文彬:《明会要》卷六,中华书局,1956,第80页。

2 (明)佚名:《明太宗实录》卷五十二,台北"中研院史语所",1962,第771页。

3 (明)佚名:《明太祖实录》卷二百九,台北"中研院史语所",1962,第3118、3119页。

祀官员亦行礼。礼毕，太常寺官引导皇上由中道出，皇上入御幄，更翼善冠黄袍，讫，礼部官入奏，请幸彝伦堂。翼善冠黄袍为皇帝常服，"洪武三年定，常服为乌纱折角向上巾，盘领窄袖袍束带间用金玉琥珀透犀。永乐三年定，冠以乌纱帽之折角向上（今名翼善冠），袍黄色盘领窄袖，前后及两肩各金织盘龙一，带用玉，靴以皮为之。"[1]在释奠仪式结束后，皇帝易常服进行讲学，从武宗皇帝开始，明确记载皇上更翼善冠黄袍幸彝伦堂。

彝伦堂内武官都督以上，文官三品以上，及翰林院学士升堂，光禄寺预设连椅于左右，执事官各以次序立。皇上赐讲官坐，赐武官都督以上、文官三品以上及翰林院学士坐，皆叩头序坐，诸生圜立于外以听。祭酒讲毕叩头退出堂外，就本位。之后经过司业进讲、鸿胪寺官奏传制、皇帝赐百官茶后，鸿胪寺奏礼毕，皇上驾舆卤簿仪仗离开，前导祭酒以下及诸生送驾，跪叩头退。

4. 关于"百官常服"

百官常服先诣午门外伺候驾，还卤簿大乐止于午门外，上御奉天门，鸣鞭，百官常服，鸿胪寺致词，行庆贺礼毕，鸣鞭，驾兴还宫，百官退。整个彝伦堂讲经的过程中，皇上是穿常服的（翼善冠黄袍），在彝伦堂讲经、赐茶之后，鸿胪寺宣布礼毕，皇上乘舆出太学门，百官常服，先诣午门外，伺候驾还，以及之后上御奉天门，百官行庆贺礼之时，均是穿常服的。在明代所有礼仪场合，皇帝穿的服饰类别直接决定百官服饰的类别，皇上穿常服百官亦穿常服。洪武三年（1370）定，凡文武官常朝视事以乌纱帽团领衫束带为之。洪武二十六年（1393）定在原有基础上前胸后背增缀补子，纹样如下：公侯驸马麒麟白泽，文官一品至九品的依次为仙鹤、锦鸡、孔雀、云雁、白鹇、鹭鸶、鸂鶒、黄鹂、鹌鹑、练鹊、风宪官獬豸，武官一品二品狮子，三品四品虎豹，五品六品熊罴，七品彪，八品九品犀牛海马。

5 关于"百官朝服"

初八日，袭封衍圣公率三氏子孙国子监率学官监生上表谢恩。上具皮弁服，御奉天殿，锦衣卫设卤簿驾，百官朝服侍班行礼毕。上易服，御奉天门，礼官引奏，赐祭酒司业学官及三氏子孙衣服，诸生钞锭毕，驾还。是日，上御奉天门赐宴，武官都督以上，文官三品以上，翰林院学士并检讨以上，祭酒、司业、学官、三氏子孙及礼部太常寺、光禄、鸿胪寺、执事官员与宴。明代朝服应是凡遇大祀、庆成、正旦、冬至、圣节及颁诏开读、进表、传制时，文武百官各服朝服。故宫博物院所藏的徐显卿宦迹图册第八开"皇极侍班"显示，"侍班"之时百官亦俱朝服。

小结："礼有五经，莫重于祭"，祭祀是古代社会中重要的礼仪活动。祭祀圣贤是中国礼乐文化的重要组成部分，蕴含着中国人崇德报功的价值追求。必诚必敬的祭祀能成教化、归民德，所以古人必"齐明盛服，以承祭祀"，洁净身心，盛服行礼，通过祭服来表达祭祀时由内产生的虔诚与忠敬。

明代衍圣公祭服在祭祀仪程中有着明礼仪、正人心、序尊卑、和上下的作用，是明代官员礼仪服饰的典型代表，其定制考历代官员助祭服饰之本，是中国历代传统服饰的传承，其产生又有别于以往历代官员祭服，它是由冕服分化出朝服和祭服而产生的一个分支，因此它的产生是中华服饰在礼仪文化上的创新和发展，它的存在丰富和完善了服饰史研究内容及体系，更进一步促进了中华礼乐文明的传承和发展。

（六）《明实录》关于祭服的相关事例

1. 太祖高皇帝实录　卷一百一十　洪武九年十月九日

己未，新太庙成，奉安神主。……是日，上及皇太子、诸王俱冕服诣庙，上致告讫，躬奉神主置鸾舆中，中官奉册宝案前行，出庙门，乐作，百官祭服前导法仗，奉引至新庙门，册宝、神舆

---

1 （明）申时行:《大明会典·卷六十·冠服一》，万历十五年内府刊本。

自中门入，上与皇太子奉神主置于各座，以皇伯考寿春王并王妃二十一位侑于东庑，功臣开平忠武王等一十二位配于西庑。享祭礼毕，以次奉神主于寝殿各室。自是，四时之祭皆行合享之礼。

2. 太祖高皇帝实录 卷一百十五 洪武十年十月一日

冬十月丙午朔，新建社稷坛成。先是，礼部尚书张筹奏：天地、社稷、宗庙崇敬之礼一也，故书称成汤顾諟天之明命，以承上下，神祇、社稷、宗庙罔不祗肃，后世列为中祀，失所以崇祀之意。至唐升为上祀，国朝之初，仍列中祀。而临祭之服或具通天冠、绛纱袍，或以皮弁行礼，制未有定。今既考用古制，右社稷，左宗庙，有事社稷则奉仁祖皇帝配其礼，重矣，宜升为上祀，具冕服以祭。上是之，至是行奉安礼。上冕服乘辂，百官具祭服，诣旧坛以迁主。告祭行一献礼，毕，执事起石主舁之，具仪卫，作乐，百官前导。上乘辂至新坛，执事奉安石主于坛上，别设木主于神位，具牲醴、庶品，行奉安礼，升为上祀，奉仁祖淳皇帝配。

3. 太祖高皇帝实录 卷一百三十三 洪武十三年八月十八日

丙子，监察御史连楹等劾奏应天府尹曾朝佐祭历代忠臣，不具祭服，有乖典礼。上顾问廷臣，吏部尚书阮畯言：祭前代之臣，不具祭服，相承已久。上命翰林院考证以闻。翼日，翰林院奏祭前代忠臣便服行礼为宜，遂诏应天府以为常式。

4. 太祖高皇帝实录 卷一百四十三 洪武十五年三月二十日

己巳，遣使以祭服一百三十袭往赐云南文武官员。

5. 太祖高皇帝实录 卷一百四十五 洪武十五年五月二十九日

是月，颁释奠先师孔子仪注于天下府、州、县学：……其分献则以本学儒职及老成儒士充十哲两庑一献，祭服则主祭、陪祀官与执事者服之，陪祀儒士则用深衣、幅巾，每岁以春、秋二仲月上丁日行事。

6. 太宗文皇帝实录 卷十四 洪武三十五年十一月二十七日

丙午，乐志，制陪祀官祭服二百袭、乐舞生红罗袍服二百一十四袭。

7. 太宗文皇帝实录 卷二十一 永乐元年六月十一日

丁巳，以上太祖高皇帝、孝慈高皇后尊谥先期斋戒，……是日早，内侍先以册宝置于案……文武百官具祭服告，诣太庙门外立，俟执事中并先册宝官先从之太庙右门入，以序立于殿右。上具衮冕，御华盖殿，捧册宝官四员各具祭服，于奉天殿东西序立。

8. 宣宗章皇帝实录 卷八 洪熙元年八月二十五日

辛卯，行在礼部奏进仁宗昭皇帝梓宫出葬仪注：文武百官自八月二十七日为始，于本衙门宿斋，至三十日早哀服朝临如仪，至发引日止。……皇亲、公、侯、伯、文武四品以上命妇九月初一日早服麻布大衫、盖头，赴顺天府东设祭处所，恭俟梓宫至，共祭一坛，祭毕各回。……神主回日，文武百官哀服出土城迎接……神主祔庙，文官五品以上、武官四品以上各具祭服赴太庙陪祭。……在京大小文武衙门各分官送葬，就于设祭坛所，恭候致祭。

9. 宣宗章皇帝实录 卷九 洪熙元年九月十五日

辛亥，奉仁宗皇帝神主祔享于太庙。是日早，上衰服诣几筵殿拜奉神主，出思善门外，易祭服，诣太庙由左门入，至一庙神位前。……毕，奉神主置坐位，行祭礼如时享之仪。文武陪祭官随班行礼，毕，上奉神主还至思善门，易衰服诣几筵殿，行安神礼。

10. 宣宗章皇帝实录 卷十九 宣德元年七月十三日

甲辰，礼部进太宗皇帝神主升祔太庙仪注：先期十七日早，遣官诣太庙行祭告礼。午后，于几筵殿行大祥祭，如常仪；一十八日昧爽，设酒果于几筵殿，设御辇二，并册宝亭四于殿前丹陛上。皇帝服浅淡服行祭告礼，如常仪，毕，司礼监官诣几筵前，跪奏请神主升辇，诣太庙奉安奏讫。内侍二员捧神主,内侍四员捧册宝,俱由殿中门出,安奉于御辇册宝亭。彩亭前行,内侍擎执伞扇,侍卫如仪,皇帝随行至思善门,御辇稍缓行,待皇帝易祭服升辂,后随至午门外,仪卫、伞扇前导,至庙街门内,仪卫、伞扇分列于太庙南门之右。皇帝降辂,司礼监官导皇帝诣御辇前,奏:跪,皇帝跪,司礼监官跪。奏:请神主奉安太庙,奏讫,奏:俯、伏、兴,皇帝俯、伏、兴。导引官导前,内侍二员捧神主,内侍四员捧册宝前行,皇帝后从,由中门入至寝庙奉安,皇帝叩头毕,诣丹陛下,祭祀如时祭仪,文武官依常仪具祭服随班行礼。祭毕,遣郑王瞻埈诣奉先殿,设酒果祭告安奉神位;自神主御辇出几筵殿,内侍即撤去,几筵帷幞等物送至思善门外洁净处焚化。

11. 明英宗睿皇帝实录 卷之六 宣德十年六月

辛丑朔,行在礼部进宣宗章皇帝梓宫出葬仪注:一,文武百官自六月初十日为始,于本衙门斋宿,至十一日早衰服朝临如仪,至发引日止。……神主祔庙,文官五品以上、武官四品以上各具祭服赴太庙陪祭……。

12. 英宗睿皇帝实录 卷一百六 正统八年七月二十九日

驸马都尉赵辉言:窃见中都皇陵、祖陵朔望有祭,行礼者具祭服,往来人使诣陵祗谒,今孝陵之礼一切从简,降杀大异于义未安,臣常言于朝,请一如中都之制,而礼部以为烦渎遂格不行,窃谓皇上尊敬祖宗之心即太祖皇帝之心也,太祖皇帝宁肯以烦渎之礼加于祖宗,至于具服行礼,自永乐以来已三十年矣,今亦罢更殊未可晓臣奉命职专祭祀,恐礼典未备,敢再以闻。上令礼部议之,尚书胡濙等议曰:祭不欲渎,礼不欲烦,朔望之祭,长陵、献陵、景陵俱无此礼,而南京公使往来接踵,朝夕与中都事体不同,必欲皆然诚为烦亵,至于陵祭止具浅淡常服,盖洪武中及永乐初年之旧,况系元年诏旨所定,而辉固欲纷纭,难再更改。上命悉依见行者行之。

13. 英宗睿皇帝实录 卷一百十四 正统九年三月一日

正统九年三月辛亥朔,上幸国子监,前期一日,国子监洒扫殿堂,锦衣卫设御幄于大成门东南向,设御座于彝伦堂。至日,太常寺陈设祭品于各神位前,酒罇、爵如常仪。设上拜位于先师神位前正中,鸿胪寺设御案于堂内,置经于其上,设讲案于堂西南,锦衣卫设卤簿,教坊司设大乐,俱于午门外。百官朝退,先诣国子监门外迎驾,陪祀官先诣国子监,具祭服伺候行礼。驾出,卤簿大乐以次导行,乐设而不作,学官率诸生迎驾于成贤街左,驾至,学官及诸生跪、俯、伏、叩头、兴。学官、陪祭诸生先由太学东西小门入,列于堂下,东西序立,驾入灵星门,卤簿大乐俱止门外。

14. 英宗睿皇帝实录 卷三百四十六 天顺六年十一月九日

奉孝恭章皇后神主祔享于太庙。是日早,上衰服诣几筵殿拜,奉神主出清宁门,易祭服,诣太庙,由左门入至一庙神位前,内侍捧神主至拜位,上于神主后行八拜礼,以次至二庙、三庙、四庙、五庙、六庙、七庙,宣宗皇帝神位前行拜礼如初,毕,奉神主置坐位,行祭礼如时享之仪,文武陪祀官随班行礼,毕,上奉神主还至清宁门,易衰服,诣几筵殿行安神礼。

15. 英宗睿皇帝实录 卷三百五十一 天顺七年四月十二日

辛未,免朝,奉孝恭章皇后神主入于太庙,黎明设酒果于几筵殿,设神主辇一并册宝亭二于殿前丹陛上,上浅淡服行祭告礼如常仪,用祝文毕,司礼监官诣几筵前跪奏请神主升辇,奏讫,内侍一员捧神主、内侍二员捧册宝俱由殿中门出,安奉于辇及彩亭。册宝亭前行,内侍擎执伞扇侍卫如仪。辇既出几筵殿,内侍即撤去几筵帷幔等物,送至清宁门外洁净处焚化。上随神主辇行至左顺门,辇稍缓行,上易祭服,升辂后随至午门外,仪卫伞扇前导,至庙街门内,仪卫伞扇分列于太庙南门外之右。上降辂,司礼监官导上诣神主辇前。赞:跪。上跪。司礼监官跪于上左,奏请神主奉安太庙,奏讫。赞:俯、伏、兴。上俯、伏、兴。导引官前导,内侍一员捧神主，内侍二员捧册宝前行，上后随由中门入，至寝庙奉安，讫，上叩头、兴，导引官导上由殿东栏杆内转至丹陛上，祭祀如时祭仪，用祝文，文武官依常仪具祭服随班行礼，祭毕，上还行奉安神位礼。先期，司礼监官设彩亭于武英殿，安置神位于亭内，俟太庙祭毕，上仍祭服升辂诣武英殿前，降辂升殿奉迎神位，内侍八员举神位亭前行，由中门出，上升辂后随由思善门入至奉先殿门外，上降辂，司礼监官导上诣神位亭前。赞：跪。上跪，司礼监官跪于上左，奏请神位奉安奉先殿，奏讫。赞：俯、伏、兴。上俯、伏、兴。导引官前导，内侍一员于亭内捧神位前行，上后从由中门入至奉先殿奉安讫，上叩头、兴，就位。用酒果行告祭礼，用乐，用祝文。

16. 宪宗纯皇帝实录　卷四　天顺八年四月九日

辛卯，礼部上梓宫出葬仪注：文武百官自四月二十九日为始于本衙门斋宿，至三十日早衰服赴思善门，朝哭临如仪，至发引日止；一，京师内外禁屠宰，至葬毕止；禁音乐，至祔庙止；一，自三十日始至奉迎神主还京日止，俱免朝。……神主祔庙文官五品以上武官四品以上各具祭服赴太庙陪祭。

17. 宪宗纯皇帝实录　卷十四　成化元年二月九日

丙戌，礼部进视学仪注：前期一日，锦衣卫设御座于彝伦堂，至日，太常寺设祭品于各神位前，酒鐏、爵如常仪。设上拜位于先师神位前正中，鸿胪寺设衔案于堂内之左，置经其上，设讲案于堂西南，锦衣卫设卤簿驾，教坊司设大乐俱于午门外，百官朝退，先诣国子监门外迎驾，陪祀官先诣国子监，具祭服，伺候行礼，驾出，卤簿、大乐以次前导，乐设而不作，学官率诸生迎驾于成贤街左。

18. 宪宗纯皇帝实录　卷二十五　成化二年正月十六日

己未，礼部上英宗睿皇帝神主祔庙仪注：前期十五日太常寺奏斋戒，备祭物；一十七、十八日俱免朝，遣亲王诣太庙行祭告礼，是日午后，

于几筵殿行大祥祭礼如常仪；一十八日侵晨，设酒果于几筵殿，设御辇一并册宝二于殿前丹陛上，上服浅淡服行祭告礼如常仪，毕。……上随行至右顺门，御辇稍缓行待上易祭服，升辂，后随至午门外，仪卫伞扇前导至庙街门内，仪卫伞扇分列于太庙南门外之右，上降辂，司礼监官导上诣御辇前，奏跪，上跪，司礼监官跪奏请神主奉安太庙，奏讫，奏俯、伏、兴，上俯、伏、兴，导引官前导内侍二员捧神主，内侍四员捧册宝前行，上后随由中门入，至寝庙奉安，上叩头、毕，诣丹陛祭祀如时祭仪，文武官依常仪具祭服随班行礼，毕，诣奉先殿安奉神位；预先择日于奉天门写神主，写毕，令内臣捧诣武英殿装漆完备置于殿中彩亭内，待太庙祭祀毕，上仍具祭服，升辂，诣武英殿前，降辂升殿奉迎神主用。

19. 宪宗纯皇帝实录　卷八十一　成化六年七月九日

己酉，奉安孝庄睿皇后神主于太庙。是日，上不视朝，具浅淡服诣几筵行祭告礼如仪，司礼监官奉神主如太庙，上随行至庙门具祭服，奉安神主于寝庙祭祀如时祭仪，百官陪祀礼毕赴奉先殿行安神主礼，撤去几筵。

20. 孝宗敬皇帝实录　卷七　成化二十三年十一月二十一日

丙辰，礼部进宪宗纯皇帝梓宫发引至祔享仪注：一十二月初七日太常寺奏斋戒，文武百官宿于本衙门，是日，敕大臣一人护丧并领在途诸祭祀事，其把总内官及入皇堂内官内使匠作各奉敕行事，禁屠宰，至葬毕日止，禁音乐，至祔庙日止，各衙门俱预定送葬官员姓名以请，十一日、十二日百官俱衰服晨诣思善门外哭临，自是至奉迎神主还京日，俱免朝……宪宗纯皇帝神主降座升辇诣太庙祔享，上捧神主由殿中门出，安奉于辇内，执事官捧衣冠置于舆，后随，内侍擎伞扇如仪，至思善门外亲王退，上于右顺门具祭服升辂后随至午门外，仪卫如仪至太庙南门外，俱分列左右，上降辂，太常寺官导上诣辇前跪，太常寺官奏请宪宗纯皇帝神主降辇诣太庙祔享……上诣拜位行祭礼如时享之仪，文官五品以上武官四

品以上各祭服随行礼，礼毕，导引官导引上诣宪宗纯皇帝神主前，太常寺官奏请宪宗纯皇帝神主还几筵。

21. 孝宗敬皇帝实录　卷十一　弘治元年二月八日

壬寅，礼部进视学仪注：……是日早，百官免朝，先诣国子监门外迎驾，分献陪祭官先诣国子监具祭服候行礼。

22. 孝宗敬皇帝实录　卷二十九　弘治二年八月二十三日

己酉，上诣太庙奉安宪宗纯皇帝神主，祭毕，仍祭服御辇，大乐设而不作，诣武英殿迎神位奉安于奉先殿。

23. 武宗毅皇帝实录　卷五　弘治十八年九月二十日

礼部进孝宗敬皇帝梓宫发引祔享仪注：一十月初十日太常寺奏斋戒文武百官宿于本衙门……上仍衰服，以明日请神主祔享太庙告于几筵，亲王以下衰服各就位行礼如前仪，二十六日，神主祔太庙，前期三日斋戒，前一日遣官以祔享祭告太庙。……是日早……上衰服诣拜位，亲王各衰服诣拜位，奏四拜，举哀，哀止各立于拜位之东西向，内侍官诣灵座前奏请神主降座，升辇，诣太庙祔享。上捧神主由殿中门出，安奉于辇内，执事官捧衣冠置于舆，后随，内侍擎伞扇如仪，至思善门外，亲王退。上于右顺门具祭服升辇后随至午门外，仪卫如仪至太庙南门外，俱分列左右，上降辇……谒庙毕，上搢圭捧神主北向立，太常寺官唱赐坐，内侍官捧衣冠安于座内，上捧神主安于衣冠前，出，圭立于傍，导引官导上诣拜位，行祭礼如时享之仪，文官五品以上武官四品以上各祭服随行礼，礼毕。……上至思善门外降辇，仍易衰服后随神主辇至几筵殿前，……行安神礼，四拜，献酒，读祝，举哀，焚祝文毕，上释服还宫。明日，上黑翼善冠、浅淡色衣、黑犀角带御奉天门，百官浅淡色服、乌纱帽、黑角带行奉慰礼。

24. 武宗毅皇帝实录　卷九　正德元年正月二十六日

丙午，礼部具视学仪注：择三月初四日吉……是日早，百官免朝，先诣国子监门外迎驾，武官都督以上、文官三品以上及翰林院七品以上同国子监官具祭服伺候陪祀，驾从东长安门出，卤簿大乐以次前导，乐设而不作，太常寺先陈设祭仪于各神位前，设帛、设酒罇、爵如常仪，司设监设上拜位于先师神位前正中，学官率诸生于成贤街左迎，上至大成门外降辇，礼官导上入御幄，奏请具服，上具皮弁服，讫，太常寺官导上出御幄，由中道诣大成殿阶上，典仪唱：执事官各司其事。执事官各先酌酒于爵，候导上至拜位。赞：就位。百官亦各就拜位，四配、十哲、分奠官各列于陪祀官之前，俱北向立。

25. 武宗毅皇帝实录　卷二十五　正德二年四月十九日

壬申，礼部上奉安孝宗敬皇帝神主礼仪：一，五月二十九日，太常寺奏斋戒祭祀；一，六月初一日，免朝，遣官诣太庙行祭告礼，初二日免朝，内侍设神主辇一并册宝亭二于几筵殿前丹陛上，上浅淡服行祭告礼如常仪，祭毕，司礼监官诣几筵前跪奏请神主升辇，诣太庙奉安。奏讫，内侍二员捧神主，内侍四员捧册宝俱由殿中门出，奉安于辇及彩亭、册宝亭前行，内侍擎执伞扇侍卫如仪。上随行至右顺门，上易祭服，升辇后随至午门外……上后随由中门入，至寝庙奉安讫，上叩头，兴，导引官导上由殿东栏干内转出，至丹陛上，祭祀如时祭仪。文武官祭服随班行礼，祭毕，诣奉先殿行奉安神位礼。

26. 世宗肃皇帝实录　卷五　正德十六年八月二十四日

癸卯，礼部进武宗毅皇帝梓宫发引祔享仪注：……一，发引九月十八日辰时，入金井本月二十二日卯时，神主入城二十四日辰时，祔享太庙二十六日辰时；一，九月十二日太常寺奏斋戒，文武百官宿于本衙门，是日，敕大臣一人护丧及在途诸祭祀事，敕把总内官及入皇堂内官、内使、匠作诸人行事。禁屠宰至葬毕止，禁音乐，至卒哭止。各衙门预定送葬官以请。……上衰服诣拜位，奏四拜，举哀，哀止，立于拜位之东，西向，内侍官诣灵座前，奏请神主降座升辇，诣太庙祫享，上捧神主由殿中门出，安奉于辇内，执事官捧衣冠置于舆，后随，内侍擎伞扇如仪，至思善门外，上于右顺门具祭服，升辂，随后至午门外，仪卫如仪，至太庙南门外俱分列左右，上降辂。太常寺官导上诣辇前跪，太常寺官奏请神主降辇，诣太庙祫享……谒庙毕，上搢圭，捧神主北向立，太常寺官唱：赐坐。内侍官捧衣冠安于座内，上捧神主安于衣冠前，出圭立于傍，导引官导上诣拜位，行祭礼如时享之仪。文官五品以上、武官四品以上各祭服随行礼。

27. 世宗肃皇帝实录　卷十　嘉靖元年正月二十六日

礼部上三月初七日幸学仪注：……是日早，百官免朝，先诣国子监门外迎驾。陪祀官武官都督以上、文官三品以上及翰林院七品以上同国子监官具祭服，伺候行礼。

28. 世宗肃皇帝实录　卷二十三　嘉靖二年二月十六日

丁亥，礼部上孝惠皇太后梓宫发引礼仪：一，二月十八日，太常寺奏斋戒，是日，敕大臣一人护丧并领在途诸祭祀事……一，（三月）十四日，几筵殿行大祥祭礼毕，设酒果于几筵殿，设神主辇一并册宝亭二于殿前丹陛上。上服浅淡色服行祭告礼如常仪。祭毕，司礼监诣几筵前跪奏：请神主升辇。诣太庙奉安。奏讫，内侍二员捧神主、内侍四员捧册宝，俱由殿中门出，安奉于辇及彩亭，册宝亭前行，内侍擎执伞扇，侍卫如仪。上随行至右顺门，神主辇稍缓行，待上易祭服升辂后随至午门外，仪卫伞扇前导至庙街门内，仪卫伞扇分列于太庙南门外之右。上降辂，司礼监官导上请神公辇前。奏：跪。上跪，司礼监官于上左跪，于神主辇前奏请神主奉安太庙。……文武官依常仪具祭服随班行礼。

29. 世宗肃皇帝实录　卷六十八　嘉靖五年九月六日

本月十一日卯时，奉安恭穆献皇帝神主于世庙。……是日早，免朝，文官五品以上、武官四品以上各具祭服于午门外候。

30. 世宗肃皇帝实录　卷七十五　嘉靖六年四月二十二日

戊辰，礼部以崇先殿成，上奉安恭穆献皇帝神主仪注：……至期，上服祭服至观德殿门外降辂，内导引官导上由殿左门入，诣拜位。赞：跪。上跪，内侍官于上左跪于神位前，奏请恭穆献皇帝神位降座升亭诣崇先殿奉安。

31. 世宗肃皇帝实录　卷八十九　嘉靖七年六月十四日

上以世庙恭上册宝行礼、用乐节次尚未明备，下礼部令会太常寺、鸿胪寺详加议拟，于是礼部更定世庙上谥仪注：……是日早，免朝，鸣钟鼓，文武百官具朝服于金水桥南，东西向序立，文官五品以上、武官四品以上各具祭服，于庙街门内北向序立，候上冕服御华盖殿。

32. 世宗肃皇帝实录　卷一百四　嘉靖八年八月十九日

壬午，驾祀山川诸神。先是，上谕礼部……太常寺官跪，奏请圣驾诣山川坛。上升轿，百官趋出午门外，东西序立候送。上至坛，由东天门入先农门内降轿，导引官导上入具服殿易祭服，少憩，陪祀官各具祭服于坛之东西候立。……上谕辅臣杨一清、翟銮：兹祭山川诸神，仪久不行，祭服不宜同郊社，当用皮弁。辅臣以神有尊卑，则礼有隆杀，祭山川诸神，祭服诚不宜上同郊社，但会典未尝开载，稽之大明集礼诸书，亦无用皮弁之文，然议礼，天子之事，定制自今以垂后法，亦无不可。上复谕云：天子既亲祀，何必计其服之重轻。辅臣因请断用皮弁，既而翻阅内阁所藏存心录内载：祭太岁、风云雷雨、岳镇、海渎仪注：皇帝具皮弁服行礼。因上言：太祖高皇帝载之存心录，正与圣谕相合，圣祖神孙一道，非臣下所能仰及。臣等检阅弗备，考究弗精，责不可辞，第百年旷典，今日始行，宜下所司着之令甲，使后世有所遵承。制曰可。

33. 世宗肃皇帝实录　卷一百八　嘉靖八年十二月十九日

上谕礼部：朕惟尊祖配天，莫大之典。近来郊祀告祖，止就内殿行礼，原非圣祖初制。来春大祀天地，告祖配天，当于太庙行礼。礼部因具上仪注：以明年正月初二日午时，上以大祀告祖配天，诣太庙行礼。先期，翰林院撰告文，太常寺设香脯醢、酒果，锦衣卫设仪卫侍从，各如常仪。太常寺奉请太祖、太宗冠服设于前殿，设上拜位于殿中。是日午时，上具翼善冠、黄袍御奉天门，太常寺官跪，奏请圣驾诣太庙。上升轿，由庙街门入至太庙门外，降轿，导引官导上入御幄，易祭服。由殿左门入，典仪唱执事官各司其事，导引官导上至拜位。内赞奏：就位。奏：鞠躬。再拜。典仪唱：献爵，执事官捧爵，跪进于神位前。典仪唱：读祝。内赞奏：跪。读祝官跪。读讫，内赞奏：俯，伏，兴，平身。奏：鞠躬。再拜。典仪唱读祝官捧祝诣燎位，执事官捧祝诣燎位。典仪唱望燎。内赞奏礼毕。导引官导上由殿左门出，至太庙门外升轿。至午门外仪卫退，上还斋宫。诏如拟。

34. 世宗肃皇帝实录　卷一百九 嘉靖九年正月二十九日

命预期择日，躬告太庙及社稷，礼卿时告后土、勾龙氏、后稷氏，设坛行礼，神牌即行成造，所司具仪以闻。礼部随具仪注：择本年二月初四日卯时，上以更正社稷坛配位礼告太祖、太宗于太庙及社稷行礼。先期，翰林院各撰告文，太常寺预各设香脯醢、酒果，锦衣卫设仪卫侍从，各如常仪。太常寺卿奉请太祖、太宗冠服设于前殿，设上拜位于殿中，社稷于坛前。是日早，免朝，上具翼善冠、黄袍御奉天门，太常寺卿跪，奏请圣驾诣太庙。上升轿，由庙街门入至太庙门外降轿。导引官导上入御幄，易祭服，由殿左门入……内赞奏：礼毕。导引官导上由殿左门出至太庙门外，导引官导上入御幄，更翼善冠、黄袍，升轿，太常寺官跪，奏请圣驾诣社稷坛，仪卫、侍从如前，导引官导上由右阙门进社稷坛北门，降轿，导引官导上入御幄，易祭服，由右门入……

35. 世宗肃皇帝实录　卷一百十一 嘉靖九年三月二十六日

初，礼部集议各王府所用衮冕冠服当改正者。

《会典》《集礼》与《内阁秘图说》各不同，要当以《秘图》为正，如中单之制，则领不宜用织黼，而亲王、郡王、世子当有等级锦绶之制，当以玉为环施之绶，间不宜以织丝代。王蔽膝之制，亲王、世子四章，织藻、粉米、黼、黻各二，而郡王章二，无藻、粉米，此皆《秘图》所载，而《会典》《集礼》则纂修之或略且误也，乞即付之史官，令正其差谬而复颁示各藩，俾一例遵守。上命礼臣议处，至是，议上：王府章服，物多贵重，皆取给内府，则糜费不赀，若使自制，则逾越无度。臣以为，自郡王而上冕冠、玉圭、中单、大带、蔽膝、大小韠舄，各仍旧无议矣。惟青衣、纁裳系应禁之物，当造自内府，须奏请颁给。而玉带、玉环、玉珮听自为之，其长子而下朝祭服，俱于所司领价更改，嗣后，定以为式。报可。

36. 世宗肃皇帝实录　卷一百十八 嘉靖九年十月十五日

礼部上大祀圜丘仪注：一，前期十日，太常寺题请视牲。次请命大臣三员看牲，四员分献；一，前期五日，锦衣卫备随朝驾，上诣牺牲所视牲。其前一日，上常服告于庙；一，前期四日，上御奉天殿，太常寺奏祭祀，进铜人如常仪，本寺博士捧告，请太祖祝版于文华殿，候上亲填御名。讫，捧出；一，前期三日，上具祭服以脯醢、酒果诣太庙请太祖配帝，还易服，御奉天殿。百官具朝服听受誓戒。

37. 世宗肃皇帝实录　卷一百二十一 嘉靖十年正月七日

于是以初九日告庙。至日，行礼告庙仪注：一，先期，行翰林院撰告册及祝文，太常寺预设香帛、酒果、脯醢、特牲于太庙殿内正中，锦衣卫设仪卫侍从各如常仪，太常寺卿奏请太祖冠服设于前殿，设上拜位于殿中。是日早，上具翼善冠、黄袍御奉天殿视朝毕，太常寺卿跪奏圣驾诣太庙。上升轿，由庙街门入至太庙门外，降轿。导引官导上入御幄，易祭服，由殿左门入。导上至寝殿拜位正中，内赞奏就位，奏上香……导上至太庙，由殿左门出至太庙门外，导引官导上入御幄，更翼善冠、黄袍，升轿，至世庙门外，导引官导上入御幄，易祭服，由殿右门入。行礼仪同太庙礼。毕，导引官导上由殿左门出至世庙门外，升轿，至本庙左门降轿，步行过太庙右门，升轿，至午门外，仪卫退，上还宫。

正月十二日孟春，行特享礼仪注：一，前期，行翰林院撰祝文；一，太常寺预请捧七庙神主大臣，司礼监预请捧七庙后主内臣；一，太常寺预备香帛、牲醴，锦衣卫侍从如时享仪。太常寺卿奉请八庙冠服于前殿，并迁亲王、功臣牌位于两庑，各安设如钦定图仪。设上拜位于殿中。是日，上具翼善冠、黄袍升奉天殿。太常寺卿跪，奏诣圣驾诣太庙。上升轿，由殿街门入至太庙门外降轿，导引官导上入御幄，易祭服，由殿左门入。导引官导上至寝殿，捧主大臣、内臣俱从。上捧太祖神主，大臣、内臣各分捧神主随上至太庙殿各安设……导上由太庙左门出，至太庙门外，导上入御幄，更翼善冠、黄袍，升轿。至世庙门外，导引官导上入御幄，易祭服，由殿左门入，行礼仪同太庙礼。毕，导上由殿左门出至世庙门外，升轿，至太庙左门，降轿，步行过太庙门，升轿。至午门外，仪卫退，上还宫。

38. 世宗肃皇帝实录 卷一百二十一 嘉靖十年正月三十日

太常寺卿陈道瀛请更造陪祭官青纱祭服，上以祭服领诸有司多不爱护反致不洁，令文官五品以上、武官都督以上如式自造，余武职官，量制给用。

39. 世宗肃皇帝实录 卷一百二十二 嘉靖十年二月八日

癸亥，祭太社、太稷，礼部尚书李时等以二月十二日，皇上躬祭历代帝王于文华殿正殿，分设帝王五坛一十六位，丹陛东西分设名臣四坛共三十七人……复上其仪注：一，嘉靖十年二月初十日，太常寺奏致斋二日，预设各坛神位并牲醴、香帛、乐舞等项如仪。设上拜位于殿中。是日早，免朝。上常服御奉天门，太常寺卿跪奏请皇上诣文华，殿躬祭历代帝王，上具祭服，导引官导上至拜位。

40. 世宗肃皇帝实录 卷一百二十二 嘉靖十年二月十五日

庚午……礼部具上朝日坛祭大明仪注：一，前期三日，太常寺奏祭祀如常仪，谕百官致斋二日；一，前期二日，太常卿同光禄卿奏省牲如常仪；一，前期一日，上亲填祝版于文华殿，红楮版硃书。如遇遣官之岁，则中书代填，遂告于庙，遣官则否。祭之日，免朝，锦衣卫备随朝驾，上常服乘舆，诣东郊，由坛北门入至具服殿，具祭服出。导引官导上由左门入，典仪唱乐舞生就位，执事官各司其事，内赞奏就位，上就拜位……

41. 世宗肃皇帝实录 卷一百二十四 嘉靖十年四月一日

礼部具上大禘仪注：前期上告庙如常仪……上入御幄具祭服，出由殿左门入。

42. 世宗肃皇帝实录 卷一百二十五 嘉靖十年五月四日

丁亥礼部具大祭上常服，乘舆由长安左门出入坛之西门。太常官导上至具服殿，易祭服出，导引官导上由方泽右门入……

43. 世宗肃皇帝实录 卷一百四十七 嘉靖十二年 二月二十五日

戊戌，礼部上圣驾临幸太学仪注。一，前期致斋一日，太常寺预备祭帛。设大成乐器于殿上，列舞乐生于阶下之东西……至日，置经于案锦衣卫设卤薄驾，教坊司设大学，俱于午门外。是日早，百官免朝，先诣国子监门外迎驾，陪祀官武官都督以上，文官三品以上及翰林文官三品以上及翰林七品以上同国子监官具祭服伺候行礼，驾从东长安门出，卤薄大驾以次前导，乐设而不作。太常寺先陈设祭仪于各神位前，设帛、设酒、尊、爵如常仪。司设监设上拜位于先师神位前正中，学官设诸生于成贤街左迎驾，上至庙门外，降辇，礼部官导上入御幄，礼部官奏请其服，上具皮弁服，讫，奏请行礼。

44. 世宗肃皇帝实录 卷一百五十三 嘉靖十二年 八月二十日

庚寅，以皇嗣生，上祭服，升告皇天内殿告祖考礼成，御奉天门，文武群臣致词称贺，仍诏视冬至贺例，三日不奏事上封，次日奏事，仍不上封。

45. 世宗肃皇帝实录　卷一百九十二　嘉靖十五年　十月六日

戊子，皇帝二子生，上亲定祭告郊庙礼仪示礼部，礼部因遵奉拟上仪注。一，本月初九日卯时，皇上亲诣南郊，以诞生皇子奏告昊天上帝，午时祭告奉先殿、崇先殿，俱祭服行事。

46. 世宗肃皇帝实录　卷二百九　嘉靖十七年　二月二日

丙午，上谕辅臣曰：朕惟臣子之于君亲，愿寿为最。亲，父母之谓也。今圣母寿旦，朕取今夕中夜，于玄极宝殿设坛，为母祈寿于上帝，分命卿等祷于诸神坛。兹先谕卿等三人及鼎臣分献，宜即涤除他虑，一于对越，亟令太常备物以竣。于是太常寺以请。乃命以来日巳时行事，服用祭服。

47. 世宗肃皇帝实录　卷二百十六　嘉靖十七年　九月五日

乙亥，初礼部拟山成祖、睿宗尊称，各日行礼，俱次日题主及朔日颁敕谕，同日上尊称。已复谕内阁及礼臣：成祖上册毕，即诣睿宗庙上册，即题主，俱题主毕，就祭二庙。礼俱毕，愳二三时，即待祔庙祭享礼。嵩等议：二庙一时往复四次，末复祫祭（祭祖），太庙许举礼凡五次，不惟圣躬大劳，且事体亦非便。似应成祖庙上册、题主、举祭一并行礼，乃诣睿宗庙行礼。如之，庶节奏归一，往来不扰，而礼成于一日矣。上曰：朕意正如此，上册、题主非二事也。于是礼部遵谕，更议仪注以上。一，九日，南郊奏告仪。先期，司设大次于外遗神路之东。至早，免朝。上常服御奉天门，锦衣卫备随朝贺如常仪。是日，车驾至郊，上即大次易祭服，诣圜丘行奏告礼。文官五品以上、武官四品以上、六科都给事中、皇亲指挥以下，照例具祭服先付南天门外候驾陪拜。同日寅时，遣官各具祭服诣北郊太庙、成祖庙、昭穆群庙、睿庙、社稷坛恭告行礼；一，十一日，恭上二圣册宝，改题神主祔庙仪。初九日，太常寺奏致斋三日。初九日太常

同光禄卿面奏省牲。同日，内侍官设册宝案四于奉天殿，册东宝西，设册宝彩舆四于丹墀内，设香亭于册宝舆前，教坊司设中和乐及大乐，锦衣卫设卤簿大驾并举舆亭官校，司设监及太常寺官设册宝案于成祖庙、睿庙各神座前，设上拜位于各庙殿内正中，设具服御幄于二庙戟门外左，设香案于成祖、睿宗各庙寝殿神龛前，又设神主案于正殿神座前，设题主案于东。十一日早，免朝，鸣钟，文武百官具朝服，于金水桥南东西向席立，文武陪祀官各具祭服，于庙街门南北南序立。上冕服御华盖殿，鸿胪寺官奏请行礼，导驾官导上出至奉天殿……上至太庙门，降辂，册宝舆至各庙……太常寺卿跪于上左，奏诣成祖文皇帝神灵上神主，内赞奏俯、伏、兴，上擎，退就幄，具祭服入。内赞奏就位，典仪唱奠帛……上捧太祖主，捧主官捧各庙主，献睿宗，帛爵官捧睿宗主，各诣庙奉安于寝殿，上易祭服还宫，大乐鼓吹振作……二十一日子时，鸣钟，上出左顺门乘板舆至奉天左门，降舆，具祭服，导引官导上由左升，典仪唱乐舞生就位，执事官各司其事。

48. 世宗肃皇帝实录　卷二百十七　嘉靖十七年　十月二十七日

丁卯，礼部奏十一月初一日子时圜丘恭上册表仪：翰林院恭拟合用祭告文，太常寺备牲醴、玉帛及告景神殿脯醢、酒果，钦命捧册表大臣二员，文武官照例各具祭服陪祀。其文官六品以下、武官五品以下俱朝服陪拜。国子监生、顺天府学生员、顺天府宛大二县耆民人等俱随班行礼。……戌时初刻，鸣钟鼓，百官照依朝贺礼，于奉天殿丹陛序立。陪祀官具祭服，余官朝服。上告景神殿毕，具冕服，御奉天殿，鸿胪寺卿奏请行礼，上躬捧册表，奉安彩舆内……

礼部又具太庙恭上宝仪：……正祭日，上捧皇祖主，钦命捧列圣主官八员，中宫捧高皇后主，助行亚献礼。文官四品以上、武官三品以上命妇随班列东西近两庑上稍北，障以帷幔，俱先期由东安门进入太庙俟候。是日，文武百官先具朝服，于金水桥南东西相向序立，其陪祀文官五品以上、武官四品以上、六科都给事

中、皇亲指挥以下千百户等官各具祭服，于庙街门北向序立。上冕服御华盖殿，鸿胪寺卿奏请行礼，内侍官捧各册宝置于案。鸿胪寺官举案，由殿中门出，导驾官导上随行至丹陛，鸿胪寺堂上官各取册宝置于舆内，锦衣卫督举舆，上乘板桥出奉天门。

49. 世宗肃皇帝实录　卷二百十九　嘉靖十七年　十二月二十一日

择以十九日戊午，礼部上仪注：上更定二十七日，仍亲笔注更数处。奏告南郊……各行礼，俱青衣常带，惟勋不诣圜丘，令奠献诸执事官仍即圜丘供事，而勋以祭服行礼，昭亨门首，皆钦定也。

50. 世宗肃皇帝实录　卷二百十九　嘉靖十七年　十二月二十六日

乙丑，礼部言：十二月三十日，大行皇太后服制二十七日已满，恭检孝贞皇太后丧礼制满后，上位仍素翼善冠、布袍腰绖御西角门，不鸣钟皷。百官俱素服、乌纱帽、黑角带，侍朝。俟梓宫入山陵，奏请变服第。今岁适遇正旦朝会祭享，一切吉仪所当酌议。臣等恭拟：皇上，是日早，黑翼善冠，浅淡袍服，黑犀带御殿受朝，疏入，未下。上谕大学士言：元旦玄极殿拜天，仍具祭服，陛下望拜。及先期一日，合变服否？于是礼部更请正旦日上拜天受朝及先期一日俱宜素服，孟春时享宗庙，自前三日奏斋始，皇上具青服，臣下同之。后遇祭享，以此为例。余日仍以孝贞皇太后丧礼例行。上览疏，谕内阁曰：部疏所拟未免循故事，未见损益何如。礼曰三年之丧贤者勿过，不肖者不可不勉，若拘此纸上法度，自后世君人者皆罪人也。不但景君一人耳，朕气质微弱，志念实不副。每有志于古道，力不克然，时亦不同也。今既曰以日易月，无有不知，无有不见，非虚文也，是实行也，更不必小惠报父母，姑息以事亲，直便实为之。庶不傍牵蔓引，而圣人可作伪乎。虽山陵之未就，而实不是古人未葬之时，百事皆辍之美，吉典亦行。郊社在上，又不敢废。封建、征伐、赏刑诸事，命出一人，本无虚日，谓之居丧，吾不信也。便当如

制定服，后皆不必迁就。遇郊有事，宜吉服、作乐，况父在柩，子嗣位，率用全吉，何事天反云尔耶？此尊尊也。庙有事，着浅色服，不作乐，此亲亲也。居他处服墨布，至丧次仍素色，直候奉引安陵，仍用始服之服以终之。庶为情实。卿等即抄明白，付宗伯、翰林院、礼科各议来行否。即曰否，礼部覆：皇上析礼精微，可为万世法，请令臣等通行内外，一体遵奉。报可。初，礼部请正旦朝贺三奉旨罢免，及上制满。仪注内开正旦视朝一节，因别疏专请。上仍于是日御殿受朝，上曰：履端岁首，朝会之始，但昨方除服，梓宫在上，卿等连以礼请，且朕亦谓行实事，依拟于奉天门百官青衣、本等带，行五拜三叩头礼，不必公服。致谓钟皷鸣鞭俱辍之。礼部复固请上具翼善冠、黄袍御殿，百官公服致词，鸣钟皷，鸣鞭，奏堂（下）乐。上曰：改岁更始，王者奉顺天道，不可不重。有谓弗宜，非知道者，既在除服外，其义行。子刻初，朕用祭服，于玄极殿行告祀礼，前期在服制内，变服玄色吉衣，几筵四七节，权命内侍行礼。

51. 世宗肃皇帝实录　卷二百二十　嘉靖十八年　正月二十六日

乙未礼部上册立皇太子，册封裕王景王仪注。……文武大臣恭候钦命，祭告日行事用祭服，太常寺恭办酒果、脯醢，礼三献，上帝、皇祇加太牢，翰林院撰告文，圜丘祭告文武陪祀官具祭服，陪拜百官亦各具祭服，并耆老生儒于昭亨门外陪拜。……文官五品以上、武官四品以上、皇亲指挥等官、六科都给事中俱照例具服陪拜。

52. 世宗肃皇帝实录　卷二百二十　嘉靖十八年　正月三十日

初，礼部拟上圣驾南行并驾至承天谒陵祭告等仪，已得旨，俱如所拟。寻复面谕尚书嵩：发京更二月十六寅时，前所上诸仪有当增定更正者。嵩退，乃疏言：驾至承天一应礼仪，俟至彼另具。谨先遵谕，将发京沿途诸仪增正具闻：一，十一日辰时，上亲奏告皇天于玄极宝殿。毕，同日告闻皇祖太庙、皇考睿宗庙，遣大臣十八员分告北郊、德祖、懿祖、熙祖、仁祖、成祖、列

圣群庙、太社稷、帝社稷、朝日、夕月、天神、地祇，行事俱用祭服。

53. 世宗肃皇帝实录　卷二百二十二　嘉靖十八年　三月十二日

庚辰，圣驾抵承天府舍旧邸卿云宫，遂谒皇考于隆庆殿。是日，谕行在礼部：朕仰荷天眷，既临旧邸，奏告诸仪宜即行事。于是礼部具仪以上：以十二日太常寺奏祭祀，上御龙飞门，百官吉服侍班，行叩头礼。自十三日为始，致斋三日。十五日，礼部率太常寺官恭诣龙飞殿丹陛、国社、山川等坛，各陈设。十六日子刻，上具祭服，恭诣龙飞殿丹陛，行告祭礼。文官五品以上、武官四品以上、六科都给事中俱祭服，余官俱吉服陪拜……十七日恭谒显陵……上具常服诣陵……从驾百官及抚按等官俱吉服陪拜。二十日上表称贺及颁诏……百官各具朝服，地方官吏师生耆老人等俱随班行礼，鸣钟鼓，上具冕服御后殿……

54. 世宗肃皇帝实录　卷二百二十七　嘉靖十八年　闰七月十九日

甲寅，初，四月间，将奉慈孝献皇后梓宫葬于太峪。礼部拟上葬毕祔庙仪注，得旨：令增入皇后亚献仪。未上，至是，慈宫已祔显陵。上谕礼部以八月七日卯刻，慈主祔庙。部乃遵前谕，具上其仪：初四日，太常寺奏祭祀。初五日为始，齐戒三日。是日，遣官以祔享告太庙及列圣群庙……上常服，内导引官导上诣拜位，奏四拜，兴，立于拜位之东，西向。内侍官诣灵座前跪，奏请慈孝献皇后神主降座升舆诣太庙祔享。奏讫，上捧神主由殿中门出，奉安于舆内。执事官捧衣冠置于舆，后随，内侍擎伞扇如仪。上至右顺门具祭服，升辂后随。文武百官不系陪祀者，俱朝服于金水桥南，跪迎神主舆，候驾遇退。

55. 世宗肃皇帝实录　卷二百五十四　嘉靖二十年　十月二十七日

礼部上孝康敬皇帝梓宫发引至祔庙仪注：十一月初四日，太常寺奏斋戒。是日，遣勋臣一人获丧并领在途诸祭祀，其把总内官及入皇堂内官、内使、匠作人等各奉敕行事。禁屠宰至葬毕

止，禁音乐至祔庙止。各衙门俱预定送葬官员。初四、初五日百官及命妇俱縗服，晨诣几筵殿门外哭临，初四日，遣官以葬期告南北郊、宗庙、社稷。……是日，八虞。十一日，九虞。十三日，行祔庙礼。先三日，太常寺奏斋戒。先二日，遣官以附享告庙并告几筵。至日，太常寺陈牲醴于景神殿如时祫仪，乐设而不作。司设监设孝康敬皇后神座于孝庙神座右，卫衣卫设仪卫于午门外，内执事官设酒馔于几筵殿，设孝康敬皇后衣冠于几筵前，进神主舆于殿前，设衣冠舆丹陛上。导引官导上浅色服诣拜位，奏四拜，兴，内侍官奏请神主降座升舆祔享，上捧主由殿中门出奉安舆内，执事官捧衣冠置舆，后随，内侍擎伞扇如仪。上至右顺门，具祭服，辂后随至景神殿门外，降辂。

56. 世宗肃皇帝实录　卷三百　嘉靖二十四年　六月八日

己亥，礼部上太庙奉安神主仪注：一，钦命大臣三员于六月十六日寅时，以庙成奏告南郊、北郊、太社稷，并遣官告景神殿。太常寺备办祭告天地、社稷、景神殿及祧庙奉安神主祭品，俱用脯醢、酒果。其奉安列圣神主祭品，俱用牲醴。翰林院撰一应祝文。太常寺奏请钦定捧帝主大臣及捧后主内臣各十三员，各具吉服……内侍俱各擎伞扇如常仪。由景神殿中道出至太庙街门入，至太庙门内丹陛上。亦停止，各遣官易祭服，各诣神主舆前，太常官跪奏请神主降舆，遣官捧四祖主，内官捧后主并册宝、衣冠先行，诣祧庙……本日文官五品以上、武官四品以上、六科都给事中各具祭服恭诣陪祀，十七日，文武百官各具朝服于奉天门前上表称贺。及诏告天下，今后时祫、大祫，俱遵奉明旨出。

57. 世宗肃皇帝实录　卷三百十五　嘉靖二十五年　九月六日

庚申，上谕礼部：是日至十五日，朕为民报成，朝天等宫宇行香，使照奉祈，原遣官于初六十一日子刻各具祭服行礼，诸司止常封停刑禁屠如例。

58. 世宗肃皇帝实录　卷三百五十四　嘉靖

二十八年　十一月六日

辛未，孝烈皇后将及大祥，礼应祔庙。先是，礼部题请奉安神主于奉先殿东室。辅臣严嵩请暂设位于太庙东，皇姑睿皇后之次后寝。安主则设幄于宪庙皇祖姑之右，以从祔于祖姑之义，上俱不允，谕令遵制……孝烈皇后谒庙拜褥于庙正中，锦衣卫设仪卫于午门外，遣官及文官五品以上、武官四品以上、六科都给事中、皇亲等官例该陪祀者，各具祭服于太庙门外以候。是日早，内执事官设酒馔于坤宁宫几筵，设孝烈皇后衣冠于几筵前，设神主舆衣冠舆于宫陛上，内命妇告祭如常仪，毕，内执事官诣几筵前跪，奏请孝烈皇后神主降座升舆，诣太庙祔享。

59. 世宗肃皇帝实录　卷三百六十七　嘉靖二十九年　十一月六日

乙未，上不御殿，文武群臣等俱于奉天门行五拜三叩头礼，礼部上奉祧仁宗昭皇帝仪：先三日，太常寺奏斋戒。先一日，钦命大臣二员以奉祧仁宗昭皇帝告于太庙祧庙，行礼如常仪。至日早，太常寺设牲醴于太庙，设脯醢、酒果于祧庙，遣官诣太庙行奉祧礼如时享仪，文武皇亲等官例该陪祀者照例陪祭，祭毕，捧主内外官各祭服恭捧仁宗昭皇帝主、昭皇后主诣祧庙第五室前后，太常寺官同神宫监官迁衣冠床帐仪物等项照旧安奉，讫，奉主安于室，叩头退，遣官仍祭服行祭告礼如常仪，毕，遣官出。

60. 世宗肃皇帝实录　卷三百九十四　嘉靖三十二年　二月十六日

癸亥，奉安先圣先师神位于文华殿东室，遣成国公朱希忠行礼，驸马邬景和、谢诏、安平伯方承裕、辅臣六卿经筵日讲官陪拜。先是九年，上亲行礼，圣师十一位每位铏一、笾豆二、制帛一，太常陈设毕，上行安神礼，辅臣礼卿偕讲官吉服立殿门外俟行礼，讫，诸臣入上香，行八拜礼。至十六年，移祀于永明后殿行礼如初，及是复自永明移祀文华，遣官奉安，诏命官如前例候以祭服陪拜。

61. 世宗肃皇帝实录　卷五百五十二　嘉靖四十四年　十一月十三日

丙午，礼部拟上迎请奉安二圣神位于玉芝宫仪注：一，太常寺备香帛祭品用牲醴；一，翰林院撰奉安祝文及乐章；一，前一日，司设监会同内阁、礼部、太常寺等官诣玉芝宫前后殿，陈设神御仪物并乐器；一，至日，司设监备神位金舆衣冠亭于文章殿门外，内侍官奉请神位于文华殿中，遣捧神位官及各执事官具吉服行一拜三叩头礼，毕，执事官各就执事，遣官各诣神位前，太常寺官跪，奉请神位升舆，遣官各恭捧神位出，跪纳舆中先行，内侍官捧衣冠安置亭内后随；一，锦衣卫设伞扇仪卫导从如仪；一，神位舆衣冠亭由会极门、午门、端门、太庙街门至玉芝宫门内丹陛下停止，仪卫退，遣官易祭服诣神位舆前，太常寺官跪，奏请神位降舆，遣官捧帝位，内臣捧后位并内侍官捧衣冠各奉安于前殿神座……是日，文官五品以上、武官四品以上、六科都给事中、皇亲指挥千户百户等官各祭服陪祀。

62. 穆宗庄皇帝实录　卷三　隆庆元年正月下　二十四日

先是太常寺以祭太社、太稷，请如近例，遣官摄事。上命礼部查议。至是覆言：臣等谨按礼曰，丧三年不祭，惟祭天地、社稷，为越绋而从事。说者以为不敢以卑废尊，以己事废公祀也，今太社稷祀典虽在，世宗皇帝未升祔之前，然稽诸越绋行事之说，似不可废。宜如宪宗、武宗朝例，鸿胪寺免请升殿，太常寺具本奏知，至期请皇上躬诣坛壝，具服致祭，乐悬而不作。致斋之日上具黄素袍、翼善冠，百官浅淡色衣朝参，其陪祀官各具祭服，行礼如常。上从之。

63. 穆宗庄皇帝实录　卷五　隆庆元年二月下　二十一日

礼部进世宗肃皇帝梓宫发引至祔享仪注：一，三月初五日，太常寺奏斋戒，文武百官宿于本衙门，致斋三日。京城内外禁屠宰至葬毕止，禁音乐至祔庙止……上具祭服，升辂，后随，至午门外，仪卫如仪，至太庙南门外俱分列左右，上降辂，太常寺官导上诣辇前跪……内侍官捧衣冠安于座内，上捧神主安于衣冠前，出圭立于

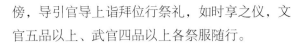

傍，导引官导上诣拜位行祭礼，如时享之仪，文官五品以上、武官四品以上各祭服随行。

64. 穆宗庄皇帝实录 卷七 隆庆元年 四月二十七日

礼部进圣驾亲祭方泽仪注：一，前期四日，上御皇极殿，太常寺奏祭祀如常仪；一，是日早，上御皇极门，太常寺堂上官奏请圣驾诣方泽致祭，锦衣卫官备法驾，设板舆于皇极门下中门，内侍官跪请上升舆，锦衣卫官跪奏起舆，上常服乘舆由午门、端门、承天门、长安左门、安定门诣北郊坛外西门内、北门之左降舆，导驾官导上至具服殿，具祭服出，导驾官导上由内壝右棂星门入，行大祭礼如常仪，祭毕，仍导上至具服殿易常服，还宫。

65. 穆宗庄皇帝实录 卷九 隆庆元年 六月二十六日

礼部进圣驾临幸太学行释奠礼仪注：一，八月初一日行礼。前期致斋一日，太常寺预备祭仪，设大成乐器于庙堂上，列乐舞生于阶下之东西，国子监洒扫庙堂内外，设监同锦衣卫设御幄于庙门之东上，南向，设御座彝伦堂正中，鸿胪寺设经案于堂内之左，设讲案于堂之西南隅，锦衣卫设卤簿，教坊司设大乐，俱于午门外。是日早，免朝，百官吉服先诣国子监门外迎驾，分奠、陪祀等官，武官都督以上，文官三品以上及翰林院七品以上官俱祭服候行礼，驾从长安左门，卤簿大乐以次前导……

66. 穆宗庄皇帝实录 卷十四 隆庆元年 十一月一日

礼部上大祀圜丘及出入告庙仪注：一，前期五日，锦衣卫备随朝驾如常仪。质明，上御皇极殿。太常寺官奏请圣驾视牲，百官具吉服朝参，恭候鸣鞭讫，先趋出午门外东西序立，候驾出，恭送。上由大明门、正阳门、两天门旧路至牺牲所南门包西，上降辇，礼部尚书、侍郎、太常卿少卿导上至所内。太常卿跪奏祀大视牲遂；一，视毕，仍导上至幄次内，上少憩，出。礼部太常官仍导升辇，上还宫。百官于承天门外序立候迎；一，前期四日，上御皇极殿，太常寺奏祭

祀如常仪；一，前期三日，质明，上乘与诣太庙门西，降舆，至庙门幄次内具祭服，诣太庙，告请太祖配神，行一献礼，毕，上出。至幄次内易皮弁服，回。御中极殿，太常寺、光禄寺官奏省牲讫，上御皇极殿，传制文武百官朝服听受誓戒……是日午后，太常寺陈设如图仪。如至一更时分，礼部尚书等官诣皇穹宇，尚书上香请神，侍郎二员，导引太常寺官，以次捧正位配位神版、神牌，诣坛奉安讫，候报时。上常服乘舆由西门墙出至外壝，外神路之西降舆，导驾官导上至神路东大次，上香官同导引及捧神版、神牌官复命，毕。上具祭服出，导驾官导上由内壝左棂星门入，行大祀礼如常仪，祭毕，上至大次易常服，至斋宫少憩，驾还。

67. 穆宗庄皇帝实录 卷二十九 隆庆三年 二月十七日

礼部上祭朝日坛仪注：前期三日，上御皇极殿，太常奏祭祀如常仪。前期一日，上常服，以亲诣朝日坛致祭，预告奉先殿。内赞赞：就拜位。上就拜位。内赞官导上至太祖及列圣各香案前。奏：上香。上香讫。奏：复位。奏：跪。奏：读告词。读讫。奏：行四拜礼。毕，上随诣弘孝殿、神霄殿行礼，俱如奉先殿仪。正祭日免朝。是日昧爽，上常服御皇极殿，太常寺堂上官请圣驾诣朝日坛致祭，锦衣卫官侍随朝，驾设板舆于皇极门下正中，内侍官跪请上升舆，锦衣卫官跪奏起舆，上乘舆由午门、端门、承天门、长安左门、朝阳门诣朝日坛北门内。上至具服殿，具祭服出，导驾官导上由左门入，行祭礼如常仪，毕，仍导上至具服殿，易常服，上还，仍诣内殿，参谒如前仪。文武官例该陪祀者，先期入坛，伺候行礼，其余百官，各具吉服，于承天门外桥南，向北序立候驾出长安左门，百官退于本衙门办事。驾还之时，仍照前序立迎接，候驾入午门，百官退。一内监预备小次，如正祭日遇有风雨，即照例设于朝日坛之前，上恭就小次，对越行礼，其升降奠献，俱以太常寺执事官代，制可。

68. 神宗显皇帝实录 卷五十二 万历四年 七月二日

礼部拟进幸学仪注：一，钦天监选择万历四年八月初二日，宜用辰时吉；一，前期致斋一日，国子监洒扫庙堂内外，太常寺预备祭仪、祭帛，设大成乐器于庙堂上，列乐舞生于东西阶下，司设监同锦衣卫设御幄于大成门之东上南向，司设监设御座于彝伦堂正中，鸿胪寺设经案于堂内之左，设讲案于堂内西南隅。至日，置经于经案，光禄寺设连坐于左右；一，午门外锦衣卫设卤簿驾，教坊司设大乐；一，是日早，免朝，百官吉服先诣国子监庙门以东，北面迎驾，分奠、陪祀、武官都督以上、文官三品以上及翰林院七品以上官具祭服，在庙墀东西相向序立，伺候行礼。

69. 神宗显皇帝实录 卷五十三 万历四年 八月八日

是日，恭遇孝康敬皇后忌辰。于是礼部酌议请上于日间服浅淡衣，百官以青衣角带办事。至夜分，上仍祭服，陪祀官亦然。今后凡奏，祭日期遇有忌辰者，除已祧及内殿无祭不忌外，其余皆于前一日奏祭。如致斋日遇有忌辰者，皇上具常服一日，百官俱青绿锦绣一日，其告祭日遇有忌辰者，皇上具祭服行礼，陪祀官俱祭服，如祭在日间，则本日祭前祭后，皇上具常服，百官俱青绿锦绣，如夜分祭毕，则日间皇上仍浅淡衣服，百官仍青角带办事，临期本部俱开具手本送司礼监知会报闻。

70. 熹宗哲皇帝实录 卷十三 天启元年 八月十六日

上具祭服升辂后随至午门外，仪卫如仪，至太庙南门外俱分列左右。上降辂，太常寺官导上诣辇前跪。太常寺官跪奏：请光宗贞皇帝神主降辇诣太庙祔享。奏讫。又跪奏：请孝元贞皇后神主降辇诣太庙祔享。奏讫，上俯、伏、兴、搢圭。诣辇捧孝光宗贞皇帝神主繇左门入，司礼监官捧孝元贞皇后神主亦随后左门入，内侍官各捧衣冠随入……文官五品以上、武官四品以上各祭服随行。

71. 熹宗哲皇帝实录 卷三十九 天启三年 十月二十八日

礼部上圣驾亲诣南郊仪注：一，前期六日早，上常服。以亲诣南郊视牲，预告于太庙。内赞赞：就拜位。上就拜位。内赞官导上至太祖及列祖香案前，奏：上香。上讫。奏：复位。奏：跪。奏：读告词。读讫。奏：行四拜礼。毕……前期三日，质明，上常服乘舆诣太庙门西，降舆，至庙门幄次内具祭服，诣太庙告请太祖配神行一献礼。毕，上出幄次内易皮弁服，回，御皇极门内殿，太常寺、光禄寺官奏省牲，上御皇极门内殿传制，文武百官朝服听受誓戒……一，是日午后，太常寺陈设如常仪，至一更时分，礼部尚书等官诣皇穹宇，尚书上香请神，侍郎二员导引，太常寺官以次捧正位配位神版从位牌诣坛。奉安。讫，候报时，上常服乘舆从西坛门出，至外墙外神路之西降舆，导驾官导上至神路东大次，上香官同导引官及捧神版、神牌官复命。毕，上具祭服出，导驾官导上从内墙左棂星门入，行大祀礼如常仪。祭毕，上至大祀易常服，至斋宫少憩，上还。

72. 熹宗哲皇帝实录 卷六十七 天启六年 正月二十五日

礼部尚书李思诚进圣驾躬诣朝日坛致祭仪注：一，前期三日，上御皇极门内殿，太常寺奏祭祀如常仪……正祭日免朝，是日昧爽，上常服御皇极门，太常寺堂上官奏请圣驾诣朝日坛致祭，锦衣卫官备随朝驾，设板舆于皇极门下正中。上升舆，锦衣卫官跪奏起舆，上乘舆从午门、端门、承天门、长安左门、朝阳门诣朝日坛北门内，上至具服殿，具祭服出。导驾官导上从左门入，典仪唱：乐舞生就位，执事官各司其事。内赞奏：就位。上就拜位。典仪唱：迎神。乐作，乐止。内赞奏：四拜。传赞：百官同。典仪：奠玉帛。乐作。内赞奏：升坛。导上至大明神位前。奏：跪。奏：搢圭。司香官捧香跪进于上左，内赞奏：上香。上三上香。讫，捧玉帛官以玉帛跪进于上右。内赞奏：献玉帛。上受玉帛，奠。讫，奏：出圭。奏：复位。乐止。

73. 附录 明世宗宝训 卷四 正祀典上〈郊祀〉嘉靖八年 十二月辛巳

嘉靖八年十二月辛巳，上谕礼部：朕惟尊祖配天，莫大之典，近来郊祀告祖止就内殿行礼，原非圣祖初制，来春大祀，天地告祖配天当于太庙行礼，礼部因具仪。以明年正月初二日，上亲诣太庙具祭服行礼，自是岁以为常。

74．附录 明世宗宝训 卷四 正祀典中〈庙祀〉嘉靖六年 十二月壬申

嘉靖六年十二月壬申，大学士杨一清等言皇上每早视朝必先瞻拜奉先、奉慈、崇先三殿，嫌于太繁，自今第宜每日令内侍焚香，朔望及四时节候圣躬亲往各殿行一拜三叩头礼……问者曰：旧于忌日之祭亦俱服衮冕，今欲更之浅淡衣服得非过为轻重乎？吾答曰：如今太庙、四时、岁暮之祭则当服衮冕，若于内殿时节之祭服之亦未为不可，于忌日则不可也。古礼忌日迁主，而祭所谓迁者，亦是迁诸庙也。盖庙祭当吉，忌祭者乃凶也，故朱子家礼云：忌祭变服，吾因之也。且内殿行礼，既无太常供事，又无陪祀之官，纵使天子服衮冕，似缺助祭，百辟非相继之道也。且记云：孝子有终身之丧，忌日之谓也。今既不迁主，则取其义，于当忌之室，服淡衣服再拜可也，庶礼情兼尽也。

三、公　服

（一）公服的历史沿革

公服，也叫做从省服，唐朝的公服是群臣在朔望朝谒见皇太子时所服。宋代公服用于常朝，此时公服即对应明代的常服，一品至三品服紫，玉带；四品五品服绯，金带；六品七品服绿，银带；八品服青，鍮石带。元礼制去青，服紫者佩金鱼，服绯者佩银鱼。明代在公服的适用场合上进行了多次调整，由最初的朔望朝见及拜诏、降香、侍班、有司拜表、朝觐之时用公服，衣用赤

色；改为每日早晚朝奏事及侍班、谢恩、见、辞之时所穿，在外文武官每日清早公座亦服之。在形制结构上沿袭宋元之制，包括幞头、圆领右衽袍、笏、单挞尾革带等，以袍的颜色、带銙及笏的材质区分品级。

（二）明代公服的礼仪用场

明代公服是在京文武官每日早晚朝奏事及侍班、谢恩、见、辞所穿之服，在外文武官每日清早公座亦服之。后常朝止便服，唯朔望具公服朝参。武官应值守卫者不拘此服。

《大明会典》卷之四十四，朝仪部分，按照仪式的时间地点和举行频次的规律性又将各种朝参礼仪分为了"朔望朝仪""常朝御殿仪""常朝御门仪""午朝仪""忌辰朝仪""辍朝仪"。其中的"朔望朝仪"是指每月的初一、十五日，皇上穿皮弁服在奉天殿[1]视朝，并接受官员的"谢恩、见、辞"礼，即五拜三叩礼。进行谢恩、见、辞的官员和其他官员在朔望朝仪之时皆穿公服行礼，省、府、台、部官诸衙门，有事奏事，无事退朝。"朔望朝参"由于初一、十五在封建社会中的重要性，每月这两天举行朝参，按照常规文武百官行礼仪是被要求只能穿着公服的，因此公服，在一定意义上，可以称作是百官的"小礼服"。明代建制以来，关于朔望朝仪时文武百官的朝参礼仪要求有过数次调整，所穿服饰的要求也随之有不同程度的调整。

"洪武三年（1370）定，凡朔望日，上皮弁服御奉天殿，百官公服，于丹墀东西对立，俟引班引合班北面立，再拜。班首诣前同百官鞠躬，唱：'某官，臣某，起居'，赞礼唱：'圣躬万福'。班首平身，复位，同百官皆再拜……"[2]

最初的公服也是用作朔望日之时向皇上行起居礼的，这一制度执行不久之后，改为朝服行起居礼。

又洪武"十四年（1381）定，凡朔望日，文

1　奉天殿在嘉靖十四年（1535）改名为皇极殿。

2　（明）申时行：《大明会典·卷四十四·朝仪》，万历十五年内府刊本。

武百官各具朝服。俟鼓三严，公、侯、一品、二品官，入东西角门俟，其余三品以下，先于丹墀内班横行，序立，钟三鸣，公、侯、一品、二品以次入班序立，钟鸣毕，仪礼司奏外办，导驾官导上位升御座。鸣鞭讫，鸣赞唱班齐，通赞诣中道，班首'臣，某等起居，圣躬万福'毕。百官行五拜礼，仪礼司奏礼毕而退。"[1]

朔望之日穿朝服行起居礼的制度执行不久，又于洪武十七年（1384），被新的制度替代，修改成了免行起居礼，且百官各具公服行礼。

洪武"十七年令，百官凡遇朔望，免行起居礼，后更定，朔望日，上御奉天殿，百官各具公服行礼。常朝官序立于丹墀，东西相向。谢恩、见、辞官序立于奉天门外，北向，候上升座鸣鞭。鸿胪寺赞：排班，乐作，常朝官行一拜三叩头礼毕，乐止，复班。鸿胪寺奏：谢恩、见、辞。于奉天门外行五拜三叩头礼，毕。鸣鞭，驾兴。"[2]

万历年间，于慎行在《谷山笔尘》里记载："（自唐朝以来）常朝御正衙，朔望御便殿也。本朝朔望御正殿，百官公服朝参，而不引见奏事。"[3]明代的朔望朝仪可以看作是君臣约定俗成定期例行的见面礼仪。一方面定期例行朝觐且形成规制，体现皇上至高无上的威严，提醒臣下官员人等遵守仪制，进思尽忠。另一方面也是给各路官员一睹圣容的特殊礼遇。明代参与朔望朝参的人员是众多且繁杂的，这种境况在洪武二十九年（1396年）十一月初一，朱元璋上旨"免国子监生朔望朝参"的事例上可窥一斑，这道圣旨至少说明在此之前的洪武朝，那些尚未取得一官半职的国子监生们也能在朔望之日参与朝觐。某些特殊情况下，例如成化年间王骥之子王宪袭父爵靖远伯，宪宗命其"国子监读书习礼，朔望朝参，

以其年幼也。"这说明有时甚至未成年人也能参与朔望朝参。由此可见，朔望朝参的参加人数可谓众多，更像是国家规定的定期大规模例会。

按惯例，皇帝朔望朝有时也会赏赐百官，但是由于参与朝参人员众多，这种赏赐对于朝廷来说就成了一笔很大的开销，加重了财政支出的负担。为了减少这种不必要的开支，明中后期皇帝的赏赐逐渐减少、简省甚至取消。《明实录》记载自天顺元年（1457）始，每年五月朔日赐百官扇子的旧例便被取消，英宗下令："是后朔望朝参者不复得与赐。"

朔望朝参仪式更重要的社会功能是体现君臣尊卑关系，在明代发挥着以礼治国的重要政治作用，因而明代历任皇帝通常都会重视并强化这一礼仪功能，并将其规定为在京官员必须尽到的义务。如果没有特殊情况，百官必须在朔望日参与朝谒皇帝，不得无故缺席。即便是因年老免予日常朝参者，仍会被要求参加每月例行的朔望朝参，这足以说明朔望朝参的重要性。太祖高皇帝时就有规定："国公年老者，每三日一朝。如遇朔望，虽在免朝之日，亦必入朝，其未老者朝参如故。"[4]以至于后来对某些已经退休的官员也要求朔望朝参。这些可以看作是对年老官员的一种恩宠和礼遇，也是皇帝笼络大臣，掌握臣子时下状况的一种方式。如：明英宗天顺元年"靖远伯、兵部尚书王骥以老疾乞致仕，上从之，仍令朝朔望。"[5]再如，成化元年（1465）太子太保兼吏部尚书王翱恳乞休致，有旨："卿年老，固当悠闲，但此重任，非卿不可，宜为朕勉留任事，自今朔望朝参。"[6]这些看似是褒奖，却令年老体弱乞求退休致仕的官员为难的旨意，皇帝通常会恩威并施，强制执行。有的律令也从此法律条文上对借故不朝者进行约束和惩罚。洪武初年颁布

1 （明）申时行：《大明会典·卷四十四·朝仪》，万历十五年内府刊本。

2 同1。

3 （明）于慎行：《谷山笔尘》卷一，中华书局，1984，第1页。

4 （明）佚名：《明太祖实录》卷一百二十五，台北"中研院史语所"，1962，第2003页。

5 （明）佚名：《明英宗实录》卷二百七十九，台北"中研院史语所"，1962，第5974页。

6 （明）佚名：《明宪宗实录》卷十八，台北"中研院史语所"，1962，第373页。

的《大明律》中就有如下规定："凡大小官员，无故在内不朝者，在外不公座署事，及官吏给假限满不还职役者，一日笞一十，每三日加一等，各罪止杖八十，并附过还职。"实际执行中可能不仅仅是体罚那么简单，还会进行罚俸、降职或罢官的严厉惩处。

按照通例，文武官员在两种情况下可以免朔望朝参。一是对部分年老官员的照顾，如遇恶劣天气可免朝参。太祖高皇帝曾规定："国子监教官年老者，遇暑月及雨雪，朔望免朝参"。更主要的是第二种情况，即遇到皇家重要丧事忌辰，皇帝为表达内心哀痛，通常会暂免升殿，罢朔望朝参。如弘治十七年（1504）三月，孝肃太皇太后周氏去世，孝宗传旨"谕礼部臣曰：朕服制虽尊遗诰'心中哀痛'未忍尽从吉典，每月朔望日暂免升殿"。当然在有些情况下，免朝参并非对某些官员的一种优待，相反地，表达的是一种惩戒，如仁宗时期，大理少卿弋谦上书力陈时弊，言辞过激，虽经杨士奇劝解，仁宗一怒之下还是'免谦朝参'令专视司事。此等事例即是以免除朝臣面圣陈词的机会，以示恶党，给以惩戒。

《大明会典》卷四十四，百官朝见仪对朝见相关仪节情况进行了具体说明："凡谢恩、见、辞，洪武二年令，在京文武官，有故告假及出使，皆奉辞，还，皆奉见。而奉特旨授官，及除授内外百职，皆即时谢恩。到任之日，仍望阙行礼……又令，凡早朝，谢恩、见、辞人员，都察院轮委监察御史二员侍班。凡谢恩者居先，见者次之，辞者又次之，俱行五拜三叩头礼。凡内外诸司文武官员已入流者，谢恩、见、辞必具公服行礼。凡朝觐、进表笺[1]，官员见、辞、谢恩，具用公服。如面除而不及具服，即时谢恩者勿拘。其或常服见者，缀班后，如以军务远来，及承制使还，即时引荐者，不在此列。"[2]

洪武年间，还列举了官员人等谢恩、见、辞的事例，以及免谢恩、见、辞的事例，列举如下。

需要面圣谢恩的事例：除授文武官员，文武官员调除，文武官员为事免罪，文武官员钦赏钞物等件，文武官员给亲完聚，旗军奏准给亲完聚，旗军钦赐钞物等件，文武官员钦蒙赐祭安葬，武官替职钦依放回官员，岁贡生员入监，试职官实授，文武官钦免税粮，军人升充总小旗，文武官患病钦赐医治，官吏准免重役放回，文武官钦授诰敕。

可以免除面圣行谢恩礼的事例：拨过各衙门吏典，旗军调拨别卫。

需要面见圣上行礼的事例：钦取致仕官员，在外文武官员到京公干，在京文武官员公干回还，外国进贡人员，各处举到孝廉人才、秀才、岁贡生员，各处粮长进图册等项，各处官吏生员起复，各处文官给由，各处军官到京听差，各处吏典承差礼生到京公干，各处耆宿、粮长、军民人等奏事，在京武官征进取回，文武官员为事降调到京，各处僧道医术举到，官员监生毕姻、省亲、病痊回还，舍人、监生、旗军差往各处公干回还复命。

可以免除面见圣上行礼的事例：在京文武官员患病痊，各处取到农吏土民，各衙门吏典、承差考满，金补校尉、力士、厨役，外卫旗军管解人、物到京。

需要面辞圣上的事例：文武官员赴任，文武官员到京公干回还，文武官员赴各处公干，文武官员回家祭祀迁葬，武官替职回还，外国官军听差回卫，外国进贡人员回还，官员监生回家毕姻、省亲，行人舍人监生差役各处公干。

可以免除面辞圣上的事例：各处粮长进图册回还，外卫旗军听差回卫，旗军差往各处公干，各处吏典、承差、礼生到京公干回还。

---

1 表笺，泛指表文。表文始于汉代，是大臣向皇帝陈述事情的文书。唐宋以来，仅限于陈谢、庆贺尽献所用。每当国家有大庆典，群臣献文为贺，则用贺表，文为骈体。元代庆贺表文称为表章，遇皇帝生日、元旦、五品以上官员皆上表章进贺。明代庆贺文书除表文以外，又增加笺文一项，凡遇朝中举行庆典，如寿诞（皇帝生日）、元旦、冬至等节日，内外臣僚皆须进表、笺庆贺，表用于皇帝和皇太后，笺用于皇后。

2 （明）申时行：《大明会典·卷四十四·朝仪》，万历十五年内府刊本。

"凡遇各庙忌辰……，朝贡其谢恩、见、辞官具公服如常仪……隆庆元年题准，凡遇祀辰，文武百官，不问内外班，行谢恩、见、辞，具浅淡服色，乌纱帽、黑角带，不许用公服。"[1]

由以上事例可以看出，朔望朝参中的谢恩、见、辞的行礼环节，是给升职和免罪官员一个当面表达感谢圣恩的机会，也是皇上了解臣下的人事变化、健康状况，以及对朝廷所管辖的人才、钱、粮等相关事宜的执事力度、进度的督促和监管，更是朝廷利用这种礼仪规范来约束和管理文武百官的一种行政手段。

由于历任帝王对礼仪定式的要求各有不同，在穿着公服的场合要求上各有变化，但有明一代，自洪武十七年以后，无特殊节日或忌辰的朔望朝参和谢恩、见、辞时，文武百官还是以穿公服为定例的。

（三）明代公服制度的变化

明代公服沿袭宋元形制，包括幞头、圆领右衽袍、笏、单挞尾革带等，以袍的颜色、带銙及笏的材质区分品级。

洪武元年（1368）发布的律令《大明令》，记述了文武官员公服品从、服色冠带及庶民禁令等。关于公服的要求如下："凡文武官员公服，各依品从，不得僭用。一，公服俱有衽，一品紫罗服，大独科花，直径五寸，二品紫罗服，小独科花，直径三寸，三品紫罗服，散答花，直径二寸，四品五品紫罗服，小杂花，直径一寸五分，六品七品绯罗服，小杂花，直径一寸，八品九品绿罗服，无花纹，未入流品，檀褐绿窄衫，带俱用红鞓，一品玉带，二品花犀带，三品四品荔枝金带，五品至九品乌角带，未入流品者，黑角束带，以上俱展脚幞头。"[2]

此部律令中的公服制度执行不足一年，便有所改动。

洪武元年十一月明太祖令礼部拟定文武百官的朝祭之服的同时也拟定了公服之制："朔望朝见及拜诏、降香、侍班、有司拜表、朝觐则用公服，皆赤色，一品服大独科花，直径五寸，玉带；二品小独科花，直径三寸，花犀带；三品散答花，直径二寸，金带，镂葵花一，蝉八；四品小杂花，直径一寸五分，金带，镂葵花一，蝉六；五品花同四品，金带，镂葵花一，蝉四；六品七品花同五品，直径一寸，银带；六品镀金葵花一，蝉三；七品镀金葵花一，蝉二；八品九品无花，通用光素银带。笏同前制，幞头、靴并如宋元常服，用乌纱帽、金绣盘领衫，文官大袖阔，一尺；武官弓袋窄袖，纻丝绫罗随用。束带一品以玉，二品犀，三品金钑花，四品素金，五品银钑花，六品七品素银，八品九品角。"[3]

洪武三年（1370）二月，朝廷再次命省部官会太史令刘基参考历代朝服、公服之制，对公服的用场又进行了一次确定，凡大朝会，天子衮冕御殿，文武百官服朝服，见皇太子则服公服、并且命制公服、朝服以赐百官。七月壬寅，成始给赐。

洪武六年（1373），诏定品官家用祭服、公服之时，定议："品官之家，私见尊长而用朝君公服，于理未安，宜别制梁冠、绛衣、绛裳、革带、大带、白韈、乌舄、佩绶。其衣裳去缘襈，三品以上用佩绶，三品以下不用。"[4]此时的公服在细节上已经有别于朝服，衣裳去掉了缘边，三品以下不用佩绶。

洪武十六年（1383）九月二十八日，礼部言："内外诸司文武官员已入流者，凡遇朝贺、谢恩、见、辞必具公服行礼，见、辞官员有公事奏启者，须仪礼司引进，常朝官亦如之。有不从仪礼司引进及私事烦渎上听者，从仪礼司官举其罪。致仕官服色与见任同，凡遇朝贺等事，一体具服行礼，在外差遣赴京官员亦如之，违者论如律。惟飞报军务者随即引见，不必具服。诏从

1 （明）申时行：《大明会典·卷四十四·朝仪》，万历十五年内府刊本。

2 （明）张卤撰、杨一凡点校：《皇明制书》第一册，社会科学文献出版社，2013。

3 （明）佚名：《明太祖实录》卷三十六下，台北"中研院史语所"，1962，第690页。

4 （明）佚名：《明太祖实录》卷八十六，台北"中研院史语所"，1962，第1533页。

之。"[1]

洪武二十四年（1391）六月，诏六部都察院，同翰林院诸儒臣，参考历代礼制更定了冠服居室器用制度。于是，群臣集国初以来礼制，总结了建国二十余年以来历次的修改和调整经验，斟酌损益，定制下来文武官公服的制度。"公服用圆领右衽袍，或纻丝、纱、罗、绢，从制进造，袖宽三尺，公、侯、驸马以下至四品用绯，五品至七品用青，八品以下并杂职官俱用绿。暗织花样：公、侯、驸马及一品用大独科葵花，径五寸；二品用小独科葵花，径三寸；三品用散答花，无枝叶，径二寸；四品、五品小杂花文，径一寸五分；六品、七品小杂花文，径一寸；八品以下无文幞头，用漆纱二等，展角各长一尺二寸；未入流、杂职止用垂带，笏如具朝服之制。腰带：公、侯、驸马、伯及一品玉带或花或素，二品犀带，三品、四品用金荔枝带，五品以下用乌角带。鞓用青革，仍垂挞尾于下，靴用皂。在京文武官于每日早朝奏事及侍班、谢恩、见、辞，则服之，遇雨雪则易便服，武官应直守卫则不服；在外文武官员于每日早公座亦服之。"[2]

洪武二十四年十一月十九日，"浙江按察司佥事解敏言：旧制，凡各处未入流官，遇朝贺、进表用乌纱帽、红圆领衫、黑角带陪班行礼。今制，在京一品而下至杂职供用公服，而在外未入流仍如旧制，于礼未宜，请德如在京例。上可其奏，诏在（外）未入流官，凡遇行礼，皆具公服。"[3]

《大明会典》万历十五年（1587）内府刊本上所记载的公服，记录时间是洪武二十六年（1393），制度的内容与《明实录》记载的有些许差别，究其原因，《大明会典》为万历年间编修，主要收录和参考的是洪武年间成书的制度、律令、典籍。其公服服制的内容主要是参考了《诸

司职掌》，或许在编修《大明会典》的时候就把制度的时间按照《诸司职掌》的成书时间来做了记载。《诸司职掌》成书于洪武二十六年，翟善等编，主要是为了阐明当时礼部的礼仪岗位责任等制度，虽对洪武二十四年更定冠服制度大讨论的成果做了总结，但是书中冠服部分的内容较之于《明实录》所载洪武二十四年六月更定的冠服制度的内容略显简单。

《大明会典》记载："洪武二十六年定，文武官公服用盘领右衽袍，或纻丝、纱、罗、绢，从宜制造，袖宽三尺，一品至四品绯袍，五品至七品青袍，八品、九品绿袍，未入流杂职官，袍、笏、带与八品以下同。公服花样一品用大独科花，径五寸；二品用小独科花，径三寸；三品散答花，无枝叶，径二寸；四品、五品小杂花纹，径一寸五分；六品、七品小杂花，径一寸；八品以下无纹。幞头，用漆纱二等，展角各长一尺二寸；其杂职官员幞头用垂带，笏依朝服为之。腰带：一品用玉或花或素，二品用犀，三品、四品用金荔枝，五品以下用乌角鞓，用青革，仍垂挞尾于下，靴用皂。凡公、侯、驸马、伯公服服色花样腰带与一品同。凡文武官公服花样如无从织买，用素随宜。又令，凡内外未入流杂职官幞头展脚与入流官同，不用垂带。"[4]

嘉靖八年（1529）十二月十五日，嘉靖帝亲定百官朝祭服图式，诏礼部摹板绘采颁行中外，"上乃谕内阁，亲定公服所用革带，照旧朝。"[5]这次服饰改革并未对公服制度做出任何调整，仍然执行旧制。

嘉靖八年之后，文武官员的公服制度再无修改调整，一直使用至明末。

（四）明代穿着公服朝参的礼仪规范

洪武三年（1370）七月十三日，礼部规定了

1 （明）佚名：《明太祖实录》卷一百五十六，台北"中研院史语所"，1962，第2431页。

2 （明）佚名：《明太祖实录》卷二百九，台北"中研院史语所"，1962，第3112页。

3 （明）佚名：《明太祖实录》卷二百十四，台北"中研院史语所"，1962，第3159页。

4 （明）申时行：《大明会典·卷六十一·冠服二》，万历十五年内府刊本。

5 （明）佚名：《明世宗实录》卷一百八，台北"中研院史语所"，1962，第2550页。

穿着公服时百官所应遵循的礼仪。"诏定朔望升殿，百官朝参仪。礼部尚书崔亮奏，凡朔望，上皮弁服御奉天殿，百官公服于丹墀东西对立，俟引班引合班北面立，再拜，班首诣前，同百官鞠躬，唱：某官，臣某，起居。赞礼唱：圣躬万福。班首平身，复位，同百官皆再拜。引班引百官分班仍对立，省、府、台部官，诸衙门有事奏者，由西阶升殿，奏事毕，降自西阶，引班引百官以次出。如无事奏，则侍仪由西阶升殿，跪奏知之，俟侍仪降阶，引班导百官出。凡具公服朝参者，毋举手行私揖礼，其朝觐、进表笺及谢恩皆公服，如面除而不及具服者，即时谢恩者，勿拘。凡入午门，毋相跪拜、拱揖，入朝官坐立，毋越其等，毋谈笑、喧哗、指画、窥望，行则容止端庄、步武相连，立则拱手正身，毋辄穿越。如有故出班既退，从原立班末入本位，凡近侍御前，毋咳嗽、吐唾，如有旧患齁喘一时病发者，许即退班。或一时眩晕及感疾不能侍立者，许同列官掖出。凡侍班奏事，依旧仪含鸡舌香。如赐坐，即坐，不许推让，既坐之后或被顾问，最先一次起立奏对，毕，即坐，若复有所问，不必更起。同列侍坐或被顾问，一人奏对，余皆静听，毋搀言勷说，如各有所见，俟其人言毕，方许前陈。凡诸儒官，于御前奏事或进呈文字恐有口气、体气，须退立二、三步，毋辄近御案。凡立，须于东西隅，不得直前，其入朝或赐宴，俱不得素服。制可。"[1]

此次规定内容总结如下：（1）朔望朝参百官服公服，先行起居礼，后有事奏事；（2）遵守朔望朝参的礼仪程序，按照既定程序行礼；（3）凡具公服朝参者，毋举手行私揖礼；（4）朝觐、进表笺及谢恩皆公服；（5）如果需要谢恩却不能及时更换公服的特殊情况，不拘此制；（6）无论坐立均遵照自己的等级位次，毋越其等；（7）行为举止要端庄，不许谈笑喧哗，指画窥望；（8）近侍御前不许咳嗽、吐唾，如遇旧疾齁喘或眩晕者，许即时退班；（9）凡侍班奏事依旧仪，含鸡

舌香（鸡舌香，药用丁香，可治牙宣、口臭等症）；（10）如遇皇上赐座，不许推让，坐后如遇提问，起身立奏，对毕即坐，若复有所问，不必更起；（11）不用启奏的其余人等，安静地听，不许多言，如有不同意见，待其人言毕方许向前陈述；（12）凡诸儒官于御前奏事或进呈文字时，防止有口气、体气，须离御案退立二三步再奏；（13）入朝或赐宴，文武百官一律不得穿素服。

这是一套完整详尽的公服朝参行为准则，服饰制度和礼仪制度的制定是为了规范朝廷及民间社会秩序，公服在色彩和纹饰以及带的质地等方面所规定的等级差别也是为了让官员人等清楚地了解自己的地位和职责，并且穿着要符合特定的场合，也要遵循等级礼仪的规范要求和行为准则。礼部所制定的礼仪规范是为了约束官员在朝堂之上的纪律和言行举止，要端庄、有序、谦恭、严谨，符合传统礼仪的要求。

成书于洪武二十年（1387）的《礼仪定式》，朝参礼仪部分里详细记载了大臣们朝班序立的明确顺序："凡朝班序立，公侯序于文武班首。次驸马，次伯。一品以下各照品级，文东武西，依次序列。"《三才图会·仪制一》明代京官常朝图，明确显示了这种等级服饰的实际意义，为了避免"朝廷，官爵失其序"，朝常之时，亲王及各文武官员和侍从皆需穿本等品级服饰，处于本等品级指定的位序而立。这种按照品级高下由前至后、由内而外的站位要求，既是朝臣在朝堂之上的礼仪行为规范，也是朝廷通过服饰、位次强调官员社会地位高下，严格贵贱有等的社会等级秩序的表现。由于文武官员的公服等级是依据衣服的颜色来区分的，所以在站位要求严格的朔望朝参之时，一眼望去，官员的站位区域应该是色彩分明的，一至四品的官员所立区域皆为绯色袍，五至七品的官员所立区域皆为青色袍，八品九品的官员所立区域皆为绿色袍，等级区分分外明显。

明代关于公服使用条例的事例还有：

洪武三年七月十六日，"壬寅，赐文武官朝服、公服。先是，命省部官会弘文馆学士刘基等参考历代制度为之，至是成，始给赐。"[1]

洪武三年十月，"诏，凡朝觐、辞谢官员俱用公服。其或常服见者，缀班后如以军务远来及承制使还，即时引见者不拘此例。"[2]

为了保持品官服饰的一致性，洪武四年（1371）正月，给在京文武官员之"未有公服者，复以赐之"[3]。

洪武二十六年（1393）四月己亥，"诏百官，凡朝会无朝服者，许具公服行礼。"[4]

公服有些礼仪功能介于朝服和常服之间，偶尔也用它来承担一部分吉服功能，如官员在万寿圣节、皇太后圣诞、冬至、正旦等该穿朝服的节日，新帝服期未满或遇某先帝忌辰或修庙未成等事宜，大朝会礼仪级别自降一等，文武百官需服公服行礼；如遇立春等重要节气以及颁历、公主大婚、皇子降生等吉典时也穿着公服行庆贺礼。

例：弘治元年（1488）正月十四日，"己酉，立春，顺天府官进春，上御奉天殿，受之。文武群臣公服行礼。"[5]

弘治二年（1489）十月十日，甲午礼部进册封仁和长公主于婚礼仪注中记载，内官引驸马到客位具公服，驸马先日赴鸿胪寺报名，至日具公服，于早朝大班内谢恩，毕，仍具公服。

正德元年（1506）十一月二十八日，癸卯冬至节，以大丧未毕，免贺，上御奉天殿，文武百官具公服，行五拜三叩头礼。

嘉靖十四年（1535）七月三日，万寿圣节百官庆贺，先期例当穿朝服庆贺，但是嘉靖帝认为："庙建未成，祖考未安，朕生辰岂宜受贺，至日只常服御殿，如朔望仪。"但是礼部认为皇上仁孝诚敬过为谦抑，但臣子之心实有未安，请

令先期教坊司设乐于奉天门北面。是日，皇上常服御殿，百官各具公服，鸿胪寺官仍具班首，官名致词行五拜三叩头礼，其诸藩府所进表文方物俱免，陈设照例送内监交收，庶足以仰成皇上诚孝之美，亦少罄臣子祝愿之忱。上乃从之。

嘉靖十八年（1539）闰七月十三日，以皇子生行祭告礼于玄极宝殿及太庙……是日，文武群臣具公服致词称贺。

对于该穿公服而未穿服者，会以失仪罪论处，并罚四个月的俸禄。嘉靖年间，"大理寺左寺丞马津，先以御史巡按山东，还，遂升大理，及朝见，不具公服，致词又讹。方被劾，引罪未报，辄拜新命。纠仪官劾奏。诏以津不谙事体，调外任，仍论其失仪罪，夺俸四月。"[6]

（五）孔府旧藏明代衍圣公公服

孔府旧藏明代服饰里有一件标准公服冠"展脚幞头"，收藏于孔子博物馆，另有一件大红素罗公服袍，收藏于山东博物馆（图4-30、图4-31）。

该展脚幞头以铁丝支撑出框架，框架外层覆以漆纱，以漆麻为里。冠形前低后高，前部紧贴额头，后部方形且中空。幞头的后部有一条长条形的插管，左右各插一展角，展脚尺状，黑纱覆之，插脚处尖直，可以插入幞头后部的插管中，展脚两端略向上翘。该幞头高20厘米，直径17厘米，两只展脚通长70厘米。按照洪武二十四年（1391）《明实录》以及《大明会典》所记载的展脚幞头的展脚尺度"展角各长一尺二寸"，用明代裁衣尺折合现在厘米单位的换算标准，一尺等于34.02厘米，换算得出，一只展脚一尺二寸等于40.08厘米，两只展脚应共计80.16厘米，该冠两只展脚通长70厘米，和规定尺度有一定

1 （明）佚名：《明太祖实录》卷五十四，台北"中研院史语所"，1962，第1065页。

2 （明）佚名：《明太祖实录》卷五十七，台北"中研院史语所"，1962，第1117页。

3 （明）佚名：《明太祖实录》卷六十，台北"中研院史语所"，1962，第1167页。

4 （明）佚名：《明太祖实录》卷二百二十七，台北"中研院史语所"，1962，第3314页。

5 （明）佚名：《明孝宗实录》卷九，台北"中研院史语所"，1962，第188页。

6 （明）佚名：《明世宗实录》卷一百八，台北"中研院史语所"，1962，第2554页。

图4-30 展脚幞头 孔子博物馆藏　　　　　　　　　图4-31 大红素罗袍[1] 山东博物馆藏

的差距。

大红素罗公服袍，身长135厘米，腰宽65厘米，两袖通长249厘米，袖宽72厘米。圆领右衽，上下通裁，两侧开裾并有外增耳，后身腰处有固定玉带的带襻一对，右腋下有系带一对。衣身整体为二经绞罗织物，通体素织，无暗花纹，和明代衍圣公的赤罗朝服是同一种织物结构。公服袍内一般是穿交领袍做内衬衣物的，里衣形制可以是道袍，亦可以为直身，公服袍的圆领处通常露出里衣的交领。

《大明会典》和《明实录》均有记载，公服等级依公服服色、暗织花纹纹样种类和大小以及腰带的质地的不同而各有不同（表4-1）。但是，该孔府旧藏明代衍圣公公服袍素而无纹，《大明会典》卷六十一文武官员冠服，公服部分也有记载"凡文武官公服花样如无从织买，用素为宜。"这一方面体现了明代服饰制度初建时对服饰等级差别的细节要求较为细致严谨，同时也反映了明朝初年的经济发展，特别是纺织业、手工业的发展无法同步政治的要求。大明王朝在规定和执行这一服饰制度的时候也考虑到许多官员会无法满足复杂花纹的织造使用要求，会"无从织买"，所以在出台相应的制度的同时作出了自我妥协，建议"用素为宜"。除去衣服暗花纹样作为公服区分品官等级的标识，还有颜色区分标识，即便是素纻丝、纱、罗、绢随用，在服装的颜色上也是有严格要求的，一至四品用绯色，五至七品用青色，八品九品用绿色。明代衍圣公虽为正二品官，但是在服色、袍带、诰命的等级上享受的是文官一品的待遇，所以用绯袍。

表4-1 不同等级官员公服差别

品级	服色	纹样	腰带
一品	绯袍	大独科花径五寸	花玉、素玉
二品	绯袍	小独科花径三寸	犀
三品	绯袍	散答花无枝叶径两寸	金荔枝
四品	绯袍	小杂花径一寸五分	金荔枝
五品	青袍	小杂花径一寸五分	金荔枝
六品、七品	青袍	小杂花径一寸	乌角
八品、九品	绿袍	无纹	乌角

1　孔子博物馆：《齐明盛服——明代衍圣公服饰展》，文物出版社，2021，第40页。

公服袍的侧摆又称"外增耳"，是明代比较正式的外袍所必有的礼仪性服装结构。在外形结构上，明代袍服表现出左右对称的特征，遵循了中国传统儒家文化中"尚中对称"的原则，与中国传统建筑风格一脉相承。譬如都城组群、官式寺庙等建筑都以中轴线贯穿南北，成左右相对的严谨布局。[1]

明代的袍服在结构上"两侧开裾"的制式与以往各代不同，极具功能性，两侧开裾的袍服形制虽行动方便，但有大的动作时两侧容易露出里衣，露出里衣在古代是"失礼"的行为，在明代全面恢复正统礼制的大背景之下，在公服、常服盘领袍的两侧开裾之处增加外缀耳结构，以便增加袍服两侧的覆盖空间，在朝服、忠静服、道袍的衣身后摆内增加内缀耳的结构，以便增加袍服后身的跨度空间，这两种结构的加入，使得明代袍服在满足行动自由的同时，亦满足在行走、骑乘时可以遮挡住里衣的礼制要求，"增耳"结构的产生是恢复"中国之礼"与"尊孔崇儒"伟大实践的真实呈现。[2]

关于衍圣公穿着公服的场合，《明实录》中有所记载，从衍圣公与朝廷往来记录可以看出，明代衍圣公需要面圣"谢恩""见""辞"的事例有如下几种：

1. 每遇钦授诰敕时，衍圣公需穿公服谢恩

每遇新一任衍圣公袭爵，如若是皇上宣衍圣公进京袭爵，当面授以诰书，皇帝颁授衍圣公诰书以后，新任衍圣公是要穿公服谢恩的。

隆庆三年（1569）二月，赐衍圣公孔尚贤敕谕，令统束家众。除了授诰封爵，因其他事由文武官钦授诰敕也是要谢恩的。

2. 每遇钦赏钞物宅第时，衍圣公需穿公服谢恩

洪武元年（1368）十一月，太祖高皇帝授希学秩二品，赐以银印。

洪武六年（1373）八月，袭封衍圣公孔希学以父丧，服阕来朝。太祖高皇帝赐衍圣公袭衣、冠带、靴袜。

洪武六年九月，衍圣公孔希学在京请归阙里，太祖高皇帝赐白金百两，文、绮、帛各五匹，并赐宴于光禄寺，命翰林院官饯之。

洪武十二年（1379）正月，衍圣公孔希学辞归曲阜。皇上命赐宴，给道里费。

洪武十二年十二月，衍圣公孔希学入朝，皇上敕中书下礼部：赐孔希学廪饩，洁馆舍，以安之，并敕中书赐孔希学日用之物。

洪武十七年（1384）十二月，太祖高皇帝赐袭封衍圣公孔讷罗衣一袭。

洪武二十年（1387）十月，袭封衍圣公孔讷来朝，皇上赐宴及钞。

永乐十五年（1417）闰五月，衍圣公孔彦缙来朝，赐金织纱衣、羊、酒。

永乐二十二年（1424）九月，袭封衍圣公孔彦缙来朝，赐袭衣及钞二千贯。

永乐二十二年十月，赐衍圣公孔彦缙宅于京师。

洪熙元年（1425）闰七月，袭封衍圣公孔彦缙来朝，陛见。赐金织文绮，袭衣如一品例。

宣德元年二月，袭封衍圣公孔彦缙以贺万寿圣节来朝，贡马。陛辞，赐钞一千锭。

宣德元年十月，袭封衍圣公孔彦缙来朝，既退，上亲定赏赐。赐彦缙金织纻丝袭衣、钞、靴、袜、羊、酒等物。

宣德二年（1427）二月，袭封衍圣公孔彦缙朝贺万寿圣节。陛辞，赐钞一万贯。

宣德四年（1429）二月，孔彦缙以贺万寿圣节至。陛辞，赐钞一万贯。

宣德五年（1430）二月，上闻衍圣公孔彦缙每岁来朝，皆僦居民间，命行在工部赐居第于京城内，以便朝参。

正统元年（1436）十一月，袭封衍圣公孔彦缙来朝奉表贡马，贺万寿圣节，赐宴并赐钞、

1　贾琦、赵千菁：《明代男子巾类首服艺术特征及其造物思想研究》，《丝绸》2021年第4期。
2　鲍怀敏、刘瑞璞：《孔府旧藏明代赤罗朝服的"内缀耳"结构考释》，《艺术设计研究》2021年第2期。

币等物。

正统二年（1437）十一月，袭封衍圣公孔彦缙来朝，上表贡马贺万寿圣节，赐宴并钞、币等物。

正统三年（1438）四月，袭封衍圣公孔彦缙来朝，赐羊、酒等物。

正统三年十一月，袭封衍圣公孔彦缙来朝，奉表贡马贺万寿圣节，赐宴并赐钞、币等物。

正统四年（1439）十一月，袭封衍圣公孔彦缙来朝，奉表进马贺万寿圣节，赐宴并赐钞、币等物。

正统五年（1440）十一月，袭封衍圣公孔彦缙来朝，上表进马贺万寿圣节。赐宴并赐钞、币等物。

正统六年（1441）十一月，袭封衍圣公孔彦缙来朝，上表进马贺万寿圣节，赐宴并赐钞、币等物。

正统九年（1444）十一月，袭封衍圣公孔彦缙来朝，上表进马贺万寿圣节，赐宴及钞、币等物。

正统十年（1445）十月，袭封衍圣公孔彦缙来朝，奉表进马贺万寿圣节，赐宴并钞、币等物。

正统十一年（1446）十一月，袭封衍圣公孔彦缙来朝，贡马贺万寿圣节，赐宴及彩、币等物。

正统十二年（1447）十月，袭封衍圣公孔彦缙贡马贺万寿圣节，赐宴并赐钞、币等物。

正统十三年（1448）十一月，袭封衍圣公孔彦缙来朝，贡马贺万寿圣节，赐宴并赐钞、币等物。

景泰六年（1455）七月，赐袭封衍圣公孔彦缙三台银印。

成化元年（1465）三月，视学，赐宴孔、颜、孟三氏子孙、衍圣公孔弘绪等于礼部。

成化元年六月，袭封衍圣公孔弘绪来朝，进马谢恩。

成化四年（1468）八月，袭封衍圣公孔弘绪，以先圣庙御制碑亭修造毕，奉表谢恩。

成化六年（1470）五月，孔弘泰袭封衍圣公，皇上令其留在京师，赐以馆舍，俾之随侍班行，伏睹礼制，退则从游太学，受教师儒，俟其

学成，遣归奉祀。

弘治元年（1488）三月，皇上视学，赐袭封衍圣公孔弘泰纻丝衣一袭、犀带一条，并赐宴。

弘治十六年（1503）九月，赐衍圣公孔闻韶玉带麒麟纻丝衣一袭。

正德元年（1506）三月，赐衍圣公孔闻韶并三氏子孙、祭酒、司业、学官袭衣及诸生宝钞，并赐宴孔闻韶等于礼部。

嘉靖元年（1522）三月初七日，幸学，初八日，袭封衍圣公率三氏子孙、国子监率学官监生上表谢恩。赐祭酒、司业、学官及三氏子孙衣服，赐宴。初十日，赐孔、颜、孟三氏子孙袭封衍圣公纻衣一套、犀带一条、纱帽一顶。

嘉靖十二年（1533）二月，赐祭酒、司业、学官及三氏子孙衣服，诸生钞锭毕。

嘉靖三十八年（1559）二月，袭封衍圣公孔尚贤冲年肄学，送监读书。年轻的衍圣公被选入国子监读书也是皇上对孔氏后裔的恩赏，是需谢恩的。

嘉靖四十年（1561）三月，袭封衍圣公孔尚贤习礼太学，至是三年，奏乞回籍。被赐习礼太学，是要谢恩的。

隆庆元年（1567）八月，皇上幸学，衍圣公孔尚贤率三氏子孙、管祭酒事侍郎赵贞吉、司业万浩，率学官诸生上表谢恩。赐冠服钞锭有差，仍赐三氏子孙及祭酒、司业，宴于礼部。

万历四年（1576）八月，幸学礼成，衍圣公孔尚贤率三氏子孙，祭酒孙应鳌等率诸生各上表谢。赐衍圣公及颜、孟博士三氏族人冠带袭衣，祭酒、司业等官袭衣，诸生钞锭各有差。

万历三十年（1602）八月，衍圣公孔尚贤以贺万寿圣节至，赐如例。

3. 荫子谢恩

正德元年（1506）四月，念故衍圣公孔弘泰效劳颇久，由于爵位承袭的律令规定嫡庶承袭的要求，其子不能继承衍圣公爵位，特荫其子一衔，授其子孔闻诗翰林院五经博士。此事件与中国国家博物馆所藏明代《丛兰事迹图册之荫子赐币》场景图所绘内容相似，都是荫其一子官位，图中描绘的是丛兰身穿大红公服头戴展脚幞头谢

恩的场景，由此，推及衍圣公荫子一事也是应该穿公服谢恩的。

4. 衍圣公患病钦赐医治

正德五年（1510），孔闻韶入朝谢恩，在京生病，武宗朱厚照命御医诊治。[1]

5. 衍圣公为事免罪

景泰六年（1455）十月，衍圣公孔彦缙被族人举报不能谦下族人等事。诏曰：先圣子孙，朝廷甚优待之。念其初犯，俱免罪，再犯必罪不宥。像这种文武官员为事免罪的情况，免罪的官员也是要谢恩的。

正统十年（1445）六月，袭封衍圣公孔彦缙因包庇叔父公之罪，且欲推罪于人。按照律令，理应究治。皇上特诏，许其自陈之过，孔彦缙服罪，皇上特宽宥之。衍圣公被特赦免罪是要谢恩的。

6. 钦免税粮

正统四年（1439）十一月，袭封衍圣公孔彦缙奏差役过重，乞赐全免，以备供给修祀，得允。文武官员遇钦免徭役、税粮，也是要谢恩的。

7. 衍圣公钦蒙赐祭安葬

洪武十四年（1381）九月，袭封衍圣公孔希学卒，皇上特遣使以牲醴致祭。文武官员钦蒙赐祭安葬这也是要谢恩的，像这种情况应由孔希学的嫡长子，也就是下一任衍圣公代为谢恩，但是新任衍圣公在守丧三年期未满时是不能进京面圣的，需得守丧期满除服以后才能进京袭爵和谢恩。此后的历任衍圣公几乎都会被赐祭安葬，一如此例。

8. 见和辞

京外文武官员进京谒见皇帝称之为"见"，京外官员到京公干归还之前面圣，这称之为"辞"。历任衍圣公每每入朝进贡贺万寿圣节时要"见"，之后请回阙里时需向皇"辞"，这里"见"和"辞"都是穿公服的。

洪武六年（1373）八月，袭封衍圣公孔希学以父丧，服阕来朝。九月，衍圣公孔希学在京请归阙里。

洪武十二年（1379）正月，衍圣公孔希学辞归曲阜。

洪熙元年（1425）闰七月，袭封衍圣公孔彦缙来朝，陛见。赐金织文绮袭衣，如一品例。

宣德元年（1426）二月，袭封衍圣公孔彦缙以贺万寿圣节来朝，贡马。陛辞，赐钞一千锭。

宣德元年十月，袭封衍圣公孔彦缙来朝，既退，上亲定赏赐。赐彦缙金织纻丝袭衣、钞、靴、袜、羊、酒等物。

宣德二年（1427）二月，袭封衍圣公孔彦缙朝贺万寿圣节。陛辞，赐钞一万贯。

宣德四年（1429）二月，孔彦缙以贺万寿圣节至。陛辞，赐钞一万贯。

成化八年（1472）七月，命袭封衍圣公孔弘泰归阙里。

嘉靖四十年（1561）三月，袭封衍圣公孔尚贤习礼太学，至是三年，奏乞回籍。

9. 新任衍圣公在京城国子监读书，遇朔望随班朝参，需穿公服

成化六年（1470）五月十八日，国子监监丞李伸言：前袭封衍圣公孔弘绪自幼失学，长狎群小，以致干冒刑宪。圣明念先圣之裔，特加宽宥，革职为民。命其弟弘泰袭封，恩至渥也。然不豫教之，诚恐复蹈前辙，伏望留之京师，赐以馆舍。俾之随侍班行，伏睹礼制，退则从游太学，受教师儒，俟其学成，遣归奉祀。礼部覆奏：宜准其言，留弘泰在监读书一年，然后许归，仍给予牙牌悬带，朔望并时节随班朝参。从之。因孔弘绪坐事被革职，六十一代衍圣公孔弘泰继而袭爵后，被令留京师，朔望并时节随班朝参，伏睹礼制。朔望朝参之时，和其他文武官员一样是要穿公服的。

（六）文献和画像里所记载的明代品官公服

1. 明人王圻及其子王思义撰写的百科式图录类书《三才图会》

书中绘制了公服线图，包括幞头、公服、

1　李景明、宫云维：《历代孔子嫡裔衍圣公传》，齐鲁书社，1993，第67页。

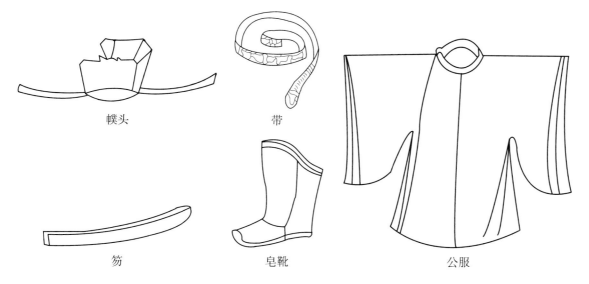

幞头　　　带

笏　　　皂靴　　　公服

图4-32 《三才图会》所绘公服

带、笏和皂靴（图4-32），为明代品官公服服饰研究提供了较为直观的形貌依据。

2. 中国国家博物馆所藏明代《丛兰事迹图册之荫子赐币》场景图

图中所绘即为公服的使用场景。该图所描绘的是明代正德六年（1511）十一月，朝廷念及中都地区兵荒严重，亟召丛兰巡抚庐凤滁和，并以赈济之由委任。丛兰由陕西调任庐凤，"巡视庐凤滁和地方，兼理赈济。"[1]任职期间协助陆完、彭泽堵截土匪余部，并指挥围剿威胁淮北的白莲教众赵景隆的流寇部队。至正德七年（1512）八月事平，丛兰因功，先后被赐敕、赐银、升俸、荫子，[2]该图展示的是丛兰身穿大红公服，头戴展脚幞头赴京谢恩的场景。

3. 山东博物馆所藏明代《无款边贡画像》[3]

画像中边贡头戴翘脚展脚幞头，身着圆领右衽绯袍，双手持笏，腰束单挞尾革带，青色带鞓，将挞尾垂于身体左后侧。由画像可以看出内衬绿色交领袍，领缘露出白色护领，袖口处微露绿色内袍袖端。

4. 青岛市即墨区博物馆所藏《明绢本御史奉敕图轴》

所绘御史头戴展脚幞头，身着青袍，双手执笏。

5. 美国普林斯顿大学图书馆收藏《明陆文定公像》

其中有一幅明代官员陆树声的公服画像，画像中的陆树声头戴展脚幞头，身穿绯色圆领袍，标准明代四品以上官员公服穿搭。

6. 山东省平阴县博物馆所藏《东阁衣冠年谱画册》

其中有一页于慎行公服像，画像中的于慎行头戴展脚幞头，身穿绯色圆领袍，标准明代四品以上官员公服穿搭。

（七）《明实录》中除却文武百官制度中所要求的常规穿公服用场以外，还记载了以下特殊时节或某仪程中个别特殊身份的官员穿公服事例

冬至日朝贺，太史院进历这个环节中，太史院官具公服。

1 （明）佚名：《明武宗实录》卷八一，台北"中研院史语所"，1962，第1759页。

2 （明）佚名：《明武宗实录》卷八七、卷九一、卷九二，台北"中研院史语所"，1962，第1857、1952、1964页。

3 边贡（1476—1532），字庭实，号华泉子，历城（今山东济南）人。明代著名诗人、文学家。弘治九年（1496年）丙辰科进士，官至太常丞。以诗著称于弘治、正德年间，与李梦阳、何景明、徐祯卿并称"弘治四杰"，"四杰"与康海、王九思、王廷相合称明代文学"前七子"。

春秋丁祭，遣官祀于国学，降香。前祀一日清晨，百官具公服侍班。

皇太子冠礼次日，百官具朝服诣奉天殿称贺后易公服，诣东宫称贺。

品官冠礼：宾赞公服，诸主者公服，诸亲公服，傧者公服，主之赞冠者公服。

庶人冠礼：冠者先易深衣、大带，次易襕衫、腰带，再次易公服、幞头。

品官婚礼：纳采日，女氏主婚者公服；亲迎前一日，婿父公服告于祢庙；质明，婿具公服亲迎；其日，女氏主婚者公服告庙。

立旗纛庙。前祭一日，献官公服省牲、视鼎镬、涤溉；至日清晨，有司立仗，百官具公服侍班。

祭天下岳镇、海渎之神。上服皮弁服御奉天殿，礼官以香及祝文进。上躬署御名，以香、祝授使者，百官公服送至中书省。

遣官祭马祖、先牧、马步、马社之神。献官斋戒，公服行三献礼。

蕃王朝贡礼：蕃王朝见皇帝讫，常服至东宫门外，文武官公服入，侍从，皇太子皮弁服出。

蕃国遣使朝贡至龙江驿，遣应天府同知礼待如蕃王朝贡礼……百官具公服。次日，中书省进表笺、方物。使者具公服随入，行五拜礼。

册妃仪：赞引引副使公服入，就横街南位，北面立。

内使监官凡遇朝会，照依品级具朝服、公服行礼。

内外诸司文武官员已入流者，凡遇朝贺、谢恩、见、辞必具公服行礼。

在外未入流官，凡遇行礼，皆具公服。

百官凡朝会，无朝服者许具公服行礼。

正月一日遇皇后丧期，文武群臣公服朝参，如朔望仪。

正月一日遇内宜祭皇后陵寝，上诣奉先殿，文武群臣公服行五拜三叩头礼。

弘治元年（1488）闰正月丙寅朔，上御奉天殿，文武百官公服朝参，朔望御殿自此始。

进春。旧制，文武百官各具朝服行庆贺神，

今山陵甫毕，宜仿弘治元年礼仪，上服黄袍御奉天殿，百官具公服，行五拜三叩头礼。

冬至节以大丧未毕，免贺。上御奉天殿，文武百官具公服行五拜三叩头礼。

上亲祀大明于朝日坛……告庙……百官公服侍班。

恭妃丧不受节贺，请于视朝之日令文武百官并天下朝觐官公服，行五拜三叩头礼，一伸臣子之情。

庙建未成遇万寿圣节，上常服御殿，百官各具公服，鸿胪寺官仍具班首官名致词，行五拜三叩头。

册封嫔妃，上御奉天殿，文武百官公服致词行庆贺礼。

每岁大宗伯以大报日期等日告于皇帝，百官公服侍班，皇帝服皮弁，大宗伯俱朝服。

皇嗣叠生，请上朔日御奉天殿，百官公服侍班，奏进大报等祀日册后，鸿胪官具班首官名致词称贺，百官行五拜三叩头礼。

皇子生，行祭告礼于玄极宝殿及太庙，文武群臣具公服致词称贺。

嘉靖二十年（1541）正月一日，上疾不御殿，命翊国公郭勋摄行拜天礼于玄极宝殿，百官公服于奉天门外，朝觐官、夷、使于午门外，行五拜三叩头礼。

正月九日，上拜天于玄极宝殿，出御奉天殿，文武百官具公服，行八拜礼。

庙遇灾，万寿圣节上常服御门，百官公服，行五拜叩头礼。

钦天监奏进明年大统历，颁赐百官，上不御殿，百官具公服，于奉天门行五拜三叩头礼。

虏骑薄城，出御奉天殿，百官公服，行拜叩礼。

文武百官公服诣奉天门，行五拜三叩头礼，上平倭贺表。

庆贺冬至礼，未及大祥，上御皇极殿，百官公服，免宣表，先期并免习仪。

万历二十四年（1596）八月十七日万寿圣节，仁圣皇太后在殡，百官俱公服行礼。

除服之后，大事未襄，居艰仍遵累朝之遗典，遇有吉礼，如万寿圣节诸凡朝贺等事，具黑翼善冠、黄袍御殿，百官公服致辞。

（八）《明实录》里的公服相关记载

1. 太祖高皇帝实录　卷二十七　吴元年　十一月二十三日

乙未，冬至，文武百官朝贺如常仪。是日，太史院进戊申岁大统历。先是，本院会太常司议进历仪。宋以每岁十月朔，明堂设仗如朝会仪，受来岁新历，颁之郡县。今拟先冬至一日，中书省臣同太史院使以进历闻。至日黎明，上御正殿，百官朝服侍班。执事者设奏案于丹墀之中，太史院官具公服，院使用盘袱捧历，从正门入，属官从西门入，院使以历置案上，与属官序立，皆再拜。院使捧历由东阶升，自殿东门入，至御前跪进。上受历，讫，院使兴复位，皆再拜，礼毕，乃颁之中外。至是如仪行之。

2. 太祖高皇帝实录　卷三十四　洪武元年　八月九日

今宜定制，以仲春、仲秋二上丁日，降香遣官，祀于国学……前祀一日清晨，有司立仗，百官具公服侍班。皇帝服皮弁服，御奉天殿降香。献官捧由中道出，至午门外，置龙亭内。仪仗鼓吹导引至庙学。是日，献官法服，并执事官，集斋所省馔。省牲，告充告腯，视鼎镬，涤溉，告洁。至日丑前五刻，执事者各实祭物于器。献官及陪祀、执事官各就位，监礼、监祭官阅陈设，纠不如仪者。赞礼唱有司谨具请行事。唱：迎神。乐作。献官及在位者皆再拜，乐止。赞礼唱：奠币。献官诣盥洗位，搢笏，盥帨，出笏，诣大成至圣文宣王神位前。乐作。献官搢笏，上香，奠币。出笏，再拜，以次诣充国复圣公、郕国宗圣公、沂国述圣公、邹国亚圣公神位前并如前仪。复位，乐止。

3. 太祖高皇帝实录　卷三十六下　洪武元年　十一月二十九日

命礼部定冠礼。礼官议，凡皇太子冠：前期太史监承制。筮日，工部制衮冕、远游冠、折上巾服。翰林院撰祝文、祝辞。礼部备仪注。中书省承制命某官为宾，某官为赞。既筮日，遣官奏告天地、宗庙。礼部告示文武百官于皇城守宿。至期之前一日，内使监令陈御座、香案于奉天殿中，侍仪司设皇太子次于殿之东房，宾赞次于午门外，皇太子拜位于丹陛上正中，宾赞受制位于皇太子拜位之西北，东向。承制官位于御座之东，西向。宣制官位于皇太子位之东北，西向。宾赞拜位于内道之东北面，东上。余陈设如朝会仪。

至日侵晨，执事官设罍洗于东阶东南，罍在洗东，篚在洗西。内使监官设皇太子冠席于殿上东南，西向。醴席于西阶上，南向。张帷幄于东序内，设褥席于帷中，又张帷于序外。御用监陈服于帷内东，领北上。衮服九章、远游冠、绛纱袍、折上巾、绛纱袍、缁纚犀簪二物同箱在服南，栉实于箱又在南，司尊实醴于侧尊，加勺罩，设醴于席之南。设坫于尊东，置二爵于坫。进馔者实馔，设于尊北。诸执事者各就其所。冕九旒、远游冠十八梁、折上巾冠冕各盛一箱，执事者各执其物立于阶西，东面北上。

鼓初严，文武官具朝服。次严，护卫等各就位，东宫官导从皇太子至殿门，赞礼同。太常博士引诣奉天殿东房，侍卫官入诣谨身殿奉迎。三严，文武官入就位。皇帝服通天冠、绛纱袍御舆已出。乐作，升座。乐止，卷帘。鸣鞭报时讫，宾赞就位。乐作，四拜。乐止，侍仪司跪承制。降自东阶，诣宾前，稍东西向，称：有敕。宾赞跪，侍仪宣制曰：皇太子冠，命卿等行礼。宣讫，宾赞皆四拜，文武侍从班俱就殿内位，宾赞及应行礼官，诣东阶下位。

东宫官、太常博士诣殿东房，引皇太子入，就冠席。乐作，皇太子即席。乐止，宾赞诣罍洗。乐作，搢笏，盥帨，出笏。乐止，升自西阶，执事者捧折上巾进，宾降一等受之。右执项，左执前，进皇太子席前，北而祝云云，皆随时撰述。祝毕，跪，冠。乐作，宾兴，席南北面立。赞：冠者进席前，跪，正冠，兴。立于宾后。内侍跪进服，服讫，乐止。宾揖皇太子复坐。宾赞：降诣，罍洗如前仪。赞冠者进跪，脱折上巾，置于箱。兴，以授内侍，内侍跪受置于席。执事捧远游冠进，宾降二等受之，乐作，进冠如前仪。赞冠者进跪簪结纮讫，内侍进服，乐止。宾揖，皇太子复坐，诣罍洗，脱冠，俱如前仪。执事者捧衮冕进，宾降三等受之，进冠亦如前仪，毕。

太常博士引皇太子降自东阶，乐作。由西阶升，即醴席，南向坐，乐止。宾诣罍洗，乐作，盥帨，升自西阶。乐止，赞冠取爵，诣司尊前酌醴，授宾。跪进爵于皇太子席前，祝云云，祝毕，皇太子搢圭，跪受爵，乐作。饮讫，奠爵，执圭。进馔者捧馔设于皇太子席前，皇太子搢圭，食讫，乐止，执圭。执事官彻爵与馔。太常博士引皇太子降自西阶，诣殿东房，易朝服，诣丹墀拜位，乐作。东宫官各就拜位，乐止。宾赞诣皇太子位稍东，西向。宾少进字之辞曰：奉敕字某。太常博士启皇太子再拜，跪听宣敕。毕，复再拜，兴。进御前跪奏曰：臣不敏，敢不祗奉。奏毕，复位。侍立官并降殿复拜位，在位官皆四拜，礼毕，皇帝兴。乐作，还宫。乐止，内给事导皇太子入内朝见皇后，如朝正仪。百官以次出，明日谒庙，如时享礼。陪祭官先赴庙庭，皇太子服衮冕，执圭。太常博士前导，由南门入至拜位。皇太子及陪祭官皆再拜，兴。皇太子升殿诣神位前，三上香，复位。及陪祭官香再拜毕，皇太子还宫。明日百官具朝服诣奉天殿称贺，退易公服，诣东宫称贺，赐宴。亲王冠亦如之。

4. 太祖高皇帝实录　卷三十六下　洪武元年 十一月二十九日

品官冠礼：前期择日，主者谒家庙，北面再拜，告曰：某之子某年渐长成，将以某月日，加冠于其首，谨以告，乃筮宾。主者北面再拜，告曰：卜以某甲子吉，冠某。速某宾加冠，庶几临之。前二日，戒宾及赞冠者。主者至宾大门外，掌次者引之次，傧者受主人之命入，告曰：某之子某，将加冠，愿吾子教之。宾曰：某不敏，恐不能供事以辱吾子，敢辞。主者曰：某犹愿吾子教之。宾曰：吾子重有命，某敢不从。主者再拜，宾答拜，主者还，宾拜送……质明，宾赞至于大门外，掌次者引之次，宾赞公服，诸掌

事者各就位。某冠各一箱，人各执之，待于西阶之西，东面北上。设主席于阼阶，西面。宾席于西阶，东面。冠席于主席东北，西面。主者公服立于阼阶下，当东序，西面。诸亲公服立于罍洗东南，西面北上。傧者公服立于门内道东，北面。将冠者立于房内，南面。主之赞冠者公服立于房内户东，西面……主者请升宾，三辞，主者升自阼阶，立于席东，西向。宾升自西阶，立于席西，东向。赞冠者及庭盥讫升自西阶，入于东房，立于主者赞冠者之南，西面……宾之赞冠者跪脱缁布冠置于箱，兴，复位。执进贤冠者升，宾降，二等受之，进冠如前。祝曰：吉月令辰，乃申尔服，恭尔威仪，淑慎尔德，眉寿永年，享受遐福，乃跪冠，兴，复位。宾之赞冠者跪簪结缨，兴，复位。冠者适房，易绛纱服出房，升席，俱如前。宾之赞冠者跪，脱进贤冠，置于箱。执爵弁者升，宾降，三等受之，进冠如前仪。祝曰：以岁之正，以月之令，咸加尔服，兄弟具在，以成厥德，黄耇无疆，受天之庆，乃跪冠，兴，复位。赞冠者适房，复如前，讫。主之赞冠者彻栉箱及筵，更设筵于室户西，南向。冠者易爵弁之服出房户西，南面立。宾主俱兴，主之赞冠者，盥手洗觯于房内，酌醴出房，南面立……质明，赞礼者引冠者，朝服入庙南门中庭道西，北面再拜，出。

5. 太祖高皇帝实录　卷三十六下　洪武元年 十一月二十九日

庶人冠礼：凡男子年十五至二十，皆可冠。将冠，筮日，筮宾于祠堂，戒宾，俱同品官仪。是日夙兴，张帷为房于厅事之东，宾主执事者皆盛服，设盥于阼阶下东南，陈服于房中西牖下，东向北上。席二在南，酒壶在服北次，盏注、幞头、帽巾各盛以盘，蒙以巾帕。执事者三人捧之，立于堂下西阶之西南向，东上。主人立于阼阶下，子弟亲戚立于盥东，傧者立于门外以俟宾，将冠者双紒袍、勒帛、素履待于房中。宾至，主人出迎，揖而入。坐定，将冠者出于房。执事者请行事，宾之赞者取栉总篦幞头置于席南端，宾揖将冠者。将冠者即席，西向坐。宾之赞

者为栉，合紒施总，加幓头，宾主皆降。主人立于阼阶下，宾盥讫，主人揖让，升自西阶，皆复位。执事者以巾进，宾降西阶，一等而受之，诣冠者席前，东向。祝云云跪为着巾，兴，复位。冠者兴，宾揖。冠者适房易服，深衣、大带出房。即冠席，宾盥讫，降二等，受帽进祝。赞者彻巾，宾跪冠。兴，复位，冠者兴，宾揖。冠者入房易服，襕衫、腰带，出房。即冠席，宾盥讫，降三等，受幓头，进祝，三祝皆同品官词。赞者彻帽，加幓头，复位。冠者兴，宾揖。冠者适房易公服出房。执事者彻冠席入帷中，更设醴席于西阶，南向。赞者酌醴出房，立于冠者之南。宾揖冠者即醴席，西向立。

6. 太祖高皇帝实录 卷三十七 洪武元年 十二月七日

其品官婚礼。凡品官婚娶，皆使媒氏通书，女氏许之，择日纳采。前一日，主婚者设宾次于大门外，宾席于厅事。至日，设雁及礼物于厅及庭。媒氏省视事，执事者举礼物进，宾及媒氏从其后。质明，主婚者具祝版告庙以行。宾至女第，媒氏入告。赞者延宾入次，执事者各陈礼物于大门内。女氏主婚者公服迎于大门外，赞者引宾出次，主婚者揖。宾入，宾及媒氏升自东阶，主婚者升自西阶，至厅，宾立于左，主婚者立于右，媒氏立于宾之南，执事者各陈其物于厅及庭。宾及主婚者皆再拜，宾诣主人曰：某官以伉俪之重施于某，某率循礼典，谨使某纳采。主婚者曰：某之子弗闲姆训，既辱采择，敢不拜嘉。主婚者揖宾就西向坐，主婚者东向坐，执事者彻礼物讫，宾复入。陈雁及问名礼物于厅，宾诣主婚者曰：某官慎重，婚礼将加卜筮，请问名。主婚者进曰：某第几女某氏出，或以红罗或以销金纸书女第行年岁。宾辞，将降出。主婚者曰：请礼从者。宾复就位，遂行饮食之礼毕。宾降自东阶出，主婚者送至大门外。纳吉礼如纳采仪，宾致辞曰：某官承嘉命稽诸卜筮，龟筮协从，使某告吉。主婚者曰：某未教之女，既以吉告，其何敢辞。纳成礼如纳吉仪，加玄纁、束帛、函书，宾致辞曰：某官以伉俪之重加惠，某

官率循典礼，有不腆之币，敢请纳征。主婚者曰：某官贶某以重礼，某敢不拜受。辞毕，宾即以函书授主婚者。主婚者受书以授执事者，主婚者之从者亦以函书进授主婚者，主婚者受以授宾，宾受书以授左右，讫。主婚者揖，就席立，婚者之执事者各彻礼物。请期亦与纳吉同。亲迎前一日，主婚者设次于大门外。其日，婿父公服告于祢庙，质明，婿具公服亲迎，执事者设婿父位于厅之正中，婿父即座。赞者引婿升自西阶至父座前，北面再拜。进立父位前，父命之曰：躬迎嘉偶，厘尔内治。婿进曰：敢不奉命。退复位，再拜。媒氏导婿之女家，其日，女氏主婚者公服告庙，讫，宴会亲戚，醴女如家人礼。婿至门外下马，媒氏入告。赞者引婿就次，女从者请女盛服就寝门内，南向坐。赞者引婿出次，主婚者出迎婿于大门之东，西面揖婿入。主婚者入门而右，婿入门而左，执雁者从婿后至寝户前，北面立，主婚者立于寝户之东，西向。执雁者陈雁于庭，婿再拜，婿出就次。主婚者不降，送婿既出，女父母就正厅南向坐，保姆引女就父母座前，北向四拜。

7. 太祖高皇帝实录 卷三十七 洪武元年 十二月二十四日

庚寅，立旗纛庙……京都之祭牲用大牢，币用黑色，器用笾、豆各八，笾实以形盐、鱼鱐、枣、栗、榛、菱、芡、鹿脯。豆实以韭菹、醓醢、菁菹、鹿醢、芹菹、兔醢、笋菹、鱼醢。簠、簋各二，实以黍、稷、稻、粱。登、铏各一，实以大羹和羹。牺尊、象尊、山罍各一，实以醴齐、泛齐。事酒乐用时乐。先期献官及各执事官散斋二日，致斋一日，献官以都督充。前祭一日，献官公服省牲、视鼎镬、涤溉，有司陈设如仪。至日，清晨有司立仗，百官具公服侍班。皇帝服皮弁御奉天殿奉香。

8. 太祖高皇帝实录 卷三十八 洪武二年 正月十五日

庚戌，命都督孙遇仙等一十八人祭天下岳镇、海渎之神。人赐冠带及衣二袭、白金十两、米十五石。是日，上服皮弁服御奉天殿，礼官以

香及祝文进。上躬署御名，以香、祝授使者，百官公服送至中书省。

9. 太祖高皇帝实录　卷三十九　洪武二年二月十五日

遣官祭马祖、先牧、马步、马社之神……至是，礼官奏言：……今拟春秋二仲月甲戌、庚日为宜。于是遣官行礼，为坛四。坛用羊一、豕一、币一，其色白。笾、豆各四，簠、簋、登、象尊、壶尊各一。乐用时乐。献官斋戒，公服行三献礼。

10. 太祖高皇帝实录　卷四十五　洪武二年　九月二十一日

壬子，定蕃王朝贡礼……是日，鼓初严，礼部陈方物于午门外，举案者就案……前一日，礼部官以蕃王所献东宫方物启知，内使监设皇太子位于东宫正殿，蕃王及其从官次于东门外，又设蕃王拜位于殿门外及殿外，其从官拜位于殿下中道之东西，俱北向。引班二人于蕃王拜位之北，引从官二人于从官拜位之北，皆东西相向，余陈设如朝会仪。质明，蕃王朝见皇帝讫，常服至东宫门外，文武官公服入侍从，皇太子皮弁服出。乐作，升座，乐止。引班引蕃王入，乐作，至位，乐止。其从官俟立于殿下，东西相向。赞拜，乐作，蕃王再拜，皇太子立受。引班引蕃王至殿西门，内赞接引至殿中，跪称：兹遇某节，诣皇太子殿下称贺。致词讫，俯，伏，兴，蕃王复位。赞拜，乐作，再拜，皇太子答拜，乐止。蕃王出，皇太子坐。引班引蕃王从官就拜位，赞拜，乐作，从官皆四拜，乐止，礼毕。皇太子兴，乐作，入殿门，乐止。蕃王及其从官以次出。

11. 太祖高皇帝实录　卷四十五　洪武二年　九月二十一日

凡蕃国遣使朝贡至龙江驿，遣应天府同知礼待如蕃王朝贡礼……举案执事位各于案左右，使者拜位于中道方物案之南，通事位于使者之西，俱北向。余陈设如朝会仪。是日，鼓初严，百官具公服，侍仪舍人入陈设。

12. 太祖高皇帝实录　卷四十五　洪武二

年　九月二十一日

礼部官捧礼物及诏书自丹墀中道出，至午门，付使者行。初，蕃使陛辞毕，即辞东宫，亦如初见仪。出至午门外，礼部官率应天府官送至龙江驿，设宴如初。宴毕俱还，驿官送，起行。若每岁常朝，则置表笺、方物于中书省……丞相酹酒饮，使者跪饮毕，引礼引使者出，至户部授方物，诣侍仪司习仪……使者具公服随入，行五拜礼。

13. 太祖高皇帝实录　卷四十九　洪武三年　二月二十九日

命省部官会太史令刘基参考历代朝服、公服之制。凡大朝会，天子衮冕御殿，则服朝服。见皇太子则服公服，仍命制公服、朝服，以赐百官。

14. 太祖高皇帝实录　卷五十二　洪武三年　五月七日

乙未，册妃孙氏为贵妃，吴氏为充妃，郭氏为惠妃，郭氏为宁妃，达氏为定妃，胡氏为顺妃。其仪：皇妃服九翟四凤冠，翟衣九等……匣皆饰以蟠凤……其日，质明，文武百官皆朝服，引班分引序立于奉天殿丹墀之两旁，东西相向。赞引引使副公服入就横街南位，北面立。

15. 太祖高皇帝实录　卷五十四　洪武三年　七月十三日

诏定朔望升殿百官朝参仪。礼部尚书崔亮奏：凡朔望，上皮弁服御奉天殿，百官公服于丹墀东西对立，俟引班引合班北面立，再拜……凡具公服朝参者，毋举手，行私揖礼。其朝觐、进表笺及谢恩皆公服。如面除而不及具服即时谢恩者，勿拘。凡入午门，毋相跪拜，拱揖入朝。官坐、立毋越其等，毋谈笑喧哗、指画窥望，行则容止端庄、步武相连，立则拱手正身、毋辄穿越，如有故出班既退，从原立班末入本位。

16. 太祖高皇帝实录　卷五十四　洪武三年　七月十六日

壬寅，赐文武官朝服、公服。先是，命省部官会弘文馆学士刘基等参考历代制度为之，至是成，始给赐。

17. 太祖高皇帝实录　卷五十七　洪武三

年 十月七日

壬戌，重定内使服饰之制。上谕宰臣：凡内使监未有职名者，当别制帽，以别监官。礼部定拟：内使监官凡遇朝会，照依品级具朝服、公服行礼。

18. 太祖高皇帝实录　卷五十七　洪武三年 十月十四日

诏：凡朝觐辞谢官员俱用公服，其或常服见者缀班后，如以军务远来及承制使还，即时引见者，不拘此例。

19. 太祖高皇帝实录　卷六十　洪武四年 正月二日

命在京文武官之未有公服者复以赐之。

20. 太祖高皇帝实录　卷八十六　洪武六年 闰十一月 十七日

甲申，诏定品官家用祭服、公服。上谕礼部臣曰：古者士大夫祭家庙，亦有祭服，其见私亲尊长，亦必有公服，其仪制度等杀以闻。于是定议：品官之家，私见尊长而用朝君公服，于理未安，宜别制梁冠、绛衣、绛裳、革带、大带、白韈、乌舄、佩绶。其衣裳去缘襈，三品以上用佩绶，三品以下不用。其祭服三品以上去方心曲领，三品以下并去佩绶。从之。仍令如式制祭服，赐公、侯各一袭，以为祭家庙之用。

21. 太祖高皇帝实录　卷一百五十六　洪武十六年 九月二十八日

礼部言：内外诸司文武官员已入流者，凡遇朝贺、谢恩、见、辞必具公服行，礼见辞官员有公事奏启者，须仪礼司引进，常朝官亦如之。

22. 太祖高皇帝实录　卷二百十四　洪武二十四年 十一月十九日

浙江按察司佥事解敏言：旧制，凡各处未入流官，遇朝贺、进表用乌纱帽、红圆领衫、黑角带陪班行礼。今制，在京一品而下至杂职供用公服，而在外未入流仍如旧制，于礼未宜，请德如在京例。上可其奏，诏在（外）未入流官，凡遇行礼，皆具公服。

23. 太祖高皇帝实录　卷二百十七　洪武二十五年 五月一日

贵州水西宣慰使安的来朝贡马。诏赐三品公服并纱罗袭衣、钑花金带，又赐白金三百两、钞五十锭、锦绮各十四，把事从人等绮、钞有差。

24. 太祖高皇帝实录　卷二百二十七　洪武二十六年 四月二十五日

己亥，诏百官凡朝会无朝服者许具公服行礼。

25. 太祖高皇帝实录　卷二百三十一　洪武二十七年 正月十六日

丙辰，遣京卫千户郭均英往赐麓川平缅，宣慰使司宣慰使思伦发公服、幞头、金带、象笏。

26. 太祖高皇帝实录　卷二百三十二　洪武二十七年 三月十日

己酉，命授琉球国王相亚兰匏秩正五品。时亚兰匏以朝贡至京，其国中山王察度为请于朝，以亚兰匏掌国重事，乞升授品秩，给赐冠带，又乞升授通事叶希尹等二人充千户。诏皆从其请，俾其王相秩同中国王府长史，称王相如故。仍赐亚兰匏公服一袭，副使、傔从以下钞有差。

27. 太祖高皇帝实录　卷二百四十六　洪武二十九年 七月二十一日

丙子，诏在外未入流官陪祭俱用祭服。先是，淮安盐城县儒学教谕王孟上言：公服以朝，祭服以祀。今在外凡祀山川诸神，流官具祭服，未入流官具公服。然公服既于朝贺、迎接诸礼用之，而又服以祀神，礼有未宜，且未入流官公服制之，自八品以下皆同，则祭服亦宜与之同。

28. 太宗文皇帝实录　卷三十四　永乐二年 九月二十二日

上御右顺门，召翰林学士解缙，侍读黄淮、胡广、胡俨，侍讲杨荣、杨士奇、金幼孜，谕之曰：朕即位以来，尔七人朝夕相与共事，鲜离左右，朕嘉尔等恭慎不懈……朕故常存于心……缙等叩首言：陛下不以臣等浅陋，过垂信任，敢不勉励图报。上喜，皆赐五品公服。

29. 太宗文皇帝实录　卷八十一　永乐六年 七月五日

庚戌，仁孝皇后丧周期，上具素服，犀乌带，诣几筵致祭。宫中自皇妃、皇太子以下，在外国王各遣子或中官及在京文武官并命妇俱致祭如百日仪。百官西角门行奉慰礼，辍朝三日，在京停音乐，禁屠宰七日。命礼部于天禧寺朝天宫设荐扬斋醮。……辛亥，上服吉服御奉天门视朝，鸣钟鼓……文武百官朝参服浅淡色衣、乌纱帽、黑角带。退朝署事仍素服，遇朔望、朝见、庆贺，公服、朝服如常仪。

30. 宣宗章皇帝实录　卷二十九　宣德二年　七月一日

行在鸿胪寺卿杨善等劾奏：郑府工副等官周信等一百四十三人朝参不具公服，请正其罪。上曰：小官或未有备，姑宥之。

31. 英宗睿皇帝实录　卷三百四十八　天顺七年　正月一日

天顺七年春正月辛卯朔，上御奉天殿，文武群臣公服朝参，如朔望仪。诣东宫止行四拜礼。皇后免命妇朝贺，以孝恭章皇后丧也。

32. 英宗睿皇帝实录　卷三百五十五　天顺七年　闰七月十五日

壬申，重赐周府遂平王子墭冕服、皮弁服，并长子同鑢朝服、公服。从王言，旧服为水漂没也。

33. 宪宗纯皇帝实录　卷十二　天顺八年　十二月十一日

庚寅，礼部奏：各郡王府镇国将军及郡主、郡君等冠服俱有定制，其奉国将军、镇国中尉、辅国中尉、奉国中尉并将军中尉妻及县君、乡君仪宾一向未有受封者，其冠服仪制条例不载，请会同翰林院定拟以闻，永为定制：奉国将军从三品诰命一道，朝服一套，内五梁冠一、钑花金朝带一、象牙笏一、大红素线罗单朝服一、白素丝纱中单一……公服一副，内大红素纻丝双摆夹一、皂绉纱幞头一、钑花金革带一，常服纻丝夹一套……公服一副，内大红素纻丝双摆夹一、皂绉纱幞头一、光金革带一……辅国中尉从五品诰命一道……公服一副，内深青素线罗双摆夹一、皂绉纱幞头一、钑花银革带一……奉国中尉从六品诰命一道……公服一副，内深青素线罗双摆夹一、黑漆幞头一、光银革带一……县君仪宾从五品诰命一道……公服一副，内深青素线罗双摆夹

一、皂绉纱幞头一、乌角革带一……乡君仪宾从六品诰命一道……公服一副，内深青素线罗双摆夹一……光素银束带一、皂麂皮靴一双。

34. 孝宗敬皇帝实录　卷九　弘治元年　正月一日

遣内官祭恭让章皇后陵寝。上诣奉先殿，太皇太后、皇太后宫行礼。毕，出御奉天殿，文武群臣公服行五拜三叩头礼。

35. 孝宗敬皇帝实录　卷九　弘治元年　正月十四日

己酉，立春，顺天府官进春。上御奉天殿受之，文武群臣公服行礼。

36. 孝宗敬皇帝实录　卷十　弘治元年　闰正　一日

弘治元年闰正月丙寅朔，上御奉天殿，文武百官公服朝参，朔望御殿自此始。

37. 孝宗敬皇帝实录　卷二十　弘治元年　十一月十日

己巳，冬至节……上御奉天殿不受贺，文武群臣公服行五拜三叩头礼。

38. 孝宗敬皇帝实录　卷二十一　弘治元年　十二月二十六日

乙卯，立春，顺天府官进春。上御奉天殿受之，文武群臣公服行五拜三叩头礼。

39. 孝宗敬皇帝实录　卷二十二　弘治二年　正月一日

遣内官祭恭让章皇后陵寝。上诣奉先殿、奉慈殿，太皇太后、皇太后宫、行礼。毕，出御奉天殿，文武群臣公服行礼，如元年仪。太皇太后、皇太后及皇后俱免命妇朝贺。

40. 武宗毅皇帝实录　卷七　弘治十八年　十一月十三日

甲午，鸿胪寺以丧礼事毕，请于十五日御奉天殿，百官具幞头、公服朝参，如吉典。诏仍免升殿。

41. 武宗毅皇帝实录　卷八　弘治十八年　十二月九日

己未，上初以服制避正殿，明年元旦，诏百官免贺，文武大臣奏：春秋重五始，今皇上嗣大

历服，改元初纪，即不称贺，亦请御正殿，其合行礼仪，当如彝典，以慰中外臣民之望。有旨：升殿，命礼部斟酌具仪奏之。至是，尚书张升奏：弘治旧仪，元旦上服黄袍，御奉天殿，鸣钟鼓，鸣鞭，作堂下乐。百官具公服，行五拜三叩头礼。次日，御奉天门，服浅色袍、黑翼善冠、犀带，百官具常服朝参。今宜参酌，设卤簿驾并中和韶乐，设而不作。百官具朝服，先行四拜，致词，再行四拜礼。上命一准弘治元年例行。

42. 武宗毅皇帝实录　卷八　弘治十八年　十二月十二日

礼部奏：明年正月初四日，顺天府进春。旧制，文武百官各具朝服行庆贺礼。今山陵甫毕，宜仿弘治元年礼仪，上服黄袍御奉天殿，鸣钟鼓，鸣鞭，作堂下乐。百官具公服，行五拜三叩头礼。上可其奏。

43. 武宗毅皇帝实录　卷十九　正德元年　十一月二十八日

癸卯，冬至节以大丧未毕，免贺。上御奉天殿，文武百官具公服行五拜三叩头礼。

44. 世宗肃皇帝实录　卷九　正德十六年　十二月三十日

戊申，祫祭太庙，以正旦节遣英国公张仑、恭顺侯吴世典、彭城伯张钦分祭长陵……茂陵、泰陵、康陵……是日立春，顺天府官进春，上御奉天殿受之，文武百官具公服，行五拜三叩头礼。

45. 世宗肃皇帝实录　卷一百二十二　嘉靖十年　二月二十五日

庚辰，上亲祀大明于朝日坛……一，至期，上具衮冕服，以册封九嫔祭告太庙、世庙，如常仪。礼毕，驾回，上易皮弁服，御华盖殿……导驾官导上升座，文武百官各具大红及锦绣衣服入班，行叩头礼，左右侍班。正、副使具公服就拜位，鸣赞赞，四拜，兴……上曰：告庙用香帛、脯醢、果酒，捧主官如故。正、副使并执事官令具服行礼，百官公服侍班，余如拟。

46. 世宗肃皇帝实录　卷一百七十一　嘉靖十四年　正月八日

己巳，礼部因上以恭妃丧不受节贺，请于视朝之日令文武百官并天下朝觐官公服，行五拜三叩头礼，一伸臣子之情。诏可，以十二日行。

47. 世宗肃皇帝实录　卷一百七十七　嘉靖十四年　七月三日

壬戌，礼部言：万寿圣节，百官庆贺。先期，例当习仪。上曰：庙建未成，祖考未安，朕生辰岂宜受贺？至日，止常服御殿，如朔望仪。礼部言：皇上仁孝诚敬，过为谦抑。但臣子之心实有未安，请令先期教坊司设乐于奉天门北面。是日，上常服御殿，百官各具公服，鸿胪寺官仍具班首官名致词，行五拜三叩头。毕，其诸藩府所进表文方物俱免陈设，照例送内监交收。庶足以仰成皇上诚孝之美，亦少罄臣子祝愿之忱。上乃从之。

48. 世宗肃皇帝实录　卷一百八十一　嘉靖十四年　十一月八日

乙丑……诏以淑女曹氏册封端嫔。礼部奏上仪注：先期太常寺具香、脯醢、酒果告于奉先殿、奉慈殿、崇先殿。翰林院具祝文……是日早，内官设端嫔受册位于宫中……至期，上具常服以册封端嫔祭告三殿如常仪……鸿胪寺官执事官各具朝服行礼，毕，奏请升殿。导驾官导上升座，文武百官各具公服入班，行叩头礼……谒内殿毕，端嫔具服诣昭圣康惠慈寿皇太后前、章圣慈仁皇太后前，俱行八拜礼。毕，候上服皮弁服，皇后亦具服，各升座。赞引女官引端嫔诣前就拜位，行八拜礼。毕，还宫，奏上。上曰：今后补封嫔御一准此仪行。百官仍用朝服，惟告祖考内二殿可预并告，着为令。今主在内，朕躬率嫔谒见用常服，以别大婚。

49. 世宗肃皇帝实录　卷一百八十一　嘉靖十四年　十一月十二日

己巳，以册封端嫔，上御奉天殿，文武百官公服致词行庆贺礼。

50. 世宗肃皇帝实录　卷一百八十一　嘉靖十四年　十一月十九日

丙子，上御奉天殿，文武群臣公服行庆贺礼，王府、边镇、四夷所进表文方物皆免陈设宣

127

奏，以庙建未成，诏如圣节例行故也，两中宫免命妇入贺。

51. 世宗肃皇帝实录　卷一百八十九　嘉靖十五年　七月十五日

先是，万寿圣节以太庙未成，暂罢庆贺。至是，复报罢。礼部疏请，上曰：览奏具悉忠敬，今岁仍罢俟，祖宗神主回庙，庶终朕情。部臣又以往岁行礼大简，无以伸臣子庆祝之情，因草上仪注：先期免习仪。是日，上具皮弁服御奉天殿，锦衣卫陈设大驾卤簿，百官朝服四拜，鸿胪寺官即丹陛，代班首致词。毕，复四拜。中外所进币、马、方物、表文俱免陈设。上曰：朕服常服，百官仍公服行，余如所拟。

52. 世宗肃皇帝实录　卷一百九十一　嘉靖十五年　九月十六日

戊辰，故事钦天监奏祭祀日期，于奉天门进呈。上以祀天享、祖礼宜崇重，乃谕礼部：嗣后于奉天殿奏进，行礼如朔望仪。又四孟时享，当以立春等四立日行。尚书夏言因议上进奏礼仪。上曰：大报首重，诸祀朕已亲定仪注，一帙永传为法……是日，百官公服侍班，皇帝服皮弁，大宗伯俱朝服，自午门中道行……于是礼部随奏请着为令，以每年八月二十日，钦天监选定明年大报等祀日期送部，臣封进御览，发出本部。另具祀册，于九月朔，遵钦衣奏进。次日，本部行太常寺钦遵。每祭先期，奏请如制。报可。

53. 世宗肃皇帝实录　卷二百三　嘉靖十六年　八月二十九日

礼部以皇嗣叠生，请上朔日御奉天殿，百官公服侍班，奏进大报等祀日册后，鸿胪官具班首官名致词称贺，百官行五拜三叩头礼。奏可。

54. 世宗肃皇帝实录　卷二百二十　嘉靖十八年　正月一日

嘉靖十八年正月庚午朔，上御奉天殿，文武群臣具公服致词，行八拜礼。

55. 世宗肃皇帝实录　卷二百二十七　嘉靖十八年　闰七月十三日

戊寅，以皇子生，行祭告礼于玄极宝殿及太庙，分遣大臣郭勋、夏言等告群庙。是日，文武

群臣具公服致词称贺。

56. 世宗肃皇帝实录　卷二百三十三　嘉靖十九年　正月九日

壬寅，上御朝。先是，有旨玄极之拜可于九日，取阳九之数。礼部尚部严嵩等言：是日，皇上既展事天之诚，臣下当尽见君之礼，请候玄极殿。礼毕，皇上具翼善冠、黄袍，御奉天殿，令文武百官具公服致词行礼。上以新岁上下宜一接见，从之。

57. 世宗肃皇帝实录　卷二百四十五　嘉靖二十年　正月一日

嘉靖二十年正月戊子朔，上以疾不御殿，命翊国公郭勋摄行拜天礼于玄极宝殿，百官公服于奉天门外，朝觐官、夷使于午门外，行五拜三叩头礼。

58. 世宗肃皇帝实录　卷二百四十五　嘉靖二十年　正月九日

丙申，上拜天于玄极宝殿，出御奉天殿，文武百官具公服，行八拜礼。先是，上谕礼部：玄极之拜可移于九日，取阳九之数则犹躬奉，愈于摄行。于是尚书严嵩言：新正免贺，臣子之心未安。是日，玄极殿拜毕，请具翼善冠、黄袍出御殿行礼。上曰：卿等言是，新岁上下，岂可不一接见乎？

59. 世宗肃皇帝实录　卷二百五十一　嘉靖二十年　七月二十三日

丁未，礼部言：万寿圣节御门青衣，贬损太过，臣子与情实所不安。是日，请上常服御门，百官公服，班首致词，礼部行八拜礼。诏可，百官止叩头，免致词。礼部复请致词，行五拜叩头礼。乃允之。

60. 世宗肃皇帝实录　卷三百四十一　嘉靖二十七年　十月一日

钦天监奏进明年大统历，颁赐百官，上不御殿，百官具公服，于奉天门行五拜三叩头礼。

61. 世宗肃皇帝实录　卷三百六十四　嘉靖二十九年　八月二十二日

癸未，上以虏骑薄城出，御奉天殿，百官公服，行拜叩礼。

62. 世宗肃皇帝实录 卷四百三十九 嘉靖三十五年 九月二十七日

甲申，文武百官公服诣奉天门，行五拜三叩头礼，上平倭贺表。

63. 神宗显皇帝实录 卷十九 万历元年 十一月二十日

丙申，上御皇极殿，百官公服，行庆贺冬至礼。

64. 神宗显皇帝实录 卷三百 万历二十四年 八月一日

礼部题：八月十七日万寿圣节，百官俱公服行礼，以仁圣皇太后在殡故也。

65. 神宗显皇帝实录 卷三百 万历二十四年 八月十日

礼部题：丧礼以日易月，先朝旧典。但梓宫在殡，服色未用全吉。在宪宗皇帝居孝庄皇太后丧服除后仍素翼善冠、素服腰绖，御西角门视事。文武百官素服、角带朝参，不鸣钟鼓。武宗皇帝居孝宗皇太后之丧，服制亦如之。待神主祔庙后，礼部奏请变服，此累朝之旧典也。至世宗皇帝居章圣皇太后丧，服除次日即遇正旦，朝会、祭享皆为吉礼，礼官仍举旧典酌议以请，拟元旦上服黑翼善冠、浅淡袍、黑犀角带御殿受贺。屡请乃奉钦依，具黑翼善冠、黄袍御殿，百官公服致辞。居他处服黑布，至丧次仍素服，百官俱青素冠服。郊有事吉服作乐，庙有事浅色服，不作乐。奉引安灵仍用缞衣以终之，此皇祖之独断也。臣等查据旧典，斟酌礼仪，除服之后，大事未襄，居艰，仍遵累朝之遗典，遇有吉礼，如万寿圣节诸凡朝贺等事，则遵世庙之权宜。报曰可。

四、常 服

（一）常服的历史沿革

常服在不同历史时期的穿用场合基本相同，多为公事之服，无论是在京文武官员日常朝参还是官员于各自所职掌处、司、府、州、县公厅内处理公事之时，皆穿常服。

唐代，弁服为群臣公事之服，武官常服平巾帻、袴褶，笏三品以上前屈后直，五品以上前屈后挫并用象牙，九品以上上挫下方用竹木。

宋代，群臣常朝公服，一品至三品服紫，玉带；四品、五品服绯，金带；六品、七品服绿，银带；八品服青，鍮石带。

明洪武元年（1368）参考唐宋常服制度，初定品官常服"用乌纱帽金绣盘领衫，文官大袖阔一尺，武官弓袋窄袖，纻丝、绫、罗随用。束带一品以玉，二品犀，三品金钑花，四品素金，五品银钑花，六品七品素银，八品九品角。"[1]

（二）明代常服的礼仪用场

明朝国初所定朝会种类和礼仪要求，主要是参照《诸司职掌》，后经过历任皇帝的增加和调整，种类和形式也逐渐丰富详细起来，增定见行者有：朔望仪，常朝仪，午朝仪等。所有增定种类，以及每场仪式文武百官的站立位置、班次，出入顺序及礼仪禁例，在《大明会典》卷之四十四，朝仪部分均有记载。

常服作为明代官员常服、祝事的公事之服，多用于"常朝"和公坐。正常情况下百官参与的朝会按照礼仪等次由大到小的等级划分主要有三种，一种是"大朝会"，一种是"朔望朝参"，还有一种是"常朝"，即日常朝参。

大朝会。《大明会典》卷四十三，朝贺部分，把重大节日的朝贺分为：正旦、冬至百官朝贺仪，冬至大祀庆成仪，万寿圣节百官朝贺仪，还有东宫正旦、冬至百官朝贺仪，东宫千秋节百官朝贺仪等，这些都属于明代重大节日里的朝廷组织实施的重大礼仪性朝会，称作"大朝会"。这种朝会，文武百官只行礼仪，并不奏事，非一般公共事务性朝参。大朝会的场合均在正殿（奉天殿），皇帝穿衮冕，东宫穿冕服，文武百官穿朝

1 （明）佚名：《明太祖实录》卷三十六下，台北"中研院史语所"，1962，第691页。

服。所以按照礼仪场合的重要性排序，朝服应该算作官员的“大礼服”，关于朝服制度的定制及调整在第五章（第一节）有详述，此处不再赘述。

朔望朝参。《大明会典》卷四十四，朝仪部分，按照仪式的时间地点和举行频次的规律性又将朝仪分为了“朔望朝仪”“常朝御殿仪”“常朝御门仪”“午朝仪”“忌辰朝仪”“辍朝仪”。其中的“朔望朝仪”是指每月的初一、十五日，皇上穿皮弁服在奉天殿（奉天殿在嘉靖十四年（1535）改名为皇极殿），接受官员的“谢恩、见、辞”礼，即五拜三叩礼，谢恩、见、辞官员和常朝官员在朔望朝参之时皆穿公服行礼，省、府、台、部、官诸衙门，有事奏事，无事退朝。由于初一、十五在封建社会中的重要性，每月“朔望”这两天举行的朝参仪式中，要求文武百官着公服，因此公服，在一定意义上，可以称作是百官初一和十五朝参以及谢恩、见、辞这类特殊场合所穿的“小礼服”。

常朝。对文武百官来说，是指日常朝参的早朝、午朝或晚朝，午朝和晚朝并非如一日三餐，每餐必备般的频率进行的。明初时，对于“午朝”“晚朝”并无明确的时间定义，实则是一回事，只是在“早朝”之后的过午之时，复又出朝，由于进行时间的长短不同以至于结束的或早或晚分别称为“午朝”和“晚朝”，实则明代真正的常朝在最为勤政的皇帝明太祖在位时期，每日也只是行“早朝”和“晚朝”之礼仪。早晚朝也不是每日都有的，不同皇帝执政时期日常朝参的频率不一，主要取决于执政的皇上对朝政的重视及关注程度，皇上有勤政、懒政的差别，举行地点也有常规固定和临时性改变的变化。

以勤政著称的明太祖朱元璋在洪武初年几乎是每日上朝的。“洪武初……令朝班，每日都查院轮委监察御史二员侍班，纠察失仪……”[1]由此可见，在洪武初年，明太祖朱元璋是要求文武官员每日都朝班的。洪武二十九年（1396），“令朝班奏启事务，除五府、六部、都察院、通政司、断事官、十二衙照依定例具本奏启，其余官员军民人等若有事奏，仪礼司打点，六科给事中各一员，每日于午门外，照依该管事务，总收奏状入，奏监察御史一员公同看视，其有不经由各该官员，将自己琐碎事务径自奏启紊烦者，罪之。”[2]由于洪武十三年（1380）废除宰相之制以后，所有事务散归六部打理，无人统纲，凡事皆需由官员朝参之时请旨才行，大小公私之事皆于常朝陈奏，旨不发则政令不行，所以明初之时，皇帝需得日日上朝，且批奏事务繁多琐碎，只是视朝听政，一天下来也是疲于应对，于是洪武二十九年下令每日于午门外先将奏本交管事官员汇总，再由监察御史统一审查，认为确实是紧要重点事务才能陈奏，琐碎小事不得紊烦皇上。

早朝。依据朝会地点的不同又有“御殿”和“御门”之分。

“常朝御殿仪”是洪武初年的定制，执行时间不长。“洪武初年定，凡早朝，文官自左掖门入，武官自右掖门入，如华盖殿朝，至鹿顶外东西序立，鸣鞭讫，守卫官至鹿顶（指东西房和南北房连接转角的地方，借指厢房）内，行礼讫……有事奏者入奏，无事奏者，四品以上及应升殿者入殿内侍立，五品以下官，出至鹿顶外列班，北向立，候鸣鞭，以次出。如奉天殿朝，具于华盖殿行礼奏事毕，五品以下官诣丹墀（宫殿前的红色台阶及台阶上的空地），依品级列班，重行北向立，四品以上及翰林院官、给事中、监察御史等官，于中左、中右门伺候。鸣鞭，各诣殿内序立，候朝退。捲班以次出，如先于奉天殿朝，后却奏事者，文武官于丹墀内依品级重行，北向立，候鸣鞭行礼讫。四品以上及翰林院官、给事中、监察御史等官，升殿侍立；五品以下，仍前序立，候谢恩、见、辞人员行礼，讫，

1 （明）申时行:《大明会典·卷四十四·朝仪》，万历十五年内府刊本。

2 同1。

鸣鞭，捲班退，有事奏者，于奉天门或华盖殿进奏，无事奏者以次出。"[1] 洪武二十二年（1389）令："若常朝，于奉天殿，五府、六部、都察院、通政司、锦衣卫、大理寺等官，于殿内侍立，奏事止于华盖殿。"[2] "二十四年（1391）定，侍班官员，凡文武官除分诣文华殿启事外，如遇升殿，各用履鞯（同"鞋"），照依品级侍班，有违越失仪者，从监察御史仪礼司纠劾。东班列则六部堂上官、各子部掌印官、督查院堂上官、十三道掌印御史、通政司、大理寺、太常寺、太仆寺、应天府、翰林院、春坊、光禄寺、钦天监、尚宝司、太医院、五军断事官及京县官。西班则五军都督及首领官、锦衣卫指挥、各卫掌印指挥、给事中、中书舍人。"[3] "二十六年令，凡文武百官于奉天、华盖、武英等殿奏事，必须穿着履鞯，方许入殿，违者从纠仪御史、礼部仪礼司官纠劾，送法司如律问罪。"[4]

常朝御门仪。"洪武初定，凡早朝，文官自左掖门入，武官自右掖门入，如奉天门朝，至金水桥南，各依品级东西序立，候鸣鞭讫，以次随行，至丹墀内，东西相向序立。守卫官先行礼毕，东西序立，文武官入班行礼，有事者以次进奏，无事奏者，随即入班。朝退，捲班分东西出。近仪，凡早朝，鼓起，文武官各于左右掖门外序立，候钟鸣开门，各以次进，过金水桥，至皇极门丹墀，东西相向立，候上御宝座，鸣鞭，鸿胪寺官赞：入班。文武官俱入班，行一拜三扣头礼，分班侍立。鸿胪寺官宣念谢恩见辞人员。传赞午门外行礼毕，鸿胪寺官唱：奏事。各衙门应奏事件，以次奏讫。御史序班纠仪，无失仪官，则一躬而退。鸿胪寺官跪奏：奏事毕。鸣鞭，驾兴，百官以次出。"[5] 洪武年间常朝的频率是最盛的，至隆庆六年（1572）时，就已经改成逢三、六、九日视朝了。

对于官员常朝来说，不只穿衣是有要求的，朝班序立的位次也是有规矩的，这就是"礼"，服饰穿着之"礼"和朝班序立之"礼"，皆为规范朝常秩序而产生和执行，所以"礼"在一定意义上是朝廷为了规范朝野、社会运行秩序而逐步形成的行为规范，服饰制度在一定意义上就是官员等人的穿衣行为规范。

洪武二十四年，令礼部置百官朝班序牌，书品级于序牌上，列丹墀左右木栅之上。文武百官照规定品序依次而立侍班。洪武二十六年，又令公、侯序于文武班首，次驸马，次伯。自一品而下各照品级，文东武西，依次序立。风宪纠仪官居下，面朝北。纪事官居文武官员第一班之后，离皇上稍近一些，便于观听，不许违越。如有官员奏事，须要从班末行至御前，跪奏。不许于班内横穿而过。奏毕，即便入班原位序立。永乐初年令，内阁官员侍朝时，立在金台东，锦衣卫在西，后移金台下，贴御道东西对立。景泰三年（1452），令师保兼官品同者，立班以衙门为次。天顺三年（1459）奏准，凡方面官入朝，递降京官一班序立。嘉靖九年（1530），令常朝官叩头毕，内阁官于东陛，锦衣卫官于西陛，各以次升，立于宝座之东西，锦衣卫官在司礼监官之南。遇有钦差官及四夷人等领敕，翰林院、詹事府、左右春坊、司经局堂上官，轮流一人捧敕，立于内阁官之后，稍上。候领敕官面甹（辞）。捧敕官下立于御前，候承旨讫，由左陛而下，循御道边行，授与领敕官，仍回至本班立。万历三年（1575）题准，常朝该日记注起居史官，四员，列于东班各科给事中之上，稍前，以便观听。万历四年（1576）议准，五府都督官常朝班次，不当入侯伯班，仍照殿班立于锦衣卫官之后，稍上。待锦衣卫堂上官诣金台边，北司官于台下各侍立，仍与南北司无执事官同班，而序于其上。

1　（明）申时行：《大明会典·卷四十四·朝仪》，万历十五年内府刊本。

2　（明）佚名：《明太祖实录》卷一百九十五，台北"中研院史语所"，1962，第2923页。

3　同1。

4　同1。

5　同1。

官员入朝次第。洪武二十四年，令朝参将军先入，近侍官员次之，公侯驸马伯又次之，五府六部又次之，应天府及在京杂职官员又次之。成化十四年（1478），令朝参官员，遇鼓起时，俱于左右掖门外拱候。东西班次，照依衙门品级序。其进士各照办事衙门次序，立于见任官后。

官员奏事次第。洪武二十九年十月，"诏定各司奏事次第，礼部会议凡奏事，一都督府，次十二卫，次通政使司，次刑部，次都察院，次监察御史，次断事官，次吏户礼兵工五部，次应天府，次兵马指挥司，次太常司，次钦天监，若太常司奏祀事则当在各司之先。每朝，上御奉天门，百官叩头毕，分班序立。仪礼司依次赞某衙门奏事，奏毕复入班，伺各司奏毕俱退。若上御殿，奏事官升殿以次奏毕，先退。其不升殿者，俱于中左中右门外两廊伺候，奏事官出则皆出。若于文华殿启事，则詹事府在先，余次第并同前。"[1]

在常朝之时，如有官员不熟悉礼仪以及在朝班之时不严格按照礼仪要求的情况发生，朝廷还会对他们的言行举止进行纠错，随后加强礼仪纠举和训练，以提升礼仪规范的执行度，更加有效地维持朝班现场礼仪秩序。洪武初，令百官有未闻礼仪，新任及诸武臣，听侍仪司官教导，每日于午门外演习，御史二员监视。有不按仪礼行为规范练习者，及时纠举、演练。百官入朝若有失仪者，亦纠举如律。又令每日朝班之时，都察院轮委监察御史二员侍班，纠察失仪。弘治十二年（1499），令朝班内或言语喧哗及吐唾在地者，许序班拏送御前请处。该奏请者，具本奏请。十四年（1501）令，早朝遇雨，门上奏事纠举失仪人员。序班一员拏住，一员门上面奏。嘉靖元年（1522）奏准，失仪官员应面纠者，御史照旧先纠。若御史不纠，许序班纠，但不许越次。六年（1527）令，凡奉天门早朝毕，圣驾下阶南行，两

班官员不许辄便退班，与御轿并行，亦不许吐唾语话。序班往来巡视，有违犯者，堂上官具奏。其余即时拏赴御前治罪。十年（1531）题准，六科每月给事中二员凡遇上朝和退朝之时，与纠仪御史，及鸿胪寺官同行查点。十一年（1532）令，朝参官不遵礼法者，三品以上具奏处置，其余即时拏奏。鸿胪寺官通同不行纠举，一体治罪。万历四年议准，于左右掖门内，各设序班分立东西，与原设催促入班序班二员，一同纠察。有喧哗说话者，即时记举，候奏事毕，一并纠举。十一年（1583），令于金水桥边增设序班三员。北向站立。俟东西两班站定各于班末熟视，有回顾、耳语、咳嗽、吐唾者即时纠举。其京堂四品以上，翰林院学士，及领敕官，俱不面纠。十二年（1584），议令吉服朝参日期，除祭祀斋戒不面纠外，其余照常纠仪。又令参将见朝在京营者，照京官仪，不赞跪。在外者，照外官仪，赞跪。失仪，俱面纠。[2]

午朝。《太宗文皇帝实录》卷六十记载，永乐四年（1406）十月一日临时免午朝一日。"鸿胪寺奏免午朝，上将退，顾侍臣曰：若等各就休息一日。复问：无事家居时亦不废观书否？对曰：有暇亦时观书，自适。上曰：常爱孔子言，饱食终日，无所用心，难矣。朕视朝罢，宫中无事，亦恒观书，深有启沃，若等皆年富力强，不可自逸。大禹尚惜寸阴，朕与汝等，何可不勉。"[3] 即便是免朝一日，皇帝还不忘叮嘱诸臣，免朝居家之时也要勤读书。可见永乐时期的午朝之制还是每日都有的，仅一日休午朝还需鸿胪寺官报于皇帝钦定。

《英宗睿皇帝实录》卷一百八十五记载，正统十四年（1449）复午朝之制。正统十四年十一月四日，翰林院侍读内容中提及："祖宗自开国以来设午朝，引诸近臣商榷政务，况今国家多难之余，尤宜切切咨询治道，复午朝之典，仍引近臣于便殿，与之计议用人得失，战陈利钝，生民

---

1 （明）佚名：《明太祖实录》卷二百四十七，台北"中研院史语所"，1962，第3590页。

2 （明）申时行：《大明会典·卷四十四·朝仪》，万历十五年内府刊本。

3 （明）佚名：《明太宗实录》卷六十，台北"中研院史语所"，1962，第865页。

休戚，及古人成法之可行于今者，则君臣一体，政务罔不周知，大纲举而万目张矣。"[1]

景泰元年（1450），兵部职方司郎中王伟言劝奏皇上勤政务，御午朝："臣闻忧勤者，图治之本，逸乐者，弛政之端。人君一心之勤怠，天下庶务之兴废所系。伏愿，皇上开设经筵，日御午朝，凡有章奏果系急务，宣召翰林并在廷老成大臣参拜计议。在京各衙门如有机密事情，并听堂上官撮其旨要，面为陈说，断自宸衷而行，庶上下无壅蔽之患，而政务无废弛之忧。"[2] 正说明当时的午朝之制有废弛迹象，导致政务壅蔽，军政机密大事不能及时当面向皇帝及要臣参奏，所以，兵部大臣乞奏日御午朝。

景泰二年（1451）二月，南京翰林院侍讲学士周叙谏言，复午朝之典。"臣闻尧舜兢兢业业，一日二日万机，盖人君几事之，多非兢业不足以理之也，粤观自古帝王未有不以勤而兴，以怠而废者。我太祖高皇帝、太宗文皇帝以暨列圣临御，恪守一道。皇上嗣位，正天下臣民仰望治平之时，宜复午朝之典，加宵旰之勤。常思曰：上天玄远，何以格之？阴阳和气，何以召之？正人君子，何以使之亲？奸邪小人，何以使之远？兵戎何由整？刑赏何由当？寇盗反侧何由平？今日黎民何由安？正统之仇何由复？夷虏之祸何由息？经筵之暇，每日一二次赐左右大臣以及近侍之官，讲论前所云，政理以绵宗社，以福苍生。"帝曰："朕常诏天下臣民，凡有利国利民皆许进言，择而行之。今叙所言勤政之事，深合朕意尔。礼部其申明前诏，凡闻朝廷得失许诸人直言无隐。"[3]

《英宗睿皇帝实录》卷二百六记载，景泰二年七月二十七日，礼部仪制司郎中章纶言十六事，其中一条："三曰，面议大政在委任孤卿，臣惟皇上每早午朝退，即御便殿，将臣民奏题事务公

孤主议，六卿论难，台谏参议，选官入阁，计议区处，如此则庶事无不理矣。"[4] 由此可见，景泰二年时已是每日早午朝了。

《英宗睿皇帝实录》卷二百七，景泰二年八月十六日辛巳命，仍旧制午朝。

景泰初定的午朝仪制："凡午朝上御左顺门。先期内官设御座于左顺门之北，设案稍南。文武执事奏事等项官员，俱于左掖门内伺候。驾出视朝，各官照班次序立。内阁并五府六部奏事官，六科侍班官俱于案西序立。侍班御史二员，序班二员，将军四员，俱于案南面北立。鸿胪寺鸣赞一员，于案东面西立。锦衣卫鸿胪寺堂上官，于奏事官班以次面东立。管将军官，并侍卫官，立于将军之西。五府六部等衙门官，照依衙门次第出班奏事。通政司官，照依常例引人奏事。三法司官遇有奏事，俱随班。其常日答应，内刑部、大理寺、郎中等官，各一员答应；都察院，侍班御史答应；其余衙门官有事者，分管答应。鸿胪寺官赞奏事毕，彻案。各官退。各衙门如有机密重事，许赴御前具奏。二年令，午朝翰林院先奏事。万历三年（1575），题准，午朝该日记注起居史官四员，列于御座西，稍南。"[5]

成化年间的午朝仪很是严格，有朝臣午朝不入侍者，皆罪之。《宪宗纯皇帝实录》卷五十九记载，成化四年（1468）十月十八日，监察御史刘仁、傅萧，劾奏，尚书李秉等于午朝不及入侍之罪，皇上以李秉等已区处御史后时始劾，命锦衣卫杖之。

弘治年间，午朝时兴时废，但是由《明实录》记载可知，午朝在当时的奏议紧急事务的功能逐渐弱化，形同虚设。弘治四年（1491），南京工部等科给事中毛珵等人言："陛下临御之初，吏部侍郎杨守陈请遵祖宗旧制，开大小经筵以讲学，御早午二朝以听政，陛下温言俞允。今四年之

1 （明）佚名：《明英宗实录》卷一百八十五，台北"中研院史语所"，1962，第3673页。

2 （明）佚名：《明英宗实录》卷一百八十八，台北"中研院史语所"，1962，第3840页。

3 （明）佚名：《明英宗实录》卷二百一，台北"中研院史语所"，1962，第4271页。

4 （明）佚名：《明英宗实录》卷二百六，台北"中研院史语所"，1962，第4431页。

5 （明）申时行：《大明会典·卷四十四·朝仪》，万历十五年内府刊本。

间，举行无缺诚盛事也，臣等切念守陈之意，以大经筵则礼法竣整，早朝则侍卫森严，君臣之间难以尽情，冀于小经筵与讲官从容论说，而午朝可与大臣款曲辩议，今小经筵与大经筵无异。午朝与早朝不殊，君臣间隔如故，岂建言者之初意乎？伏望陛下，自今于小经筵，敕讲官将经史中有关于政治之大者，撮其切要明白直解，圣心若有所疑，乞加详问。于午朝，敕各衙门将紧切事件口奏，仍乞少霁天颜，议其可否。朝退之后，常便殿时召讲官及大臣讲求义理，咨访政事，如守陈之说，则经筵午朝不为虚文而裨益多矣。"[1]

弘治六年（1493），礼科给事中王纶言五事，其一为："近年以来，事颇更张，殊无定命，考察则更立新法，……午朝既设而复辍，游乐既戒而复萌。伏愿皇上慎终如始，务遵成宪，使法令归一，下所司知之。"[2] 由此可知，弘治六年时，午朝已辍。弘治十三年（1500）五月，五府六部等衙门奏："皇上即位之初，常有午朝之礼，后虽暂免，然内廷每日恒二次奏事。近年或日止奏事一次，倘有紧急事情必待明日始奏，宁免稽误。伏愿自今以始，内廷每日务二次奏事。"[3] 六月南京史科给事中郎滋等以灾异言六事："一勤圣政。谓近来午朝不举，早朝或至太晏，虽圣驾退后，省览章奏或无所妨，而群臣回至衙门已及早餐，凡百公事未免停滞。"[4] 这两条《明实录》中的记载证实，弘治时期午朝不举，午朝之制几近废弛。

嘉靖年间复午朝之制。嘉靖十四年三月，"诏辅臣张孚敬、李时见于文华殿西室，……时因请举先朝午朝之典，每午皇上御左顺（门），命大臣朝见即奏事，亦足以联属人心。上曰：先朝仍有晚朝之仪，朕尝思之，如鸿胪寺奏谢恩、见、辞是朝仪，若政事另行为是。令通政司奏事，全

是行政非朝也。孚敬曰：午朝骤难复，不若时常宣召大臣于文华殿，质问政事。时曰：常常宣召大臣，不但质问政事，亦可知人臣贤否，皇上天姿英明，臣下有一言欺蔽无不觉者，臣等亦在侧侍班。上曰：也着科道官侍，俟廷试后举行之。"[5] 由此可见，嘉靖十四年还未复午朝之制，但君臣已有复午朝的想法，只是鉴于长期懈怠的午朝仪制突然执行起来有难度，以时常召集大臣们于文华殿质问政事为前奏。嘉靖十五年（1536）三月"一，二十三日，朝毕仍令百官恭候午朝或传旨暂免……一，二十八日行礼祭毕，驾还京，百官于阜城门外迎驾，随行，候上御奉天门，百官具吉服，本寺官致词称贺，行五拜叩头礼，制可。午朝免。"[6] 由此条《明实录》中所记载内容可知，嘉靖十五年三月，午朝之制已初步复始。

万历六年（1578）三月，刑部主事管志道谏言皇帝复议政之规："祖宗时，多御午朝于左右顺门，大班既退，群臣更进言事辄至夜分。今宜仿其遗意，如三六九日早朝，则一四七日午朝，不必百僚齐集，唯内阁辅臣与六部都察院、通政司、大理寺、詹事府、翰林院、五军都督府各堂上官、掌印官俱造御前其部院卿。"[7]

万历十四年十一月，礼科都给事中王三余等上疏言早朝时间过早，可以待日出之后上朝，更利于皇上圣体安康，建议复午朝之规替代早朝。"视朝太早多有未便，即日出，亦不为迟。庶可调养圣躬，葆和元气，且于门禁，朝仪俱为便益。皇上如欲希古帝王及我祖宗中兴之盛，莫若量复午朝之规，日与公卿大臣及诸执事等官商榷政事，面赐批答可也。经筵日讲寒暑不辍，讲毕俯垂清问可也。章奏亲览事关紧要者，早赐批发勿滞留中可也。"[8] 由于万历年间皇帝视朝不勤，

1 （明）佚名：《明孝宗实录》卷五十五，台北"中研院史语所"，1962，第1075页。

2 （明）佚名：《明孝宗实录》卷七十六，台北"中研院史语所"，1962，第1450页。

3 （明）佚名：《明孝宗实录》卷一六二，台北"中研院史语所"，1962，第2918页。

4 （明）佚名：《明孝宗实录》卷一六三，台北"中研院史语所"，1962，第2963页。

5 （明）佚名：《明世宗实录》卷一百七十三，台北"中研院史语所"，1962，第3754页。

6 （明）佚名：《明世宗实录》卷一百八十五，台北"中研院史语所"，1962，第3922页。

7 （明）佚名：《明神宗实录》卷七十三，台北"中研院史语所"，1962，第1567页。

8 （明）佚名：《明神宗实录》卷一百八十，台北"中研院史语所"，1962，第3369页。

无论是早朝还是午朝，都是不规律的。还导致了万历十五年（1587）正月二十四日，文书官刘成口传有误，导致群臣讹传"今日午朝"事件，群臣被夺俸俩月。

《熹宗哲皇帝实录》卷三十九（梁本）载，天启四年（1624）二月十七日："山东道御史黄遵素，请复午朝面奏。上以严行尚不遵行，何又午朝面奏也。"[1]《熹宗哲皇帝实录》卷六十七，天启六年（1626）正月二十七日，日讲官少詹事王应熊条上备边之策："请皇上以午朝御便殿，召阁部卿寺大臣面议军国大事可否，不妨直奏行止决于一时，不至会议耽搁，若诸事一凭奏揭，皇上渊穆之意未必时彻于诸大臣，大臣未必联属于小臣，朝廷又未必桴响于边臣，旧套塞责以之文饰太平，且不能况羽书旁午之日也。"[2]以上两条可知，天启年间是没有午朝的，所以时常有大臣谏言"请复午朝"。

晚朝。晚朝一般是下午举行，早朝的参事议事人员队伍庞大，事务也繁多，一日过午，即称"午朝"或"晚朝"。晚朝处理的是一些军政机密急务，必须面陈皇上的政要事务等，"非警急事当奏者不须赴晚朝"，所涉及部门也更为精简，朝参官员皆为军政要员。洪武二十九年（1396）十月，礼部诏定各司奏事次第时，令"凡晚朝唯通政使司[3]、六科给事中[4]、守卫官奏事，其各衙门有军情重事者许奏余皆不许，诏从之。"[5]《皇明祖训》载："太祖高皇帝曰，朕以乾清宫为正寝，晚朝毕而入，清晨星存而出，除有疾外，平康之

时不敢怠惰，此所以畏天人，而国家所由兴，盖言视朝之当谨也。"洪武年间，大明王朝初建，百废待兴，政务繁多，明太祖朱元璋除身体不适，无特殊情况时，是每日例行视早晚朝的，可谓历任帝王勤政之典范。

《明实录》记载永乐二年（1404）三月二十一日，"上御右顺门晚朝，召后军都督府及兵部官皆不在列，御史劾奏其不朝罪。上曰：朕尝命百司皆于早朝奏事，非警急事当奏者不须赴晚朝，听在司理职务，惟通政司达四方奏牍，早晚须朝。今晚后府、兵部必无当奏之事，故不朝不须罪。"[6]

永乐四年，正月二十五日，丙辰，上御右顺门晚朝。百官奏事毕皆趋出。"上召六部尚书及近臣谕曰：早朝，四方所奏事多，君臣之间不得尽所言。午后，事简，卿等有所欲言可就从容论，毋以将晡（指申时，即下午3时至5时），朕倦于听纳，盖朕有所欲言者，亦欲及此时与卿等商榷。又曰：朕每旦四鼓以兴衣冠静坐，是时神清气爽，则思四方之事缓急之宜，必得其当。然后出，付所司行之，朝退，未尝辄入宫中，闲取四方奏牍一一省览，其有边报及水旱等事，即付所司施行。宫中事亦多，须俟外朝事毕方与处置，闲暇则取经史览阅，未尝敢自暇逸，诚虑天下之大，庶务之殷，岂可须臾怠惰，一怠惰即百废弛矣。卿等宜体朕此意，相与勤励无厌斁也，自今凡有事，当商略者，皆于晚朝来，庶得尽委曲。"[7]

《英宗睿皇帝实录》卷一百十三记载，正统

1　（明）佚名：《明熹宗实录》卷三十九（梁本），台北"中研院史语所"，1962，第2269页。

2　（明）佚名：《明熹宗实录》卷六十七，台北"中研院史语所"，1962，第3192页。

3　通政使司简称通政司，俗称银台。前身为察言司，明洪武三年（1370）置，掌受四方章奏。十年（1377），始设通政使司，长官为通政使。职掌出纳帝命、通达下情、关防诸司出入公文、奏报四方臣民建言、申诉冤滞或告不法等事，早朝时汇进在外之题本、奏本、在京之奏本。有径自封进者则参驳。午朝引奏臣民之言事者，有机密则不时入奏。通政使还参与国家大政、大狱及会推文武大臣等朝廷大事。洪武十二年，进一步加强了该司的权力。建文时，改通政使司为通政寺，通政使为通政卿，永乐时复旧制。永乐迁都后，南京仍设通政司，称南通政使司。

4　六科给事中，明代谏言、监察的官职名。六科的掌印长官都给事中不过是正七品，下有左右给事中为从七品，另还有给事中（从七品）若干，各科人数不同，但六科的权力确实非常大。"封驳"：即是辅助皇帝处理奏章，"科抄"、"科参"，即是稽察六部事务，及"注销"，注销是指圣旨与奏章每日归附科籍，每五日一送内阁备案，执行机关在指定时限内奉旨处理政务，由六科核查后五日一注销。

5　（明）佚名：《明太祖实录》卷二百四十七，台北"中研院史语所"，1962，第3590页。

6　（明）佚名：《明太宗实录》卷二十九，台北"中研院史语所"，1962，第521页。

7　（明）佚名：《明太宗实录》卷五十，台北"中研院史语所"，1962，第756页。

九年（1444）二月三十日，皇上谕令，自三月初一日为始，于左顺门晚朝。

综上可知，明朝历任帝王在任期间实施的是早、午、晚朝制度，除大朝会和朔望、忌辰、辍朝等特殊日子以外，文武百官朝参均是穿常服的。正常朝参之日凡遇各庙忌辰，百官所穿常服可改为浅淡服色或素服。《大明会典》"辍朝仪"载："凡闻皇妃丧，辍朝三日。发引、下葬，各免朝一日。亲王丧，辍朝二日。公主丧及下葬各辍朝一日。郡王及文武大臣丧，年终类辍朝一日。先期礼部具奏，仍初出告示于长安左右门。至日早朝，不鸣钟鼓，不鸣鞭，不设仪仗。文武百官各服浅淡服，黑角带，于奉天门朝参。其谢恩、见、辞官员，亦不用公服。如常朝官服色。"[1]由此可见，在文武官员常服识别官阶的等级标准中，衣服颜色并不是区分等级的标准，百官常服为杂色，如遇忌辰之时需要常朝官员统一穿浅淡颜色的常服。

万历年间，于慎行在《谷山笔尘》里记载："（自唐朝以来）常朝御正衙，朔望御便殿也。本朝朔望御正殿，百官公服朝参，而不引见奏事；每日御门视事，百官常服朝参，诸司奏事。盖以朔望御殿，备朝贺之礼，而以日朝御门，为奏对之便，较之唐制善矣。"[2]这段记载便是描述了万历年间每日百官常服朝参的情景。

（三）明代常服制度的定制和调整

作为明代品官服饰制度的一个重要组成部分，常服在洪武元年（1368）初步定制后，历经洪武三年（1370）、二十三年（1390）、二十四年（1391）、二十六年（1393），景泰四年（1453），天顺二年（1458），成化二年（1466），弘治十三年（1500），嘉靖六年（1527）、十六年（1537）、三十年（1551）多次修改增益终成定制。

《明实录》中关于品官常服制度制定的最早记录始于洪武元年十一月二十七日，明太祖朱元璋在首次议定常服制度的时候，命礼部参考了唐、宋、元时期的常服制度，品官常服初步定为：用乌纱帽，金绣盘领衫。文官大袖阔一尺，武官弓袋窄袖，纻丝、绫、罗随用，束带一品以玉，二品犀，三品金钑花，四品素金，五品银钑花，六品七品素银，八品九品角带。这是洪武初年的制度，此次常服制度仅以带的质地区分等级差别。这次的制度和现存的《大明会典》（以申时行等修撰，万历十五年内府刊本为参考）、《明史·舆服志》的记载内容有差别，是因洪武元年之后该制度内容又经过多次修改，但是这次的制度品级区分还是十分明显的。

《大明会典》里所记载的品官常服制度始于洪武三年："洪武三年定，凡文武官常朝视事以乌纱帽、团领衫、束带为公服，一品玉带，二品花犀带，三品金钑花带，四品素金带，五品银钑花带，六品七品素银带，八品九品乌角带。"[3]如图4-33、图4-34所示。

《大明会典》里还记载了洪武二十三年以及洪武二十四年对常服宽窄尺度以及束带的规定："凡常服制度，洪武二十三年令官员人等，衣服宽窄以身为度，文职官衣长自领至裔去地一寸，袖长过手复回至肘，袖桩（腋下袖根处）广一尺，袖口九寸，公侯驸马与文职官同，武职官衣长去地五寸，袖长过手七寸，袖桩广一尺，袖口仅出拳。凡束带，洪武二十四年定公侯驸马伯与一品同，杂职未入流官与八品九品同。"

《明实录》中有记载洪武二十四年六月，明太祖诏六部、都察院会同翰林院诸儒臣参考历代礼制，更定冠服、居室、器用制度事例。当时诏定官员常服修改为："常服用杂色，纻丝、绫、罗，彩绣花样，公、侯、驸马伯用麒麟、白泽，文官一品二品仙鹤锦鸡，三品四品孔雀云雁，五品白鹇，六品七品鹭鸶鸂鶒，八品九品黄鹂鹌鹑练鹊，风宪官用獬豸。武官一品二品狮子，三品

1 （明）申时行：《大明会典·卷四十四·朝仪》，万历十五年内府刊本。

2 （明）于慎行：《谷山笔尘》卷一，中华书局，1984，第1页。

3 （明）申时行：《大明会典·卷六十一·冠服二》，万历十五年内府刊本。

图4-33 《三才图会》中的乌纱帽

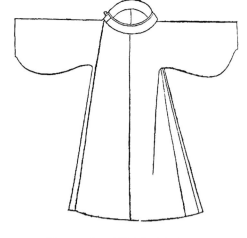

图4-34 《三才图会》中的盘领衣

四品虎豹，五品熊罴，六品七品彪，八品九品犀牛海马。文武官束带，公侯及一品用玉，二品用犀，三品金钑花带，四品素金带，五品银钑花带，六品七品素银带，八品九品及杂职未入流官用乌角带。其所穿靴止许一色，不许用他色扇面。凡年老致仕及侍亲、辞闲官员许用纱帽、束带，若为事黜降，服与庶人同。其官员人等衣服帐幔，并不许用玄、黄、紫并织锦龙凤文，军民僧道人等常服止用绢、纱、布，不得用锦、绮、纻丝、绫、罗、罽纱、彩绣。"[1]

《明实录》里所记载的洪武二十四年的这次更定，与洪武元年制定的常服用"乌纱帽，金绣盘领衫"，以及简单用带的质地识别品级产生了很大的差别。这次改革在盘领衫的前胸后背增订了识别官员等级高低的符号"补子"，以"补子"上面所绣纹样来区分品官等级高低。补子起源于唐代，《旧唐书·舆服志》有武则天以袍纹定品级的记载："延载元年（694）五月，则天内出绯、紫单罗铭襟、背衫，赐文武三品以上：左右监门卫将军等饰以对狮子，左右卫饰以对麒麟，左右武威卫饰以对虎，左右豹韬卫饰以对豹，左右鹰扬卫饰以对鹰，左右玉钤卫饰以对鹘，左右金吾卫饰以对豸，诸王饰以盘石及鹿，宰相饰以凤

池，尚书饰以对雁。"唐太和六年（832）又规定三品以上服鹘衔瑞草、雁衔绶带及对孔雀绫袄。这些纹饰均以刺绣，按唐代服装款式绣于胸背或肩袖部位。[2]

明代的常服用补子区分官位高低的方法，在一定意义上是参考和延续了唐代以袍纹定品级的服饰规定，并进一步明确了文官补子纹样用禽鸟，武官补子纹样用猛兽的区别，在文武官员各自的纹饰中又等级明晰地区分了一至九品的具体纹饰，这不仅是明代服饰制度的一次大的进步，也是明朝在规范以"礼"为核心的社会等级秩序的一次创举，在明代以"礼"治国、以"礼"治民的过程中起到了重要作用。

关于文武官员常服制度，《大明会典》里记载的是洪武二十六年定："公侯驸马伯麒麟白泽；文官一品二品仙鹤锦鸡，三品四品孔雀云雁，五品白鹇，六品七品鹭鸶鸂鶒，八品九品黄鹂鹌鹑练雀，风宪官用獬豸。武官一品二品狮子，三品四品虎豹，五品熊罴，六品七品彪，八品九品犀牛海马。"

《大明会典》里面记载的洪武二十六年的常服制度和《明实录》所载的洪武二十四年的常服制度并无差别。另外，洪武二十六年常服制度

1 （明）佚名：《明太祖实录》卷二百九，台北"中研院史语所"，1962，第3113页。

2 刘静轩：《符号学与明清补服研究》，载《美与时代（上）》2012年第10期。

还补充关于服色、质地及纹饰的规定："凡服色禁制，洪武二十六年令品官常服用杂色、纻丝、绫、罗、彩绣，庶民止用绸、绢、纱、布，不许别用。又令官吏及军民僧道人等衣服帐幔并不许用玄黄紫三色，并织绣龙凤纹，违者罪及染造之人。其朝见人员四时并用颜色衣服不许纯素。"

《大明会典》又载，景泰四年，令锦衣卫指挥侍卫者得衣麒麟服色。天顺二年，令官民人等衣服不得用蟒、龙、飞鱼、斗牛、大鹏、像生狮子、四宝相花、大西番莲、大云花样并玄、黄、紫、黑、绿、柳黄、姜黄、明黄等色。成化二年，令官民人等不许僭用服色花样。弘治十三年，奏准，今后公、侯、伯及文武大臣、各处镇守、守备等官敢有违例奏讨蟒衣、飞鱼等项衣服者，该科参驳，科道纠劾，该部执奏，治以重罪。

嘉靖六年，令在京、在外官民人等不许滥服五彩妆花，织造违禁颜色及将蟒龙造为女衣或加饰妆彩图利货卖，其朝贡夷人不许擅买违式衣服，如违，将买者、卖者一体拏问治罪。

嘉靖十六年题准，今后在京、在外文武官员除本等品级服色及特赐外，不许擅用蟒衣、飞鱼、斗牛等项违禁华异服色，其大红纻丝、纱、罗服惟四品以上官及在京九卿、翰林院、詹事府、春坊司、经局尚宝司、光禄寺、鸿胪寺五品堂上官、经筵讲官方许穿用。其余衙门虽五品官及五品以下官经筵不系讲官者，俱穿青绿锦绣，遇有吉礼只许穿红布绒褐，品官花样照依品级。公侯驸马伯麒麟白泽；文官一品仙鹤；二品锦鸡；三品孔雀；四品云雁；五品白鹇；六品鹭鸶；七品鸂鶒；八品黄鹂；九品鹌鹑；杂职官练鹊；风宪官獬豸；武官一品二品狮子；三品四品虎豹；五品熊罴；六品七品彪；八品犀牛；九品海马，不许混同穿用（图4-35～图4-53）。锦衣卫指挥侍卫者得衣麒麟服色，其余带俸及不系侍卫人员及千百户等官，虽系侍卫俱不许僭用。

洪武三年，令年老致仕及侍亲、辞闲官等，凡致仕罢闲官员服色，用纱帽束带，若为事黜降者

图4-35 麒麟

图4-36 白泽

图4-37 仙鹤

图4-38 锦鸡

图4-39 孔雀

图4-40 云雁

图4-41 白鹇　　　　　　　图4-42 鹭鸶　　　　　　　图4-43 𪁗𪆸

图4-44 黄鹂　　　　　　　图4-45 鹌鹑　　　　　　　图4-46 练鹊

图4-47 獬豸　　　　　　　图4-48 狮子　　　　　　　图4-49 虎豹

图4-50 熊罴　　　　　　　图4-51 彪　　　　　　　　图4-52 犀牛

图4-53 海马

图4-54 平翅乌纱帽[1] 山东博物馆藏

服与庶人同。洪武三十年（1397），令致仕官服色与见任同，若遇朝贺及谢恩见辞一体俱服行礼。[1]

明代对文武官员常服制度的改革，既吸收和沿用了唐代的符号和形式，又在纹样设计上清晰地强化了官员文武之别和每一个品阶等级的划分，既是对中国传统礼制所要求的等级明确的社会秩序的传承和守护，又在服饰的符号标识和细节上作出了创新，是中国传统服饰在服饰礼制延续道路上的一次守正创新。

（四）孔府旧藏明代衍圣公常服

孔府旧藏明代衍圣公服饰实物遗存有标准常服，现收藏于山东博物馆，有平翅乌纱帽、大红色暗花纱缀绣云鹤方补圆领袍。

平翅乌纱帽（图4-54）。明代官员常服的配套首服。高20.9厘米，口径19.7厘米。帽体用细竹篾作胎，底部为铜丝框架，外层覆黑色漆纱，皮革衬里。帽身前低后高，左右二翅横立帽后。帽翅以金属丝作骨，呈椭圆形回折对接，以黑纱裹覆。

大红色暗花纱缀绣云鹤方补圆领袍，品官常服袍。圆领，右衽，大袖，左右出摆。衣身主体为红色云纹暗花纱，前胸后背各绣一仙鹤方补。身长132厘米，腰宽60厘米，两袖通长242厘米，袖宽63厘米，袖口宽27厘米，补子长40.5厘米，宽40.5厘米。

关于常服的衣身宽窄尺度，洪武二十三年（1390）令："官员人等，衣服宽窄以身为度，文职官衣长自领至裔去地一寸，袖长过手复回至肘，袖桩（腋下袖根处）广一尺，袖口九寸，公、侯、驸马与文职官同……"关于补子纹样，洪武二十四年（1391）六月，明太祖诏六部、都察院会同翰林院诸儒臣参考历代礼制，官员常服修改为："常服用杂色，纻丝、绫、罗，彩绣花样，公侯驸马伯用麒麟白泽，文官一品二品仙鹤锦鸡……"

图4-55中的孔府旧藏大红色暗花纱缀绣云鹤方补圆领袍，是符合明代文官一品官员常服服色、尺度和纹样等级的。其身长132厘米，按照"衣长自领至裔去地一寸"的明代常服衣服长度，衣长132厘米加一寸（3.33厘米），再加一个成年男子头颈的高度（约35厘米），得出的高度就是该衣主人的身高（约170厘米）。

（五）明代画像里所绘制的品官常服

1. 六十五代衍圣公孔胤植常服衣冠像（图4-56）

明，孔府旧藏，现收藏于孔子博物馆，通长212厘米，宽67厘米。画像中的衍圣公首服乌纱帽，身穿仙鹤补子的蓝色云纹暗花常服袍，腰圈玉带，所穿衣冠均为文官一品所用等级。这幅画像也真实地反映了当时的文武官员常服为"杂

---

1 （明）申时行：《大明会典·卷六十一·冠服二》，万历十五年内府刊本。

2 孔子博物馆：《齐明盛服——明代衍圣公服饰展》，文物出版社，2021，第45页。

3 孔子博物馆：《齐明盛服——明代衍圣公服饰展》，文物出版社，2021，第46页。

图4-55 大红色暗花纱缀绣云鹤方补圆领袍[1] 山东博物馆藏

图4-56 六十五代衍圣公孔胤植常服衣冠像
孔子博物馆藏

常服区分等级的唯一标准就是补子纹样。

品官宦迹图册，一般是以连环画的形式展示像主一生的若干重要时刻，由于图画中的人物穿着及背景相关景象在不同程度上反映着当时的像主身份背景及社会经济状况，所以这种图册近年来备受不同学科背景的专家学者的关注。而图画中的人物所穿着的衣冠配饰也为服饰研究专家研判服饰礼仪文化提供了直观可视的珍贵参考。故此，笔者在研究孔府旧藏明代服饰的礼仪文化内涵的过程中搜集汇总了各博物馆目前已经公开发表或已公布于众的明代品官宦迹图册以及明代品官衣冠画像卷轴，对像主的生平以及该画像创制的历史背景做简要分析，对画像中的衣冠服饰等级和对应的穿着场景做出解读探析。这既能与当时的服饰制度和礼仪文化相互印证，也对明代衍圣公常服的礼仪用场有辅助认识和解读作用。

2.《徐显卿宦迹图》

徐显卿，南直隶长洲人，生于嘉靖十六年（1537），卒于万历三十年（1602），曾任职翰林院、詹事府，做过国子监及礼、吏二部的官员，官至吏部右侍郎时请求致仕获准。徐显卿将自己的履历事迹绘图成册，计有廿六幅图，即《徐显卿宦迹图》，依次为"孺慕闻声""神占启户""郡

色"圆领袍，而并非像公服那样，依照衣服颜色来区分官员等级的。这一观点在中国国家博物馆收藏的《五同会图》和故宫博物院收藏的《徐显卿宦迹图》中"金台捧敕"页所描绘的现场以及一些明代官员常服衣冠画像里均可以被证实。品官的常服是没有颜色等级区分的，均为"杂色"。

尊折节""鹿鸣彻歌""琼林登第""中秘读书""皇极侍班""危舟免难""司礼授书""承明应制""棘院秉衡""金台捧敕""楚藩持节""荆岳卧病""圣佑己疾""冲雪还朝""经筵进讲""储采绾章""寿宫扈跸""国师正席""岁祷道行""旋魂再起""日直讲读""轮注起居""玉堂视篆""幽陇沾恩"。[1]

其中"中秘读书""司礼授书""承明应制""棘院秉衡""金台捧敕""经筵进讲""寿宫扈跸""国师正席""储采绾章""日直讲读""轮注起居""玉堂视篆"共计十二幅画作是穿着常服的场景，为研究明代常服穿着礼仪文化提供了珍贵参考。

第六开"中秘读书"，描绘的是时为翰林院庶吉士的徐显卿日常阅读的情景。徐显卿坐于桌前阅读，头戴乌纱帽，身着绿色圆领袍，为品官常服穿搭。

第九开"司礼授书"，描绘的是徐显卿在隆庆末万历初，作为翰林官，教习内书堂宦官们的场景。内书堂应是设在司礼监内，故曰"司礼授书"。徐显卿身穿红色常服袍，头戴乌纱帽，端坐桌案前。台下众宦官身穿深色交领袍，头戴三山帽，恭敬地听从教习。

第十开"承明应制"，呈现的是徐显卿在皇极门东庑史馆[2]内工作的情状。徐显卿头戴乌纱帽，身穿绿色常服袍，可见，常服是文武品官的日常工作服。

第十一开"棘院秉衡"，描绘的是万历二年（1574）及十一年（1583），徐显卿曾两度参与分校礼闱及主考会试武举的场景。徐显卿头戴乌纱帽，身穿红色常服，着绿色常服的是考官王家

屏，众多参试者列队候考。

第十二开"金台捧敕"，为万历五年至七年（1577-1579）春，徐显卿身为翰林管诰敕官，例当捧敕。捧敕地点为皇帝御门视朝之御座前，御座谓之金台，故曰"金台捧敕"。画作描述了徐显卿在丹墀中道捧敕，代皇上授敕给跪地官员的场景。徐显卿头戴乌纱帽，身穿蓝色常服。不只是徐显卿，其中所有文武官员和皇上身边的近侍宦官皆穿常服。《徐显卿宦迹图》之"金台捧敕"更为真实地反映了品官常服用"杂色"圆领袍，"纻丝、绫、罗，彩绣花样……"的特征。这一点参照成书于洪武二十年（1387）的《礼仪定式》的内容，以及《三才图会·仪制一》明代京官朝图可知，"凡朝班序立，公、侯于文武班首。次驸马，次伯。一品以下各照品级，文东武西，依次序列。"常朝之时，亲王及各文武官员和侍从皆需穿本等品级服饰，处本等品级指定的位序而立。也有观点认为，常服像公服那样，也是按照颜色来区分等级的，如果此观点成立那在"金台捧敕"这幅图里，所有文武品官和皇上身边的近侍宦官，都应该是按照服色的区别每种颜色各成一列的。一至四品的四列应为绯色，五至七品的三列应为青色，八品、九品的两列应为绿色。其实不然，在"金台捧敕"这幅画作的描绘中，所有的品官均是穿着红、绿、蓝、赭等各种颜色常服穿插混杂而立的。这也进一步说明了官员常服用杂色的特征。

第十七开"经筵进讲"，讲的是万历皇帝登基以后，张居正请开经筵[3]，徐显卿充任展书官及经筵讲官的际遇。关于经筵讲官的常服服色，在嘉靖十六年（1537）有专门的制度来约束和定制。

---

1 朱鸿：《〈徐显卿宦迹图〉研究》，《故宫博物院院刊》2011年第2期。

2 徐显卿自穆宗隆庆四年（1570），年三十四岁起，参与明世宗、穆宗实录的纂修，编纂起居馆章奏，管理文官告敕。

3 旧日帝王听讲经籍的地方。宋代始称经筵，置讲官以翰林学士或其他官员充任或兼任。宋代以每年二月至端午节、八月至冬至节为讲期，逢单日入侍，轮流讲读。元、明、清 三代沿袭此制，而明代尤为重视。除皇帝外，太子出阁后，亦有讲筵之设。经筵之制历代有异，即一代之中不同君主实行情形亦不尽相同。以明代为例，初无定日，亦无定环。明初诸帝勤政好学，讲学虽未制度化，但于圣学犹无大碍。迨英宗以冲龄即位，三杨（杨士奇、杨荣、杨溥）柄政，感于身负幼主教育之重责大任，上疏请开经筵。始制定经筵仪注，每月二日、十二日、廿二日三次进讲，帝御文华殿，遇寒暑则暂免。开经筵为朝廷盛典，由勋臣一人知经筵事，内阁学士或知或同知经筵事，六部尚书等官侍班，另有展书、侍仪、供事、赞礼等人员。除每月三次的经筵外，尚有日讲，只用讲读官内阁学士侍班，不用侍仪等官，讲官或四或六，每伴读十余遍后，讲官直说大义，惟在明白易晓。日讲仪式较经筵大为简略，或称小经筵、小讲。经筵讲学自此制度化，每日一小讲，每旬一大讲，为帝王接受儒家教育的主要方式。

"嘉靖十六年题准，今后在京、在外文武官员除本等品级服色及特赐外，不许擅用蟒衣、飞鱼、斗牛等项违禁华异服色，其大红纻丝、纱、罗服惟四品以上官及在京九卿、翰林院、詹事府、春坊司、经局尚宝司、光禄寺、鸿胪寺五品堂上官、经筵讲官方许穿用。其余衙门虽五品官及五品以下官经筵不系讲官者，俱穿青绿锦绣，遇有吉礼只许穿红布绒褐，品官花样照依品级。"[1]《徐显卿宦迹图》之"经筵进讲"图绘中可见，所有参与官员无论品阶等级高低，所穿常服均为红色，补子的纹样依各自等级而各不相同。站立在最后一排的官员，红色常服补子的纹样是白鹇，白鹇为五品官员适用等级，依据各自衣上补子纹样可知，该场景内所有官员的品阶等级均为五品以上。与嘉靖十六年所规定的："其大红纻丝、纱、罗服惟四品以上官及在京九卿、翰林院、詹事府、春坊司、经局尚宝司、光禄寺、鸿胪寺五品堂上官、经筵讲官方许穿用。"的制度要求相符。该图中徐显卿的穿着印证了作为经筵讲官的特殊身份地位，所穿的常服在服色要求上也是不同于其他一般官员的。"经筵讲学"是古代帝王接受儒家教育的主要方式，在明代经筵讲学的制度化也证实了各帝王对儒家思想学习和传承的重视。

第十八开"储采缛章"，所绘的是徐显卿在四十八岁时，以翰林院侍读（正六品）升为左春坊左谕德（从五品），兼翰林院侍读掌坊事，以侍读、辅导太子为主要职责，且掌管本坊印信。画中所绘为徐显卿的办公场景，徐显卿身穿红色常服端坐院中，阶下四名书吏正在用印，突显他"掌管本坊印信"的重要身份地位，时任左春坊左谕德职务的徐显卿穿的应该是五品官的常服，颜色任意，补子应为白鹇纹样。

第十九开"寿宫扈跸"，是指万历十二年（1584）九月神宗奉两宫圣母、率后妃诣天寿山陵园行秋祭礼，兼阅定寿宫；及万历十三年（1585）闰九月率后妃至天寿山陵域阅视寿宫，徐显卿先后以左春坊左谕德及国学祭酒（从四品）随驾。画面呈现的是徐显卿头戴乌纱帽，身穿红色常服袍骑马欲由西直门返回京师的场景，徐显卿按照国子监祭酒的官阶应穿四品官服，即杂色云雁补子常服。

第二十开"国师正席"，是指徐显卿于万历十二年出任国子监祭酒（从四品）时的日常。依照国子监监规，国子监师生每日早晚时在彝伦堂行礼。画面中的徐显卿头戴乌纱帽，身穿红色常服袍端坐彝伦堂东间正坐，司业亦穿常服坐其旁边案前，各属官着常服分列于堂前东西两侧，院中露台东西有监生有序行礼。

第二十三开"轮注起居"。万历三年（1575）三月恢复起居注[2]这一官职，以日讲官丁士美等六员轮赴史馆记注起居，且以修撰徐显卿、于慎行等六人编纂章奏。徐显卿从恢复起居注制度开始就参与起居注工作，但是具体是做编纂章奏的工作，不是轮注起居，那时候轮注起居要求必须是日讲官。直到万历十三年（1585）十月甲申，徐显卿由国子监祭酒改任少詹事，充日讲官，才得以轮注起居。图画所呈现的是徐显卿坐于位在皇极门之左，史馆东第一间的起居馆内，轮注起居，所穿为品官日常工作服红色常服。

第二十四开"日直讲读"。徐显卿于万历十三年二月以国子监祭酒被命充任经筵讲官。同年十月改为少詹事，充日讲官。"日直讲读"是指该年十一月显卿以少詹为日讲官。日直讲读的地点设在文华殿后川堂。日讲与经筵在演讲的内容上并无太大差别，只是形式略有差别，在礼仪等级上较经筵略简。"只用讲读官、内阁学士侍班，不用侍仪等官。讲官或四或六。开读初，吉服，五拜三叩首。后，常服，一拜三叩首。[3]"画中的各官员分列于神宗御座前左右两侧，前两位为阁臣，万历十三年内阁有四人：首辅申时

---

1 （明）申时行：《大明会典·卷六十一·冠服二》，万历十五年内府刊本。

2 明代在朱元璋时期始设起居注官，日侍皇帝左右，记录日行起居。实行左史记事，右史记言之制。后因后代皇帝懒政，这一官职曾一度被撤销。万历皇帝当政以后，恢复该职。

3 （清）张廷玉：《明史》卷五五，中华书局，1974，第1407页。

行，次辅有许国、王锡爵、王家屏，立于神宗左侧，御座左侧正面入画的应是申时行、许国，立于神宗右侧，位置稍后，仅能看到背面的应是王锡爵与王家屏。阁臣之后，左右各三，立于左者应是沈一贯、朱赓、张位，立于右者应是徐显卿、于慎行、陈于陛[1]。因当时的徐显卿正在进行日讲，故身穿蓝色常服袍立于御座之前，画中空出的位置应为徐显卿的日常站位。画面中所有官员均头戴乌纱帽，身穿各色常服袍，常服颜色各异和品阶无关，以前胸后背所缀补子区分等级高低。御座之上的神宗皇帝头戴翼善冠，身穿常服袍。皇帝身后站立者，头戴三山帽，身穿交领袍的为司礼掌印太监等宦官。

第二十五开"玉堂视篆"，是指万历十四年（1586）六月徐显卿以詹事府少詹事兼翰林院士讲学士升任为詹事府詹事（正三品）兼翰林院侍读学士掌院事（正五品）。翰林院正厅称玉堂，掌院者即掌印信，画面中徐显卿头戴乌纱帽，身穿红色常服袍端坐案前着看用印，此谓"视篆"。

由《徐显卿宦迹图》册页中常服穿搭场景相关图绘可知，明代品官的常服除了日常朝参穿服以外，在出差、侍读、自习、教习、纂修、会试、经筵展书及作为讲官、考官和日常处理公务的场合均要穿着的一种衣服，是除了特殊节日场合和需要行礼仪的特殊事例以外穿着频率最高的一类服饰，可以理解为文武品官的日常工作服。

3.《于慎行东阁衣冠年谱画册》

于慎行是明代政治家、文学家，他明习典制，朝中礼制多是他亲自修订。平阴县博物馆所藏《于慎行东阁衣冠年谱画册》是于慎行六十寿辰（1604），由会稽金生所绘，"生平履历，自幼至老，种种状貌衣冠及所遇之境，共成三十六幅，汇为一册。"于慎行亲笔为其《画谱》写了序文，又为每幅画写了文字说明。其中"使馆载笔""春闱分校""殿陛起居"等画作是于慎行着常服进行日常工作和主持考试时的场景。

4.美国普林斯顿大学图书馆所藏的《明陆文定公像》

《明陆文定公像》中有一幅陆树声的常服衣冠像，像中的陆树声头戴乌纱帽，身穿蓝色圆领袍，前胸缀孔雀纹样的补子。

5.中国国家博物馆所藏《丛兰事迹图册》

册页所绘男主为山东文登人丛兰。丛兰，号丰山，明弘治三年（1490）进士，初授户科给事中，转兵科，升通政司参议，经略三关，正德初奉敕清理延绥屯田，升户部侍郎，历任提督靖固军务、巡视凤阳、总制宣大延绥及山西军务、总督漕运、巡抚凤阳，正德十五年（1520）升任南京工部尚书，嘉靖元年（1522）致仕，二年（1523）卒。[2]其中册页中的"螭头簪笔""执掌十库""青宫正字""银台晋秩""钦赐羊酒""督理漕运""诰命封赠""诏允致仕""梓里荣归"这些和日常公务相关的画作中丛兰穿各色常服。

6.中国国家博物馆所藏《五同会图》

所绘情景为弘治十六年（1503）同朝为官且志同道合、志趣相投的五位苏州同乡王鏊、吴宽、陈璚、李杰和吴洪于"新岁"时节在吴宽家宅小聚的场景。画中五人皆穿常服，衣服各为杂色，前胸、后背各缀自己相应级别花样的补子。

7.故宫博物院所藏明代《十同年图》

创作于弘治十六年（1503），所描绘的是明中期大臣李东阳、闵珪等十位甲申同年进士的一次雅集的情景。图中的十位大臣所穿皆为常服，衣服各为杂色，前胸、后背各缀自己相应级别花样的补子。

8.镇江博物馆所藏《杏园雅集图》

明代宫廷画家谢环所绘，画作描绘的是正统二年（1437）三月一日在杨荣的私家花园"杏园雅集"的场景。图画中绘有当时在朝为官的九位文官，其中包括杨士奇、杨荣、杨溥、王直、王英等朝廷重臣。九位官员所穿皆为常服，衣服各为杂色，前胸、后背各缀自己相应级别花样的补子。

1　朱鸿：《〈徐显卿宦迹图〉研究》，《故宫博物院院刊》2011年第2期。

2　李小波、宋上上：《中国国家博物馆藏〈王琼事迹图册〉像主的再考察》，《中国国家博物馆馆刊》2020年第12期。

（六）官员日常朝参之外需穿常服的礼仪场合

在历史文献关于常服的相关记录中，除去历次服饰改革的条目，除去皇帝常服、百官亦常服的正常朝参条目，择取以下三十二条皇帝、太子、皇子、皇后、百官、命妇、庶人需穿常服的相关礼仪场合记录，作为以上相关明代文献、礼书、实物、画像所没有提及的常服礼仪用场的补充。

1. 文武百官（进笺）朝贺东宫

洪武元年（1368）定，参与仪式的皇太子常服升殿，文武百官常服齐班于东宫门外之东西，侍仪舍人均常服。如遇冬至、千秋节之时，文武百官贺东宫的礼仪穿着同，唯贺词不同。

2. 大将奏凯旋

洪武元年（1368）定，皇帝常服乘舆出，升楼即御座。文武百官只有礼仪程序的记录没有相关服饰穿着的记录，但是依据上下一致的穿衣规律，一般情况下皇帝常服出场，百官也是常服出场。

3. 宴会

洪武元年（1368）定，无论是皇帝赐宴还是命妇宴会又或是藩王来朝东宫择日宴请藩王，参与宴会的人员无论是皇帝、皇太子、亲王、皇后、文武百官、大小命妇均穿常服参加。

4. 庶人婚礼

婚礼当天，婿妇均盛服行礼，礼毕，双方饮酒毕，入寝室时俱易常服。

5. 太庙朔、望荐新及献新

洪武三年（1370）定，礼官及太常卿以下各服常服入就位，行礼。献新凡遇四方别进新物在月荐之外者，太常卿奉旨与内使监官各服常服捧献于太庙，不行礼。

6. 省牲

洪武四年（1371）上躬祀周天星辰。前祭一日，中书丞相常服诣省牲所省牲。洪武六年（1373）定，中祀省牲宜用常服。

7. 月食救护

洪武六年（1373）礼部奏定救月食礼仪。大都督府设香案，百官常服序立行礼，不伐鼓。

8. 祭旗纛

洪武九年（1376）遣官祭旗纛，正祭时，献官及陪祀官俱常服入就位，候皇帝至山川坛。

9. 皇帝及太子遇丧事除服以后

洪武九年（1376）癸亥，晋王妃谢氏薨。既成服，皇帝素服入丧次，十五举音，百官奉慰，皇帝出次释服，服常服。

10. 公主受醮戒

洪武九年公主受醮戒仪，皇上常服、中宫燕居服升座，公主具礼服。

11. 亲王见东宫叙家人礼

诸王来朝，具冕服见天子毕，次见东宫。其叙家人礼，王及东宫俱常服。

12. 冬至及正旦节遇丧

洪武十五年（1382）十一月八日，癸丑冬至，皇上以皇后丧故，素服祭几筵殿。毕，常服御奉天殿，百官常服行五拜礼。洪武十六年（1383）正月一日，因孝慈皇后丧故，皇太子、亲王、驸马俱浅色常服，诣华盖殿行八拜礼。上御奉天殿，受百官朝贺毕，赐宴华盖殿，不举乐。

13. 蕃国进表

洪武十八年（1385）定，蕃国初附，遣使奉表，进贡方物，择日朝见。蕃使服其服，典仪、内赞、外赞、宣表、展表官、宣方物状官各具朝服，其余文武官常服就位。皇帝常服出场。

14. 宫中发丧

洪熙元年（1425）六月辛丑，上至自南京，先是，仁宗皇帝上宾，遗诏上早正大位宫中以上未还，秘不发丧，至是驿报。上至良乡，宫中始出遗诏，文武百官常服于午门外立班，行四拜礼，听宣读。讫，举哀，再行四拜礼。

15. 陵祭

正统八年（1443）七月二十九日，尚书胡濙等议曰：陵祭止具浅淡常服。

16. 皇上幸学礼后幸彝伦堂

皇上幸国子监时，百官退朝后先至国子监门

外迎驾，陪祀官、国子监具祭服伺候行礼。皇上先服皮弁服，于大成殿行礼毕，入御幄易常服，而后幸彝伦堂，皇上离开太学时，百官常服先于午门外伺立。上御奉天门鸣鞭，百官常服，鸿胪寺致词行庆贺礼。

17. 定先皇帝尊谥

成化十一年（1475）十二月二十四日己亥，上恭仁康定景皇帝尊谥。文武百官常服于丹墀内东西序立……

18. 皇子冠礼次日百官称贺

成化二十三年（1487）五月二十七日丙寅，礼部上五皇子冠日及冠仪：……次日早，皇上常服升金台，百官皆常服致辞称贺，行五拜三叩头礼。朝罢，司礼监请皇子各常服诣奉天门前东虎序坐，百官亦常服行四拜礼。

19. 皇子们封王，百官称贺

成化二十三年（1487）七月十一日戊申，封第二皇子祐杬为兴王，第三皇子祐棆为岐王，第四皇子祐槟为益王，第五皇子祐楎为衡王，第六皇子祐橒为雍王……皇上、皇后前俱行八拜礼毕。复诣母妃前各行四拜礼毕，回宫。十二日文武百官常服致词称贺。行礼毕，司礼监官请各王具常照俱诣奉天门前东虎序坐，百官常服行四拜礼。

20. 钦天监进弘治元年大统历

成化二十三年（1487）十一月丙申，朔钦天监进弘治元年大统历，上御奉天殿受之，给赐文武群臣颁行天下，乐设而不作，百官常服行礼。弘治元年（1488）正月丙申朔正旦节，遣驸马都尉王增、蔡震分祭长陵、献陵、景陵；遣驸马都尉黄镛祭景皇帝陵寝。弘治元年正月二日丁酉，上黑翼善冠，浅淡色袍、黑犀带，御奉天门视朝，文武群臣常服朝参，自是日至十五日皆不御殿。

21. 太皇太后丧

弘治十七年（1504）四月二十九日庚申，皇上服制中，心哀痛，未忍尽从吉典，每月朔望日暂免升殿。百官常服勿着红衣于奉天门朝参，遇节免宴。

22. 改元初纪

先帝薨，新皇上服制，避正殿，元旦诏百官

免贺，皇上黄袍，百官公服，行五拜三叩头礼。次日，皇上黑翼善冠，浅淡色袍、黑犀带，御奉天门视朝，文武群臣常服朝参，自是日至十五日皆不御殿。

23. 百官谒文庙

嘉靖九年（1530）二月十一日诏定，凡春秋二丁，不与陪祀者皆以常服序列，陪祀官之后同时行礼。

24. 泰神殿石座既成皇上亲行奉安礼

是日质明，上具常服诣奉天殿……由殿中门出大明门、正阳门，入昭亨门……百官具常服于南郊迎候。

25. 皇帝生辰遇天象出现彗星

嘉靖十一年（1532）八月六日辛巳，皇上听闻彗星又见于井宿之间，即刻传意于礼部。言生辰庆贺俱令免行，不必吉服，只常服视事，以承天意。

26. 大行庄肃皇后册谥

祭告前一日，皇上穿常服诣奉先殿行祭告礼，至期，上服玄衮御奉天门，正副使常服、百官青服……

27. 皇后崩

嘉靖二十六年（1547）十一月十八日乙未，皇后方氏崩，上即日发丧，皇上黑冠素服十日，文武百官十日内俱布帽素服经带。十日后皇上常服奉天门视朝，百官浅色衣，鸣钟鼓、鸣鞭如常，朔望日暂免升殿俟。梓宫发引日，百官常服。皇上于奉先等殿行礼俱常服。

28. 立春进春

嘉靖二十六年十二月十七日甲子，立春，顺天府官进春，上不御殿，命司礼监官捧进。中宫春仍进几筵，进春官吉服，百官常服侍班行礼。

29. 太子发引

嘉靖二十八年（1549）五月二十四日癸巳，礼部上，庄敬太子发引仪注：发引日，文武百官布裹纱帽、素服经带（丧服所用的麻布带子）……安神……其护丧官并坟所，执事官待葬毕回，回即易乌纱帽青衣角带。次日后，常服办事。

孔府旧藏服饰研究——明代衍圣公卷

30. 百官贺亲王婚

嘉靖三十二年（1553）二月二十一日戊辰，礼部条上二王婚后一切礼仪……于生母前行礼，服其皮弁……遣中官赏复如仪，正旦、冬至，朕御殿受贺，次日，百官常服于各府行礼，免贺勿行。

31. 经筵日讲

皇上常服。

32. 东宫未出阁，逢朔望次日百官行谒见礼

隆庆五年（1571）正月二十七日庚寅，是日，文武百官及天下来朝官员，各具常服诣文华门外，北向序立俟。东宫具常服出升座。

（七）《明实录》中关于常服穿着的相关事例

1. 太祖高皇帝实录 卷二十八下 吴元年 十二月二十三日

百官进笺贺东宫仪：……文武官于奉天殿行贺礼毕，常服诣东宫，文东、武西，分立于门外。受笺官、赞礼等执事，各入就位，引进启外备，皇太子常服出宫，至殿门……

2. 太祖高皇帝实录 卷三十三 洪武元年 闰七月十二日

大将奏凯仪：……皇帝常服乘舆出，升楼即御座……

3. 太祖高皇帝实录 卷三十五 洪武元年 十月三十日

赐宴之仪：……将宴，诸执事各供事，舍人引文武百官常服侍立于殿门之左右，引进引皇太子、亲王常服侍立于殿内之左右，侍仪导皇帝常服升御座……凡冬至、圣节朝会宴享，皆同上仪，唯致词则异……

4. 太祖高皇帝实录 卷三十五 洪武元年 十月三十日

宴会命妇仪：……将宴，诸执事人各供事，司宾引大小命妇各服常服侍立于殿门外之左右，内使监官启知皇后常服，皇妃、皇太子妃、王妃、公主常服随从出阁……

5. 太祖高皇帝实录 卷三十五 洪武元年 十月三十日

东宫朝贺仪：……侍仪舍人常服，置笺函于案，举入位。引班引文武官常服齐班于东宫门外之东西。通赞、内赞、宣笺、宣笺目、展笺、受笺官、承令官俱入就位。引进启外备，导皇太子常服升殿，乐作，升座，乐止……冬至、千秋节礼同。

6. 太祖高皇帝实录 卷三十七 洪武元年 十二月六日

定三师朝贺东宫仪：……至日，皇太子常服升座，三师、宾客常服入就位，北向立……

7. 太祖高皇帝实录 卷三十七 洪武元年 十二月七日

庶人婚礼：……是日质明，婿父盛服以祝版告庙讫，坐于中厅，南面。婿盛服立于其西少南，东向再拜……婿妇至席所，东西相向立，皆再拜。婿揖妇坐，妇从者举食案置于婿前，婿从者举食案置于妇前，进酒馔者再。妇从者以卺斟酒授婿，婿从者以卺斟酒授妇，同饮毕，婿妇皆兴，入寝室，俱易常服。婿从者馂妇之余，妇从者馂婿之余。见祖祢：妇至之明日，见祖祢，如品官仪。见舅姑：既见祖祢，妇俟舅姑立于堂下……

8. 太祖高皇帝实录 卷四十五 洪武二年 九月二十一日

凡蕃王来朝……蕃王服其国服……礼部告示侍仪司，以蕃王及其从官具服于天界寺，习仪三日，择日朝见……是日……文武官具朝服入就侍立位……皇帝服通天冠、绛纱袍御舆以出……质明，蕃王朝见皇帝讫，常服至东宫门外。文武官公服入侍，从皇太子皮弁服出……择日锡宴于谨身殿……诸执事者各供事，舍人引文武官常服侍立于殿门之左右，又引蕃王服其国服侍立于百官之北，引进引皇太子、诸王常服侍立殿内之左右。

9. 太祖高皇帝实录 卷四十五 洪武二年 九月二十一日

东宫择日宴蕃王。是日……诸执事各供事，舍人引三师等官常服俟立于殿门之左右，又引蕃王服其国服立于三师之北，引进引诸王常服俟立于殿内之左右……引进引皇太子常服出，乐作，升座，乐止，诸王各就位……

10. 太祖高皇帝实录　卷四十五　洪武二年　九月二十一日

蕃使见东宫……使者朝见皇帝讫，引礼引执事者举方物案前行，使者常服随行入东宫内门外，东向立。皇太子常服出，乐作，升座，乐止……

11. 太祖高皇帝实录　卷四十八　洪武三年　正月十四日

太常司定太庙朔、望荐新及献新仪：……祭日，引礼官及太常卿以下各常服入就位……献新凡遇四方别进新物在月荐之外者，太常卿奉旨与内使监官各服常服捧献于太庙，不行礼。

12. 太祖高皇帝实录　卷五十七　洪武三年　十月十四日

诏：凡朝觐、辞谢，官员俱用公服，其或常服见者缀班后。如以军务远来及承制使还，即时引见者不拘此例。

13. 太祖高皇帝实录　卷六十八　洪武四年　九月十五日

甲子，上躬祀周天星辰……前祭一日，中书丞相常服诣省牲所省牲。

14. 太祖高皇帝实录　卷七十九　洪武六年　二月八日

命朝官制常服履鞋。先是，百官入朝，遇雨皆用钉靴，进趋之间，声达殿陛，侍仪司官以为不肃，请禁之。上曰：古者朝臣入朝有履，自唐以来，始用靴，行之已久，不可猝变。宜令朝官为软底皮鞋，笼于靴外，出朝则释之。

15. 太祖高皇帝实录　卷七十九　洪武六年　二月十四日

礼部奏定救日食礼仪：其日，皇帝常服，不御正殿，中书省设香案，百官朝服序立行礼，鼓人伐鼓，复圆乃止；若月蚀，大都督府设香案，百官常服序立行礼，不伐鼓；若遇雨雪云翳，则免行礼，从之。

16. 太祖高皇帝实录　卷八十四　洪武六年　八月六日

复命礼部尚书牛谅、翰林承旨詹同等议省牲所用冠服。同等奏：谨按《玉藻》，君皮弁以日视朝，遂以食。则皮弁似与今常服之服同，今中祀既以皮弁行礼，则省牲宜用常服。

17. 太祖高皇帝实录　卷九十二　洪武七年　八月一日

洪武七年八月甲午朔，上躬祀历代帝王于新庙……前祭二日，太常卿奏遣中书丞相省牲。次日清晨，丞相服常服省牲。

18. 太祖高皇帝实录　卷九十七　洪武八年　二月十二日

又定颁诏诸蕃及蕃国迎接仪：……使者至蕃国，先报蕃王，蕃王迎接、陈设、行礼皆如迎诏，但王及众官常服乘马前导。

19. 太祖高皇帝实录　卷一百四　洪武九年　二月十二日

遣官祭旗纛……其正祭仪：献官及陪祀官俱常服入就位，候皇帝至山川坛……

20. 太祖高皇帝实录　卷一百六　洪武九年　五月十日

癸亥，晋王妃谢氏薨。命礼部、翰林院议丧服之制……既成服，皇帝素服入丧次，十五举音，百官奉慰，皇帝出，次释服，服常服。

21. 太祖高皇帝实录　卷一百七　洪武九年　七月十日

公主受醮戒仪：……上常服、中宫燕居服升座……公主具礼服……

22. 太祖高皇帝实录　卷一百二十一　洪武十一年　十一月二十一日

庚寅，皇太子妃常氏薨。上素服，辍朝三日，中宫素服，哀临，皇太子服齐衰。葬毕，焚于墓所，常服还内，皇孙服斩衰，置灵座旁，遇祭奠则服之，诸王公主服如制。

23. 太祖高皇帝实录　卷一百二十五　洪武十二年　六月十日

亲王见东宫……凡亲王来朝，具冕服见天子。毕，次见东宫……东宫具冕服……礼东宫坐受毕，东宫与王俱衣常服，至后殿序家人礼。

24. 太祖高皇帝实录　卷一百五十　洪武十五年　十一月八日

癸丑冬至，上以皇后丧故，素服祭几筵殿。毕，常服御奉天殿，百官常服行五拜礼。

25. 太祖高皇帝实录　卷一百五十一　洪武十六年　正月一日

洪武十六年春正月乙巳朔，皇太子、亲王、驸马俱浅色常服，诣华盖殿行八拜礼。上御奉天殿，受百官朝贺。毕，赐宴华盖殿，不举乐，以孝慈皇后丧故也。

26. 太祖高皇帝实录　卷一百七十　洪武十八年　正月二十九日

辛卯，礼部奏定王国祭祀社稷、山川等仪：凡祭社稷，前四日，奉祠启王斋戒。前祭一日，导王常服省牲讫，遂宰牲……

27. 太祖高皇帝实录　卷一百七十二　洪武十八年　三月十九日

庚辰，诏定蕃国进表礼仪：凡蕃国初附，遣使奉表，进贡方物……择日朝见……蕃使服其服，捧表及方物状，至丹墀跪授礼部官，礼部官受之，诣丹墀，置于案，执事者各陈方物于案。毕，典仪、内赞、外赞、宣表、展表官、宣方物状官各具朝服，其余文武官常服就位。仪礼司官、奏请升殿，皇帝常服出……

28. 太祖高皇帝实录　卷二百四十六　洪武二十九年　八月二十五日

诏廷臣重议诸王见东宫礼。礼官议：诸王来朝，具冕服见天子。毕，次见东宫，已有定仪。其叙家人礼，王及东宫俱常服……

29. 仁宗昭皇帝实录　卷十　洪熙元年　五月十二日

洪熙元年六月辛丑，皇太子还自南京，至良乡。宫中发丧，宣遗诏。文武百官常服行四拜礼，宣毕，举哀，复行四拜礼。中官同礼部尚书捧遗诏赴卢沟桥迎谕，皇太子文武百官易素服出迎。

30. 宣宗章皇帝实录　卷一　洪熙元年　六月三日

辛丑，上至自南京，先是，仁宗皇帝上宾，遗诏上早正大位，宫中以上未还，秘不发丧，至是驿服。上至良卿，宫中始出遗诏，文武百官常

服于午门外立班，行四拜礼，听宣读。讫，举哀，再行四拜礼。

31. 英宗睿皇帝实录　卷一百六　正统八年　七月二十九日

驸马都尉赵辉言：窃见中都皇陵、祖陵朔望皆有祭，行礼者具祭服，往来人使诣陵祇谒。今孝陵之礼一切从简……尚书胡濙等议曰：……至于陵祭，止具浅淡常服，盖洪武中及永乐初年之旧况，系元年诏旨所定，而辉固欲纷纭，难再更改。上命悉依见行之例行之。

32. 英宗睿皇帝实录　卷一百十四　正统九年　三月一日

上幸国子监……上入御幄易常服。讫，礼官奏请幸彝伦堂……

上命光禄寺赐各官茶。毕……由太学门出……百官常服先诣午门外俟……上御奉天门鸣鞭，百官常服，鸿胪寺致词行庆贺礼，鸣鞭。毕，驾兴还宫，百官退。

33. 英宗睿皇帝实录　卷三百四十七　天顺六年　十二月一日

天顺六年十二月辛酉朔，上省郊祀牲。是日，太常寺奏：祭祀，上服黄袍御奉天殿，百官常服侍班，及诣南郊，百官易吉服。以从礼部请，今日以后，朝参鸣钟鼓如常仪。

34. 英宗睿皇帝实录　卷三百五十五　天顺七年　闰七月四日

辛酉，礼部进母后胡氏尊谥仪注：……是日早，上服黄袍、翼善冠，升御座……文武官常服行四拜礼……

35. 宪宗纯皇帝实录　卷十四　成化元年　二月九日

丙戌，礼部进视学仪注：……百官朝退，先诣国子监门外迎驾，陪祭官先诣国子监，具祭服伺候行礼……上至大成门外入御幄，礼官奏请具皮弁服，脉次奏请行礼。导引官导上出御幄，由中道诣大成殿陛上……（礼毕）上入御幄易常服讫，礼官奏请幸彝伦堂……百官常服先诣午门外伺候，驾还，卤簿大乐，止于午门外。上御奉天门，鸣鞭，百官常服，鸿胪寺致词，行庆礼，

毕，鸣鞭，驾兴还宫，百官退。

36. 宪宗纯皇帝实录　卷一百四十八　成化十一年　十二月二十四日

己亥，上恭仁康定景皇帝尊谥。是日早，文武百官常服于丹墀内东西序立……

37. 宪宗纯皇帝实录　卷二百九十　成化二十三年　五月二十七日

丙寅，礼部上五皇子冠日及冠仪：……次日早，上常服升金台，百官皆常服致辞称贺，行五拜三叩头礼。朝罢，司礼监请皇子各常服，诣奉天门前东庑序坐，百官亦常服行四拜礼。

38. 宪宗纯皇帝实录　卷二百九十二　成化二十三年　七月十一日

戊申，以英国公张懋、保国公朱永、襄城侯李瑾、宁伯谭祐为正使，少傅、吏部尚书万安，少保、户部尚书刘吉，太子少保、礼部尚书尹直，吏部尚书李裕、户部尚书李敏为副使，各持节册封第二皇子祐杬为兴王，第三皇子祐棆为岐王，第四皇子祐槟为益王，第五皇子祐楎为衡王，第六皇子祐橓为雍王……皇上、皇后前俱行八拜礼，毕。复诣母妃前各行四拜礼，毕。回宫十二日，文武百官常服致词称贺。行礼毕，司礼监官请各王具常服，俱诣奉天门前东庑序坐，百官常服行四拜礼。

39. 孝宗敬皇帝实录　卷六　成化二十三年　十一月一日

成化二十三年十一月，丙申朔，钦天监进弘治元年大统历，上御奉天殿受之，给赐文武群臣，颁行天下，乐设而不作，百官常服行礼。

40. 孝宗敬皇帝实录　卷九　弘治元年　正月二日

丁酉，上黑翼善冠、浅淡色袍、黑犀带，御奉天门视朝，文武群臣常服朝参，自是日至十五日皆不御殿。

41. 孝宗敬皇帝实录　卷十一　弘治元年　二月八日

壬寅，礼部进视学仪注……上入御幄，易常服。讫，礼官入奏请幸彝伦堂……驾至成贤街，学官诸生跪，叩头，退，百官常服先诣午门外候，

驾还，卤簿大乐止于午门外。上御奉天门，鸣鞭，百官常服。鸿胪寺致词，行庆贺礼，毕，鸣鞭，驾兴还宫，百官退。明日国子监祭酒率学官、监生上表谢恩。

42. 孝宗敬皇帝实录　卷四十九　弘治四年　三月三日

礼部进亲王冠礼仪注：一，习仪。前期各执事官于奉天门前东庑习仪三日。一，陈设……次日早，皇上常服升金台，百官常服称贺，致词云：皇子冠礼已成，理当称贺。行五拜三叩头礼毕。是日，朝罢，司礼监请皇子各具常服，俱诣奉天门前东庑序坐，百官常服行四拜礼。

43. 孝宗敬皇帝实录　卷二百十　弘治十七年　四月二十九日

庚申，上传旨谕礼部臣曰：朕服制虽遵遗诰。中心哀痛，未忍尽从吉典，每月朔望日暂免升殿。百官常服于奉天门朝参，遇节免宴，百官勿着红衣。凡大节，免行庆贺礼，各王府并南京及在外各衙门预行文知之，不必差官赴京。

44. 武宗毅皇帝实录　卷八　弘治十八年　十二月九日

己未，上初以服制避正殿，明年元旦诏百官免贺，文武大臣俱奏：春秋重五始，今皇上嗣大历服，改元初纪，即不称贺，亦请御正殿，其合行礼仪，当如彝典，以慰中外臣民之望。有旨：升殿，命礼部斟酌，具仪奏之。至是尚书张升奏：弘治旧仪，元旦，上服黄袍御奉天殿，鸣钟鼓，鸣鞭，作堂下乐，百官具公服，行五拜三叩头礼。次日，御奉天门，服浅色袍、黑翼善冠、犀带，百官具常服朝参，今宜参酌，设卤簿驾，并中和韶乐，设而不作，百官具朝服，先行四拜，致词，再行四拜礼。上命一准弘治元年例行。

45. 武宗毅皇帝实录　卷九　正德元年　正月二日

壬午，上黑翼善冠、浅淡色袍、黑犀带，御奉天门视朝，文武群臣常服朝参，自是日至十五日皆不御殿。

46. 武宗毅皇帝实录　卷九　正德元年　正月二十六日

丙午，礼部具视学仪注：……是日早，百官免朝，先诣国子监门外迎驾。武官都督以上、文官三品以上及翰林院七品以上同国子监官具祭服伺候陪祀……上至大成门外降辇。礼官导上入御幄，奏请具服。上具皮弁服讫，太常寺官导上出御幄，由中道诣大成殿陛上。典仪唱：执事官各司其事……上入御幄更翼善冠、黄袍，讫，礼部官奏请幸彝伦堂……棂星门出，从太学门入……上至彝伦堂，升御座……礼毕，驾兴升舆，出太学门升辇，卤簿、大乐振作前导。祭酒以下及诸生伺驾至，跪，叩头，退。百官常服，先诣午门外，伺候驾还，卤簿、大乐止于午门外。上御奉天门，鸣鞭，百官常服，鸿胪寺致词，行庆贺礼，毕，鸣鞭。驾兴还宫，百官退。

47. 世宗肃皇帝实录　卷十　嘉靖元年　正月二十六日

礼部上三月初七日幸学仪注：……是日早，百官免朝，先诣国子监门外迎驾。陪祀官武官都督以上、文官三品以上及翰林院七品以上同国子监官具祭服伺候行礼……上至大成门外降辇。礼部官导上入御幄，礼部官奏请具服。上具皮弁服讫，奏请行礼。太常官导上出御幄，由中道诣大成殿陛上……鸿胪寺奏礼毕，驾兴，升舆，出太学门，升辇，卤簿、大乐振作前导。祭酒以下及诸生送驾，跪，叩头退。百官常服先诣午门外伺候，驾还，卤簿、大乐止于午门外。上御奉天门，鸣鞭，百官常服，鸿胪寺致词，行庆贺礼，毕，鸣鞭。驾兴还宫，百官退。初八日，袭封衍圣公率三氏子孙，国子监率学官、监生上表谢恩。上具皮弁服，御奉天殿，锦衣卫设卤簿驾，百官朝服侍班行礼。毕，上易服，御奉天门，礼官引奏，赐祭酒、司业、学官及三氏子孙衣服，诸生钞锭，毕，驾还。

48. 世宗肃皇帝实录　卷九十三　嘉靖七年　十月九日

皇后陈氏崩。礼部上丧祭礼仪，上疑过隆。令更议。部臣具累朝旧仪量加参酌上请，上乃躬自裁定，以示阁臣，云：闻丧次日，百官素服于思善门桥南哭临，又次日亦如之。第四日成服，

百官服丧服入临，如前三日免哭临……朕冠黑翼善冠，素服犀带视朝，一十二日尽杖期，以日易月之意，一十二日，前后共二十七日，俱西角门视朝，服浅色衣。百官黑冠素服之日，于奉天门视朝，俱不鸣钟鼓。如遇朝两宫之日，则具常服以尽尊亲之礼。制下阁臣张璁等拟，上服制宜服素服经带十二日，其后乃服黑翼善冠、犀带，前后二十七日俱御西角门视朝，朝之日百官皆素服经带。二十七日以后，皇上御奉天门，百官乃更素服角带。上意既允，已复降旨曰：朕当黑冠、素服降之，九日而释可矣。

49. 世宗肃皇帝实录　卷九十三　嘉靖七年　十月二十八日

丙寅，奉敕谕：皇后陈氏作配朕躬已及七年，宜有称谥，以诏后世。不必会议，即行翰林院拟谥，奏请钦天监择日……钦天监择闰十月初三日吉……至期，上位常服御奉天门，正副使常服，百官浅色衣、黑角带，入班行叩头礼毕，百官、左右侍班、正副使入，就拜位，赞四拜……

50. 世宗肃皇帝实录　卷一百十　嘉靖九年　二月十一日

诏定百官谒文庙礼，凡春秋二丁，不与陪祀者，皆以常服序列陪祀官之后，同时行礼。

51. 世宗肃皇帝实录　卷一百三十一　嘉靖十年　十月十二日

初，泰神殿石座既成，上谕礼部尚书夏言欲亲行奉安礼，言具仪上。上复谓神御版自奉天殿……是日质明，上具常服诣奉天殿……由殿中门出大明门、正阳门，入昭亨门……百官具常服于南郊迎候。

52. 世宗肃皇帝实录　卷一百四十一　嘉靖十一年　八月六日

辛巳，上谕阁臣曰：朕闻彗星又见于井宿之间，犬斯变也，未及三岁凡三见焉，乃朕所召卿等即刻传朕意于礼卿。言生辰庆贺俱令免行，不必吉服，只常服视事，以承天意。

53. 世宗肃皇帝实录　卷一百四十七　嘉靖十二年　二月二十五日

戊戌，礼部上圣驾临幸太学仪注：……陪祀

官武官都督以上，文官三品以上及翰林七品以上同国子监官具祭服伺候行礼……上具皮弁服讫，奏请行礼……百官常服先请午门外伺候。驾还，卤簿、大乐止于午门外，上御奉天门鸣鞭，百官常服，鸿胪寺官致词，行庆贺礼，毕，鸣鞭。驾兴还宫，百官退。

54. 世宗肃皇帝实录　卷一百七十三　嘉靖十四年　三月二日

壬戌，上御经筵，礼部上大行庄肃皇后册谥仪：一，择日，钦天监择到嘉靖十四年三月初十日卯时吉。一，祭告。前一日，上具常服诣奉先殿行祭告礼，用祝文、香帛、酒果、脯醢（肉酱），如常仪。遣内侍官祭告，几筵陈设如常仪。一，行册宝礼。前期，鸿胪寺官设册宝案于奉天门东，内侍官设册宝案于几筵前，册案居左，宝案居右。至期，上服玄衮御奉天门，正副使常服、百官青服……

55. 世宗肃皇帝实录　卷三百三十　嘉靖二十六年　十一月十八日

乙未，孝惠皇后忌辰，遣驸马谢诏祭茂陵。皇后方氏崩，上即日发丧，谕礼部曰：皇后比救朕危，奉天济难，冀同膺洪眷，相朕始终。不意遽逝。痛切朕情，其以元后礼丧之……上常服奉天门视朝，百官浅色衣，鸣钟鼓、鸣鞭如常，朔望日暂免升殿。俟梓宫发引日，百官常服。一，上于奉先等殿行礼俱常服……

56. 世宗肃皇帝实录　卷三百三十一　嘉靖二十六年　十二月十七日

甲子，立春，顺天府官进春，上不御殿，命司礼监官捧进。中宫春仍进几筵，进春官吉服，百官常服侍班行礼。

57. 世宗肃皇帝实录　卷三百三十六　嘉靖二十七年　五月二日

丙子礼部上言：曩孝洁皇后梓宫入山陵，百官自执事外俱衰服送至土城，祭毕即回，各更常服办事。俟迎主，用乌纱帽、素服。但孝洁皇后自发引至神主还京将及半年，且中遇元旦令节，百官宜从常服。今孝烈皇后初十日发引，十五日即还，事体不同，请令祭毕还京。诸臣除入朝

外，俱素衣、乌帽、角带办事，至神主还京而除。上曰：昔有两宫在，臣从君敬其所尊，厥礼是矣，今日卿等有毋事之义，随丧往来者仍当制服。祭毕，回者以乌帽、素服入朝，素冠、素服办事，近主仍制服，思善门外行安神礼，更素冠、素服从事。

58. 世宗肃皇帝实录　卷三百四十八　嘉靖二十八年　五月二十四日

癸巳，礼部上庄敬太子发引仪注：……发引日，文武百官布裹纱帽、素服经带……其护丧官并坟所执事官待葬毕回，回即易乌纱帽、青衣、角带。次日以后，常服办事。

59. 世宗肃皇帝实录　卷三百九十四　嘉靖三十二年　二月二十一日

戊辰，礼部条上二王婚后一切礼仪……于生母前行礼，服其皮弁不冕者，重父前也……遣中官赍复如仪。正旦、冬至朕御殿受贺，次日，百官常服于各府行礼，免贺勿行。

60. 穆宗庄皇帝实录　卷七　隆庆元年　四月二日

丁亥，礼部进经筵日讲仪注：一，四月二十二日开讲。先一日，直殿内官于文华殿内设御座，又设御案于殿之东稍北，设讲案于殿之东稍南。至期，司礼监官先陈所讲经书各一本置御案，各一本置讲案。讲官撰经书、讲章各一篇，置于册内。是日早，上御皇极门，早朝后还宫进膳。毕，常服出文华殿，升御座，将军侍卫如常仪。

61. 穆宗庄皇帝实录　卷十七　隆庆二年　二月十日

上敕礼部曰：天寿山春祭，朕躬诣行礼。其择日以闻。于是，礼部奏上仪注：……扈从官在途供事以便衣，朝参以常服。二十七日，免朝。

62. 穆宗庄皇帝实录　卷五十三　隆庆五年　正月二十七日

庚寅，大学士李春芳等言：先朝故事，东宫未出阁时，阁臣以朔望次日行谒见礼。即今春和，乞命臣等举行如例，不惟臣等获遂仰瞻之私，而东宫殿下亦可闲习礼仪、养成储德……是日，文武百官及天下来朝官员，各具常服诣文华

门外，北向序立。侯东宫具常服出，升座，文武百官先入班，赞鞠躬，四拜礼毕，分班序立……

63. 神宗显皇帝实录　卷五十九　万历五年　二月六日

甲子，礼部上潞王加冠仪注：……一，谒见。是日，潞王具冕服谒祭于奉先殿，用乐、行礼如常仪。潞王仍具冕服诣仁圣皇太后前，慈圣皇太后、皇上前谢，俱行五拜三叩头礼，皆用乐。一，百官行贺礼。次日早，上具常服御皇极门，百官具吉服称贺，致词曰：潞王冠礼已成，理当称贺。行五拜三叩头礼。毕，候朝罢，司礼监请潞王具常服，谒皇极门前东庑坐，百官吉服行四拜礼。

64. 神宗显皇帝实录　卷一百十七　万历九年　十月二十八日

郑王厚烷有疾，世子载壆亦久病，朝祭行礼不便，请以世孙翊锡代行，因乞赐翼善冠服，如鲁世孙健代例。礼部谓鲁世子已故，今载壆尚存，似难比例。但朝祭大典，使世孙以常服行礼，非惟观瞻不便，抑且恭敬未伸，相应给与允之。

65. 神宗显皇帝实录　卷二百六十六　万历二十一年　十一月十六日

丙寅，礼部传出圣谕：皇长子出阁在迩，合先行冠礼以见讲官。但册立未举，既不可遽用东宫之仪，又不可同亲王之服，暂用常服出讲，待册立日行冠礼。

66. 神宗显皇帝实录　卷五百九十三　万历四十八年　四月八日

乙卯，礼部进易服仪注：十二日以后，上位释素服，易黑翼善冠、浅淡色服、黑犀带御文华门视事，鸣钟鼓，文武百官素服、乌纱帽、黑角带、皂靴朝参。其在衙门办事仍用素服、布里纱帽、垂带、腰绖、麻鞋。至二十七日而除，皇太子、瑞王等王，二十七日以后，凡问安、视膳诣御前，俱易乌纱翼善冠、青布袍。诣大行皇后几筵前及私居仍素冠服，其告葬、辞灵、启奠、祖奠、虞祭、卒哭、迎主，俱服缞服。文武官员二十七日以后，朝参服浅淡色衣服。至于各衙门

办事俱乌纱帽、青素服、黑角带、皂靴，候梓宫发引之后始服常服。

67. 神宗显皇帝实录　卷五百九十六　万历四十八年　七月十一日

丙戌，礼部右侍郎孙如游会同大学士方从哲进册谥仪注：万历四十八年七月十三日卯时，册谥大行皇后……是日，遣内侍官祭告，大行皇后几筵陈设祭品如常仪。上服常服御文华门，乐设而不作，正副使常服，文武百官青素冠服、黑角带，入班行叩头礼，毕。

68. 光宗贞皇帝实录　卷一　万历十八年　十一月

十一月，慈圣皇太后万寿圣节。神宗御门受贺，特召辅臣王锡爵见于暖阁。辅臣因恳请册立，而言豫教最亟。神宗颔之，其闰月朔，谕礼部详拟豫教出阁仪来奏，并谕册立一事久已，断自朕心，但以中宫方在壮年，不妨待嫡少缓酌，于来春先行出阁读书礼，其三皇子少待次年另行，长幼之序，即此为定。已复谕停。寻又谕未行冠礼，以常服出阁，命选用侍班讲读各官，命锡爵、志皋位提调如仪。自三日后，每月以逢三日轮侍。

五、忠静冠服

（一）忠静冠服创制始末

明代是中国历史上最后一个由汉民族统治的封建王朝[1]，明太祖朱元璋，在建国之初以恢复汉族传统为己任，他废除元朝服制，上采周汉，下取唐宋，重新制定了符合汉统的明代服饰制度。继而明成祖朱棣，在发动"靖难之役"夺取帝位之后为了强调皇权的神圣和威严，针对帝后及宗室的冠服制度做出了一些调整和补充。之后以藩王世子身份即位的明世宗朱厚熜在历经了"大礼议"之争以后，认为明代朝堂之上的各类服饰已经日臻完善，

1　佟萌、李雪飞：《明代官服的结构研究与数字化复原》，《丝绸》2021年第12期。

唯燕居冠服俗制不雅，于是参考古制创制了帝王、品官和宗室的燕服制度。

《世宗肃皇帝实录》卷八十五，嘉靖七年（1528）二月十五日，明确记载了忠静冠服的创制始末。明世宗朱厚熜认为，古代圣王，思慎幽独，特制玄端为燕居之服，以戒燕安。谕令辅臣张璁及礼部参考古制，于古玄端（玄取其玄邃，端取其方正之义）之服稍加纹饰，作为皇上燕服的外袍，于古深衣易以黄色，作为皇帝燕服的中衣。冠制参考皇帝皮弁，外帽乌纱，冠体纵向十二等分，各压以金线，前饰五彩玉云，后镇四山（图4-57）。此组皇帝燕居冠服定名为燕弁服（图4-58）。

随后品官的忠静冠服在参照皇帝燕弁冠服的基础上也做了定制。"夫善与人同，令从君出，故欲警于有位自难混于无名，因复酌古玄端之制，更名曰'忠靖'。庶几乎进斯尽忠，退斯补过也。夫君子大复古，重变古，非泥于古也。因时制宜，各有法象意义，非以私意更改之也。朕已有谕，著为图说，告之祖考，示不敢专颁之天下，传之后世，示不可私其燕弁服。朕已制成，慎用之矣。其忠靖冠服宜令如式制造，在京许七品以上官及八品以下翰林院、国子监、行人司、

在外许方面官及各府堂官、州县正官、儒学教官服之；武官止都督以上许服，其余不许一概滥服。至于比年诡异之服，悉行禁革。夫衣裳在笥（盛衣物的方形竹器），所以尚贤车服以庸，所以昭德凡尔内外。群臣尚当稽其名以见其义，观其制以思其德，务期成峨峨之誉髦，无徒侈楚楚之容与，庶道德可一，风俗可同也尔。礼部其以图说颁布天下，如敕奉行。"[1]这里的"图说"就是《忠静冠服图说》，后与《玄端冠服图说》合为一册，名为《大明冠服图说》，现收藏于北京大学图书馆，成为研究明代品官忠静冠服的重要依据。

忠静冠服的创制，是在皇帝"燕弁服"的基础上，复酌古玄端之制，发展而来的。创制的初衷是以服章辨上下，定民志，既要上下同心，君臣一德，又要慎幽独，戒燕安，进斯尽忠，退斯补过。

嘉靖七年（1528）十月，辽府光泽王宠瀼上奏说："圣制燕弁、忠静冠服，中外臣工受赐得服者，咸以为荣，乞并赐宗亲官属，使之因服思义，虽在幽独不忘敬戒。"[2]世宗将奏章下礼部，礼部商议后建议："宗室至亲，与品稍异，宜别降成式，或于燕弁上第从减杀，以赐亲王、郡王、

图4-57 燕弁冠

图4-58 燕弁服

1 （明）佚名：《明世宗实录》卷八十五，台北"中研院史语所"，1962，第1931、1932页。

2 （明）佚名：《明世宗实录》卷八十五，台北"中研院史语所"，1962，第2160页。

世子、长子；于忠静冠上第加增饰，以赐将军、中尉；其长史、审理、纪善、教授、伴读俱辅导王躬，宜比在外府州县儒学官，令皆服之；仪宾虽有品级，非儒流，不宜滥及。"[1]

此次光泽王请求赐服的上奏，正赶上世宗皇帝对国家礼仪制度进行改革的当口，也成了世宗着手改革亲王礼仪服饰的契机，世宗认为他为了谨独和垂范，创制了约束自己的燕弁服，因辅臣之请，推及官员燕居服，创制了忠静服，但是宗室诸王的服制尚未完备，所以命礼部斟酌燕弁服和忠静服再创制一套适合亲王宗室的燕居之服，名之曰"保和服"。保斯和，和斯安，此故赐名之意也。保和冠服的规制介于燕弁服和忠静服之间。燕弁冠顶以乌纱帽十二等分；保和冠亲王用九襬（意为缝衣），世子用八襬，郡王用七襬，郡王长子冠如忠静之制，用五襬（图4-59）；忠静冠四品以上冠中间三道金梁压金线，饰金缘，四品以下去金缘以浅色丝线为之。衣，燕弁服玄色青缘，前面圆龙一，后面方龙二，两肩绣日月，衣缘绣龙纹一百八十九条，深衣黄色；保和服衣用青，缘深青，身用素地边用云纹，前后饰方龙补各一，深衣玉色（图4-60）；忠静服色用深青，缘以青绿，四品以上云纹，四品以下用

素，前后饰本等花样补子，深衣玉色。至此，涉及皇帝、亲王宗室、文武品官的燕居服饰制度创制完备。

2.文献记载中的忠静冠服规制

忠静冠服制度在《大明会典》《明实录》《大明冠服图》《国朝典汇》《三才图会》中皆有著述（图4-61）。在张璁后世子孙编撰的《谕对录》和杨一清著述的《密谕录》中也详尽地记载了世宗皇帝与二人议定忠静冠服图文过程中的谕旨和奏折来往内容。

《大明会典》现存两个版本，分别为正德四年（1509）版和万历十五年（1587）版，正德时期，忠静服制还未创制，所以并无相关记载。在哈佛大学图书馆所收藏的《大明会典》万历十五年内府刊本，卷之六十一，礼部十九，冠服二，文武官冠服中有忠静冠服相关记载如下："嘉靖七年（1528）定，忠静冠即古玄冠，冠匡如制，以乌纱帽之，两山俱列于后，冠顶仍方，中微起，三梁各压以金线，边以金缘之。四品以下去金边，以浅色丝线缘之。忠静服即古玄端服，色改用深青，以绫丝纱罗为之。三品以上用云，四品以下用素，边缘以蓝青，前后饰以本等花样补

图4-59 保和冠

图4-60 保和服

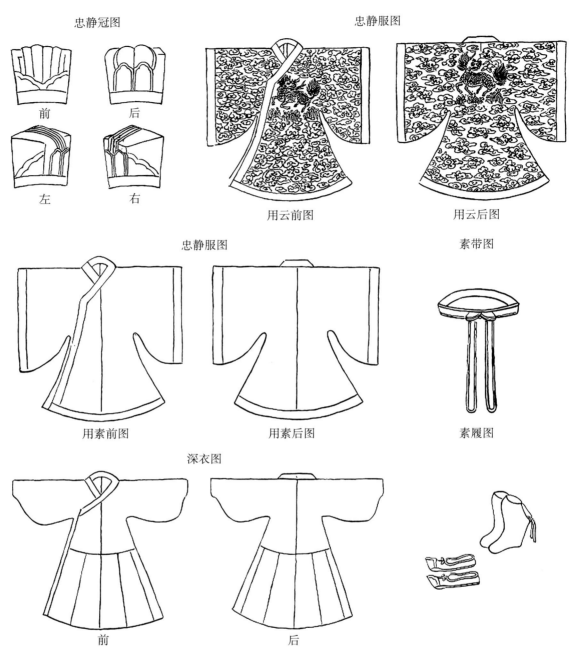

图4-61《大明会典》所载忠静冠服图示

子。深衣用玉色。素带如古大夫之带制，青表绿缘边并里，素履色用青，绿绦结，白袜。凡王府将军、中尉及左右长史、审理副纪善、教授等官，俱以品官之制服之，仪宾不得概服。在京七品以上官及八品以下翰林院、国子监、行人司官，在外方面官各府堂官，州县正官，儒学教官

及武官都督以上许服，其余不许。"[1]

《明实录·世宗肃皇帝实录》中只是记载了创制忠静服的初衷和参照古玄端之制的缘由，以及在议定忠静冠服的制度过程中复古、变古、非泥于古的守正创新原则，所涉及内容仅限于衣服较之于古玄端之服在色彩和纹饰上的变化，却未

---

1 （明）申时行：《大明会典·卷六十一·冠服二》，万历十五年内府刊本。

提及在制度确立期间忠静冠服的具体形制变化和要求。

现收藏于北京大学图书馆的《大明冠服图》为清代抄本，内容包括嘉靖七年所制定的皇帝《燕弁冠服图说》和品官《忠静冠服图说》。《忠静冠服图说》卷首有"臣璁伏蒙圣谕"云云，可知图说出自张璁之手。此书卷首抄录《大明会典》《皇明宝训·世宗肃皇帝宝训》《明史·舆服志》中燕居冠服相关的内容。书中关于服制的记载如下："忠静冠，制如古玄冠，敷以乌纱，后列两山，冠顶仍方，中间微微突起三梁，各压以金线，边以金缘之，四品以下不用金边。忠静服，衣身用深青色，边用蓝青，前胸后背缀本等花样织金补子，深衣用玉色。三品以上用云，纻丝纱罗为之，四品以下用素，补子花样随品。如已赐麒麟服，则赐其他，补子花样随品。"[1]张璁提出补充意见，认为忠静冠"四品以下去金线之压，边以浅色丝线缘之为之杀也"，和《大明会典》图文对照可知此议被采纳。深衣之制，圣谕"悉仿古酌其宜也"，和《大明会典》所载"深衣用玉色"一致。"素带，仿大夫之带制，青为表，绿缘边及里。素履青色，绿绦结，白袜"也和《大明会典》所描述的一致。

《国朝典汇》[2]卷一百一十冠服制部分，对嘉靖七年世宗皇帝创制忠静冠服始末记载详尽，具体冠服形制要求在书中并无著述。

《三才图会》又名《三才图说》，是由明朝人王圻[3]及其子王思义撰写的百科式图录类书。书分14类，每类事物皆图文对照，其中衣服类卷一中有"忠靖冠"的图示和解读："有梁，随

品官之大小为多寡，两旁及后以金线屈曲为纹，此卿大夫之章，非士人之服也，嘉靖初更定服色遂有限制。"[4]描述内容和以上几部典籍记载略有不同。他所记载和反映的是明朝中后期民间现实存在的忠静冠形貌流变状况。

关于忠静冠的传播和影响，《朝鲜王朝实录》中有记载，先是朝鲜国王传于政院[5]曰："近来二十日，世子将移避于昌德宫，今虽册封，而时未冠髻，欲着笠不可，欲着翼善冠，亦不可，未知当何着而可也。中宗朝时候，天使[6]龚用卿[7]进忠静巾，中宗即授仁宗曰：'此巾世子可着。'今观之，则平顶似头巾，合于世子之着。此巾可着乎？请三公、领府事议启。"领议政沈连源、左议政尚震、右议政尹溉议："世子年幼，虽已册封，而势未可着礼冠。中宗朝，既以忠静巾为世子可着云，则依上教，着忠静巾甚当。"领中枢府事尹元衡议亦同。史臣曰："考诸《礼经》，上自天子，下至诸侯、公卿、大夫、士，冠服制度等级，奢俭无不具载，未知所谓忠静巾者，是何等冠也。虽是诏使之所进，而既不见于《礼经》，则必是中朝士大夫特创一时简便之制，以为私居宴闲之冠，如宋之苏轼所着东坡冠之类也，其非礼冠，明矣。我国自祖宗朝，世子未冠礼时，所着冠服，岂无已行之规，而不为博究遵行，必欲着此非礼之巾，岂不误哉？三公、领府事之议，皆未知其何据也。"传于政院曰："三公、领府事议知道。但今日世子移避时，则姑令着笠矣。"[8]这是嘉靖三十六年（1557）朝鲜王朝关于已册封的世子如何着冠的讨论。虽已册封世子但由于尚年幼不适合着礼冠（翼善冠），三公

1　徐文跃：《北京大学图书馆藏〈大明冠服图〉研究》，《文津学志》2021年第2期。

2　（明）徐学聚：《国朝典汇》，《四库全书存目丛书》史部第265册，齐鲁书社，1996，第744页。徐学聚，明朝官员，万历朝任福建巡抚，还著有《历朝珰鉴》。

3　王圻（1530—1615），明文献学家、藏书家。字元翰，号洪洲，明嘉靖四十四年（1565）进士，授清江知县，调万安知县，升御史，后任陕西提学使、神宗傅师、中顺大夫资治尹，授大宗宪。

4　（明）王圻：《三才图会·衣服卷一》，上海古籍出版社，1988，第1503页。

5　政院，朝鲜时代负责王命出纳的官衙。

6　天使，朝鲜对明朝使臣的称谓，意为天朝上国来的使臣。

7　龚用卿，明嘉靖五年（1526），中进士第一（状元），授翰林院修撰，历左春坊、左谕德、翰林院侍读直经筵。参预修撰《明伦大典》《大明会典》。嘉靖十五年（1536）出使朝鲜。著有《使朝鲜录》《凤岗文集》等。

8　（明）佚名：《朝鲜王朝明宗实录》第二十三卷，台北"中研院史语所"，1962，第32页。

图4-62 《各样巾制》中的"中靖巾"

图4-63 《各样巾制》中的"太师巾"

图4-64 《各样巾制》中的"凌云巾"

及领事府建议仿照中宗朝世子戴忠静巾，但是史臣认为，《礼经》中没有正式记载忠静巾，忠静巾只是大明的使臣龚用卿所进，疑是中朝（明朝）士大夫为了方便一时穿搭自行特创的一种冠式，类似于民间流行的"东坡巾"，不是正式礼冠，况且朝鲜王朝自古以来，世子所着冠服不能没有祖宗规制，《礼经》没有记载的巾制属于非正式礼仪场合所用之巾，不能遵行，建议暂且着"笠"。由此可见，朝鲜王朝早在嘉靖三十六年就已有"忠静巾"传入，且追溯至"中宗朝"[1]就已有世子着忠静巾的先例，也就是说，忠静巾传入朝鲜的时间至少是不晚于1544年，即嘉靖二十三年（1544）。且依据该记载描述，当时由明朝使臣龚用卿带去朝鲜的忠静巾形貌为"平顶似头巾"[2]，这和《明世宗实录》所记载的嘉靖七年（1528）忠静冠创制之时的规制"冠顶仍方"是一致的。

《各样巾制》，韩国奎章阁韩国学研究院藏，以图文形式记载了明代的四十四种冠巾，一册二十二张，每张两幅冠巾图样，只有图示和名字，没有更多的描述，其中有"中靖""太师""凌云"的示意图（图4-62~图4-64），编者和编年不详，最迟在康熙八年（朝鲜显宗十年，1669）就已有《各样巾制》一书，该书的名字与乾隆十四年（朝鲜英祖二十五年，1749）编纂的《度支定例》一起被收录于奎章阁所藏《书目》中。[3]

《各样巾制》中所绘"忠静冠"和嘉靖七年（1528）所颁制度略有不同，冠顶的三道梁没有饰金色，冠的边缘纹饰也没有饰金色或浅色丝线的痕迹，由于编者和编年不详，冠的形貌绘制年代不好界定。但是，太师巾和凌云巾的形貌特征与忠静巾极其相似，只是太师巾冠顶为八梁，凌云巾无梁。这与《北窗琐语》和《明实录》中所记载的嘉靖二十二年（1543）凌云巾拟忠静巾，在民间盛行的历史事实相符。

关于忠静冠，韩国奎章阁韩国学研究院藏书《清江先生鲦鲭琐语》中亦有记载。隆庆三年（1569）朝鲜使臣李济臣出使明朝时曾买"冲正冠"（忠静冠）回朝鲜，并复刻，宣祖年间在朝鲜流行甚广。书中描述彼时的忠静冠：冠顶偃圆有高低，起伏如云，冠体如梁冠，四面圆转无隅。说明隆庆年间的忠静冠的冠顶已经由方转圆，如梁冠一般有梁之多寡的区别且无周边环转的隅。

对忠静冠服有所记载的还有《明会要》《明史》等，他们所载的舆服内容都是来自官修正典，且没有正典直接详尽。《明会要》只是提及

1　李怿（1488—1544），即朝鲜中宗，朝鲜王朝第十一代君主（1506—1544在位）。

2　（明）佚名：《朝鲜王朝明宗实录》第二十三卷，台北"中研院史语所"，1962，第32页。

3　徐文跃：《韩国奎章阁藏〈各样巾制〉研究》，《中华传统礼仪服饰与古代色彩观论文集》，中国纺织出版社有限公司，2021，第50页。

创制缘由、已颁图说、适用范围，没有具体形制要求；《明史》则是综合参考了《明实录》及《大明会典》的相关服制内容，所以和以上文献内容一致。

（三）明代品官容像中所描绘的忠静冠服

1. 北泉忠静冠服像

现藏于青岛市即墨区博物馆。画像中人物为蓝田（1477—1555），字玉甫，号北泉，明嘉靖二年（1523）进士，嘉靖三年至七年（1524—1528），官授河南道监察御史[1]（隶属都察院，为明代最高监察机关）。画像中蓝田所穿着忠静冠服和官修正典所记载的很是一致：冠顶略方，三梁各压以金线，冠边以金缘之，由画像正前视角看不到两山，说明两山是低于冠顶的，青衣蓝缘，带青表绿缘边并里，缀獬豸补子，所缀补子和监察御史的监察职务相符，应为风宪官[2]所用的獬豸纹样。

2.《岘山逸老图》

该图现收藏于台湾何创时书法艺术基金会。图中绘制了已致仕赋闲的十六位官员，均着忠静冠服，在唐一庵号召之下于嘉靖二十六年（1547）举行湖州岘山逸老会。卷中十六人分别是：南京太仆寺主簿吴龙、江西按察司佥事孙济、山东按察司副使吴麟、扬州知府朱怀干、通政司右参议张寰、四川布政使司左参议韦商臣、福建布政使司参政吴龙、刑部主事唐枢、工部尚书蒋瑶、即墨知县吴廉、平度知州施佑、工部尚书刘麟、延平同知蔡玘、永新知县李丙、贵州布政使司参政陈良谟、都察院右副都御史顾应祥。由于该图绘制的是嘉靖二十六年的雅集，画中人物所穿忠静冠服和嘉靖七年（1528）的规定相符：忠静冠依稀可见三道金梁，忠静服色用深青，云纹暗花或素，缘以青，前胸后背缀补子，素带青表绿缘

边，履有青有绿。

3. 林景旸忠静冠服像

林景旸（1530—1604）字绍熙，号宏斋，南直隶松江府华亭（今属上海）人，生于明嘉靖九年（1530），卒于明万历三十二年（1604），隆庆二年（1568）中进士，并被选为庶吉士，万历元年（1573）三月，被授为礼科给事中，万历十年（1583）升至南京太仆寺卿（从三品）。画像中林景旸所戴忠静冠为七道金梁，依《三才图会》所载"随品官之大小为多寡"的标准评定，有僭越之嫌，两山低于冠顶，青衣，深青衣缘，缀孔雀补子，补子等级与其曾任最高职务相符，所着履并非忠静服搭配所要求的青色素履，而是在一些官员朝服、便服画像中常见的绿缘红色云头履。

4. 于慎行忠静冠服像

《东阁衣冠年谱画册》中的一页，该画册现藏于山东省平阴县博物馆。画像中人物于慎行，万历年间官员，曾任礼部右侍郎、左侍郎、转改吏部，掌詹事府，万历十七年（1589）升礼部尚书（二品），后曾位列朝中七位阁臣之首，万历三十五年（1607）加封太子太保（从一品）。画像中于慎行所戴忠静冠已演变为圆顶，七道金梁，衣色青绿，蓝缘，素带，前胸缀一品仙鹤补子，补子等级和于慎行曾任最高职务相符。

5. 陆树声忠静冠服画像

明代画家沈俊为原任礼部尚书陆树声画的一套《明陆文定公像》的其中三幅，该像册共10幅，现藏于美国普林斯顿大学图书馆。陆树声，隆庆至万历年间曾任吏部右侍郎（正三品）兼翰林院学士、吏部右侍郎掌詹事府事、吏部右侍郎兼翰林院侍读学士、礼部尚书（正二品）兼翰林院学士，万历十六年（1588）以二品致仕，万历三十三（1605）年卒，万历三十四年（1606）赠为太子太保（从一品），万历四十五年（1617）追赠为光禄大夫（从一品）。

1　洪武十五年改御史台为督查院，都察院设左右都御史、左右副都御史、左右佥都御史及浙江、江西、福建、四川、陕西、云南、河南、广西、广东、山西、山东、湖广、贵州等十三道监察御史共110人。监察御史是负责监察百官、巡视郡县、纠正刑狱、肃整朝仪等事务的一个官职，虽然官阶不高，但权力很大，可以弹劾违法乱纪和不称职的官员。

2　风宪官，指监察执行法纪的官吏。刑部都察院、大理寺、按察司皆可云风宪官。

该像绘于万历十九年（1591），当时的陆树声已致仕赋闲，其中两幅画像中的忠静冠样貌和于慎行的忠静冠一样，究其原因陆树声自隆庆六年（1572）始至万历十六年一直担任吏部尚书，于慎行万历十七年（1589）升任礼部尚书，在万历十九年该画像绘制之时二人的冠服特征是同时期的。图中陆树声戴的是七道金梁的忠静冠，忠静服也都是仙鹤补子，这应是一品官员的冠服特征，当时的陆树声还只是二品官退休在家，用一品仙鹤补子纹样有僭越之嫌。仔细研究这十幅画像中，朝服画像的梁冠是五道金梁，常服的补子是孔雀补子，这都符合他曾任吏部右侍郎的三品官阶，也符合他二品官员"凡官民服色、冠带、房舍、鞍马贵贱各有等第，上可以兼下，下不可以僭上"[1]的穿衣准则，但鞋子并非忠静服所要求的青色素履。另一幅画像的冠和嘉靖七年（1528）的忠静冠制度描述的更为接近，冠顶略方，有三道梁未镀金，后可见两山高于冠顶，冠体覆纱，透薄依稀可见冠内包裹头发的网巾；衣服的形制类似忠静服，且有衣缘和素带，但是颜色却是白色与忠静服要求的"深青"相去甚远，胸前缀补的位置由于手势的遮挡无法确认有无补子存在，这身衣服是否为忠静服存疑。但是三幅画像均着红色云头履，与林景旸忠静冠服像一样。

6. 吴炯忠静冠服像

吴炯，南直隶松江府华亭（今上海松江）人，万历十七年（1589）科举中进士，万历三十七年（1609）升为光禄寺丞（从六品），万历四十年（1612）升至南京光禄寺少卿（正五品），天启二年（1622）升为南京太常寺少卿（正四品）。画像中吴炯所戴忠静冠后列两山清楚可见，高于冠顶，冠上梁数模糊不清，但一定多于三梁，冠沿

金缘，皂衣蓝缘，缀孔雀补子，孔雀纹饰为三品官员等级，有僭越之嫌。

综上品官忠静冠服画像分析研究可知：嘉靖年间蓝田的忠静冠冠顶略方，三道金梁，衣用青色，衣缘深青，补子獬豸纹饰，这均符合嘉靖七年（1528）的忠静冠服制度；万历初年林景旸的衣服还算规制，但是冠已经使用七道金梁，鞋履也未按规矩穿着；万历中后期于慎行的忠静冠冠上梁数及衣服颜色、吴炯的衣服颜色和补子纹饰、陆树声冠上梁数、冠的高度和补子纹饰以及鞋履这些方面较之嘉靖七年的忠静冠服制度已经有了较多变化，冠顶逐渐增高，梁数随品级增多，服色也呈现出多样化趋势，补子纹样出现僭越迹象，鞋履不按规矩穿着。可见燕居服饰的穿搭由于远离朝堂的约束，略显自由。

（四）墓葬出土忠静冠服实物遗存

1. 苏州虎丘王锡爵[2]夫妇合葬墓出土的忠静冠

《苏州虎丘王锡爵墓清理纪略》中描述："该'忠靖'冠，高22厘米、直径17厘米，黑素绒面、麻布里，冠上五道梁及两旁连后面的如意纹，都缝压金线。"[3]王锡爵墓出土的忠静冠的形貌与《大明会典》和《大明冠服图》记载有所不同：首先，冠体质地非覆乌纱，而是绒面；其次，冠顶梁数非三梁压以金线，而是五梁压以金线；并且后列两山不是官颁文献中的低于冠顶而是高出冠顶。

依据王锡爵履历，万历六年（1578）"升詹事府詹事兼翰林院侍读学士掌院事王锡爵为礼部右侍郎，兼官及经筵纂修如故，"[4]礼部右侍郎正三品；"二十一年正月还朝，遂为首辅，"[5]万历二十二年（1594）"辛未，以，玉牒成，王锡爵

1　（明）张卤撰，杨一凡点校：《皇明制书》第一册，社会科学文献出版社，2013，第22页。

2　王锡爵，生于明嘉靖十三年（1534），王锡爵在进士及第，授翰林院编修，累迁詹事府右谕德、国子祭酒、詹事、礼部右侍郎、文渊阁大学士。万历二十一年（1593），官至太子太保、吏部尚书、建极殿大学士，为内阁首辅。

3　苏州市博物馆：《苏州虎丘王锡爵墓清理纪略》，《文物》1975年第3期。

4　（明）佚名：《明神宗实录》卷七十三，台北"中研院史语所"，1962，第1593页。

5　（清）张廷玉：《明史》，中华书局，1974，第5752页。

加少傅兼太子太保、吏部尚书，进建极殿大学士"，[1]少傅、太子太保从一品，吏部尚书正二品，建极殿大学士为正五品。王锡爵的官品自嘉靖四十一年（1562）授职为编修始，至万历三十五年（1607）被特加少保，三辞不复止，曾历经七品、五品、三品、二品、一品多种品阶职官。依据出土忠静冠的梁及缘边饰以金线的特征，该冠应为三品及以上等级适用；而五道金梁的特征和官修正典要求的忠静冠无论官职大小均为三梁有差别，倒是与《三才图会》所记载的"随品官之大小为多寡"意外契合，按照同样以梁之多寡区分品官等级的梁冠的标准，五梁应为三品官员适用等级。如此契合究其根源，《三才图会》刊于万历三十五年，王锡爵葬于万历三十七年（1609），前后相差仅两年时间，文物和文献记载属于同时期产物。这也真实反映了万历时期官员等人在忠静冠的梁数方面有通过梁之多寡进一步明晰等级高低的诉求与调整。

王锡爵墓葬同时还出土了一件黄色云纹暗花缎交领补服，身长134厘米，袖长103厘米，袖宽60厘米，衣缘以花累缎镶边，前后各缀缂丝龙纹补子一方。由于该衣与忠静冠同时出土，曾一度被猜测是忠静服，衣服质地为缎，符合"纻丝、纱、罗"里面的"纻丝"，纻丝即缎，有衣缘，但是颜色与补子与嘉靖七年（1528）颁布的忠静服制度不符。龙补可以归于帝王恩赐所得，缝缀在忠静衣上替代"本等花样"补子，这种现象在孔府旧藏六十四代衍圣公孔尚贤和六十五代衍圣公孔闻韶的常服画像上也有存在，同理推证，在燕居时穿着的忠静服上出现也是合理的。关于服色的不同，有两种可能，一是该衣在长期埋藏环境中发生了褪色和变色现象；又或是万历年间的忠静服在颜色上已经有了与服饰制度不符的现象。

2. 贵州省玉屏曾凤彩墓出土茶色云纹暗花缎

交领补服

通袖长132.5厘米，腰宽55厘米，袖口宽58厘米，素带长160厘米，带宽10厘米，补子为鸂鶒纹。曾凤彩万历年间曾任四川长宁县令，文官七品。该衣的交领形制，缎的织物结构，补子为鸂鶒纹饰均符合忠静服的制度和他当时的身份等级，但是"云纹暗花"在忠静服制度里应为三品以上官员适用，七品官员应用"素"。该衣和忠静服制度之间的不符元素依然是颜色，在此基础上还又增加了暗纹僭越和衣缘缺失。

3. 宁夏盐池县深井明代墓出土深棕色四合云纹缎织金獬豸交领补服

现存盐池博物馆。衣长134厘米，通袖长226.5厘米，袖宽55厘米，袖口宽17厘米。交领，右衽，宽袖，前后各一织金獬豸补子。[2]交领、缎、云纹、獬豸补子均符合忠静服制度，但是该衣的颜色有茶色和青色相互晕染的可能，还缺少衣缘和素带。

4. 江西玉山县明夏浚墓出土藏青纻褶

款式为"大领大袖，有补服一方，为獬豸纹和云纹，袖口和四周均贴绿色边。袖长0.62米、下摆宽0.9米、贴边宽0.1米。腰部用布带系结，领部有布扣一枚。"[3]夏浚于嘉靖二十一年（1542）"升礼部员外郎夏浚为福建按察司副使，提调学校。"[4]据描述，该衣的颜色、形制、补子、衣缘均符合嘉靖七年的忠静服制度。

5. 国家博物馆藏明代忠静服

该衣为捐赠文物，具体出土年代和墓主人信息不详。交领右衽，前胸后背缀白鹇补子各一，腰部缝缀大带，衣身为缠枝牡丹暗花罗织物，有蓝色痕迹，没有衣缘。该衣补子白鹇为五品，四品以下官员忠静服衣身主体面料应用"素"，参考曾凤彩墓出土的七品忠静服僭用云纹的案例，可见万历以后的忠静服不仅缺少衣缘，在衣身暗

1 （明）佚名：《明神宗实录》卷二百七十，台北"中研院史语所"，1962，第5019页。
2 李昕：《明代墓葬出土獬豸补服考略》，《文物春秋》2021年第1期。
3 于家栋：《江西玉山、临川和永修县明墓》，《考古》1973年第5期。
4 （明）佚名：《明世宗实录》卷二百六十三，台北"中研院史语所"，1962，第5224页。

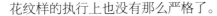

花纹样的执行上也没有那么严格了。

综上出土文物考证得出：嘉靖年间的夏浚墓里出土的忠静服更为规矩，万历年间的王锡爵忠静冠在梁的数量上已出现差别，同为万历年间的王锡爵、曾凤彩和夏浚墓出土的交领补服以及国家博物馆收藏的忠静服较之于嘉靖年间的忠静服规制在服色、暗纹及衣缘上已出现差别。

（五）明代各地方志及小说话本中所记载的不同时期不同地域忠静冠形貌变化特征

《嘉靖广平府志》卷十六，风俗志记载："鞋有云头履，衣有深衣……至于忠静巾之制，杂流、武弁、驿递、仓散等官皆僭之，而儒生学子羡其美观，加以金云，名曰凌云巾。"[1]《广平府志》创修于明成化年间。之后，在明嘉靖二年（1523）、嘉靖二十九年（1550）、清康熙、乾隆、光绪年间，先后有过五次续修，《嘉靖广平府志》是第二个续修本，成书于明嘉靖二十九年（1550），描述的是嘉靖二十九年之前的今河北省邯郸市永年区广府镇地区的冠服风俗。根据描述可知，当时的忠静冠已不仅限于：京官七品以上，翰林院、国子监、行人司八品以下，地方官及各府堂官、州县正官、儒学教官，都督以上武官，许服。在河北地区杂流、学子、散官皆僭越戴之，并且还自由创意发挥，加以金云。

《云间据目抄》[2]卷二记载松江（今上海）地区的巾帽变化：初有桥梁绒线巾、金线巾、忠静巾，后来又出高士巾、素方巾，接着又变为唐巾、晋巾、汉巾……特别是万历以后，松江地区的巾帽样

式越来越多，装饰也越为繁杂。

《见闻杂记》[3]卷二记载："嘉靖末年以至隆、万两朝，深衣大带，忠静、进士等冠，唯意制用。"说明忠静冠在冠制的恪守上已日渐松懈，依照个人喜好的各种创意变化已在所难免。

《北窗琐语》[4]中描述嘉靖时期盛行一种巾帽，以绢绸为质，似忠静巾制，易名曰凌云巾。关于忠静巾变异为凌云巾的记录，《明实录》中也有相关记载，嘉靖二十二年（1543）六月二十八日："礼部言，近日，士民冠服诡异，制为凌云等巾，竞相驰遂，陵僭多端，有乖礼制，诏中外所司禁之。"[5]这说明在嘉靖二十二年就已经有忠静冠制演化变换之风，士民为了将其使用变得更为合理化，更名曰"凌云巾"。《三才图会》中所绘"云巾"样貌酷似忠静冠，且"有梁，左右及后用金线或素线屈曲为云状，制颇类忠静冠，士人多服之。"[6]

（六）孔府旧藏明代衍圣公忠静冠服

1.孔府旧藏明代忠静冠（图4-65）

该冠高20厘米，长径21.5厘米，短径19厘米。冠体以铁丝作骨，外以乌纱裹表，冠顶偃圆，中部略高，纵向均匀排列七道皮制的梁。冠沿由前而后饰金缘，冠后两山变化为卷云纹状，以金线饰缘。该孔府旧藏冠应为明代衍圣公的忠静冠。冠上七梁符合明代衍圣公"正二品，袍带、诰命、朝班一品。"[7]

2.孔府旧藏明代蓝色暗花纱缀绣仙鹤方补袍（图4-66、图4-67）

该衣身长133厘米，通袖长250厘米，腰宽60厘米，袖宽67厘米，袖缘宽10厘米。补子：

1　（明）翁相修、陈棐：《广平府志》，《天一阁藏明代方志选刊》，上海书店出版社，1981，第26页。
2　（明）范濂：《云间据目抄》卷二，江苏广陵古籍刻印社，1995。范濂字叔子，华亭（今上海松江）人。本书记松江掌故，分人物、风俗、祥异、赋役、土木五类，各为一卷。
3　（明）李乐：《见闻杂记》，上海古籍出版社，1986，第155页。李乐，字彦和，号临川。明化桐乡青镇（今乌镇）人。寄籍乌程（今湖州市）。李乐生于明嘉靖十一年（1532），隆庆二年（1568）中进士，任江西新淦（今新干）知县。
4　（明）余永麟：《北窗琐语》，中华书局，1985，第41页。余永麟，浙江鄞县人，嘉靖举人，官苏州通判。本书记载明代人物逸事、风尚变化等。
5　（明）佚名：《明世宗实录》卷二百七十五，台北"中研院史语所"，1962，第5396页。
6　（明）王圻：《三才图会·衣服卷一》，上海古籍出版社，1988，第1503页。
7　（清）张廷玉：《明史》卷七十三，中华书局，1974，第1791页。

图4-65 忠静冠前、侧、后视图 孔子博物馆藏

图4-66 蓝色暗花纱缀绣仙鹤方补袍 孔子博物馆藏

图4-67 蓝色暗花纱缀绣仙鹤方补袍线图

长40.5厘米，宽39厘米。交领、右衽、大袖、白绢护领，衣身通体遍织青绿色四合如意云纹暗花，间饰小朵花。衣身前胸、后背处各缀彩绣云鹤纹补子一方，两袖端处接与衣身主体同色同质衣缘。

依据嘉靖七年（1528）的忠静服制度："色用深青，以纻丝、纱、罗为之。三品以上用云，四品以下用素，边缘以蓝青，前后饰以本等花样补子……素带如古大夫之带制，青表绿缘边并里。"**1**

按照《明史·职官志》的记载，明代衍圣公袍带应适用文官一品等级，他们的忠静衣应该："色用深青，通体遍织云纹（图4-68），衣缘以蓝青，前后饰仙鹤纹补子，系青表绿缘素带。"

这件孔府旧藏蓝色暗花纱缀绣仙鹤方补袍在质地、结构、颜色、纹饰各方面均符合嘉靖七年（1528）所颁布的品官忠静服制度，但是也有三处细节和制度不完全一致的疑点存在，就是没有所谓的"衣缘"和"素带"，且袖口非敞袖。下面针对这三点展开分析研究。

图4-68 衣身主体云纹

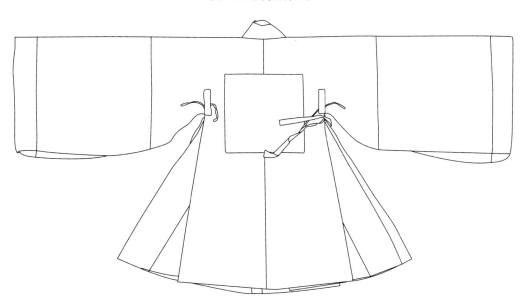

图4-69 忠静服袖缘及带襻

1（明）申时行：《大明会典·卷六十一·冠服二》，万历十五年内府刊本。

孔府旧藏服饰研究——明代衍圣公卷

164

（1）袖缘。该衣在两袖袖端有10厘米的缘边，可以看出该衣是有衣缘的，并且衣缘的宽度和江西玉山县明夏浚墓出土的忠静衣的衣缘宽度一致，都是10厘米（图4-69）。介于有观点认为该衣的缘边非"衣缘"，而是接边，为此对此袍服的结构进行了分解：该衣纵向依缝线可分为7片，依照纬线水平长度测量纱的宽幅，每片织物宽度不等。内襟下摆处的纬线水平宽度是整件衣服最宽处，可达67厘米。明代织机受到当时科技水平的限制，所织衣料只能达到65—70厘米幅宽，由此可知，制作该衣的云纹暗花纱衣料的幅宽应不少于67厘米，和袖端缘边紧密相连的中袖的宽度为55厘米，布料在67厘米宽度的情况下，是没有必要将袖子分隔裁切为"55厘米+10厘米"的，可以直接使用65厘米的布料制作该袖，由此可知，10厘米的缘边非接边，理应是"袖缘"。

（2）素带。该衣在收藏整理的过程中没有发现"素带"挂系在衣身上面，但是由后身腰部两侧的"带襻"可以看出，之前是有素带的，所以才有带襻存在。

（3）至于领、襟和下摆处无缘边并且袖口处非敞袖而是有收口，这在服饰制度执行较为松散的明末，且是官员燕居时所穿着的衣服，虽略有不符，但也是一种常有的服饰社会流变现象。

作为传世藏品，孔府旧藏明代忠静冠服较之于出土文物在颜色信息的留存上更为原真，纹饰也更为完整，给文物研究的辨识和判断提供了更为直观的依据。

综合以上文献、实物、画像、小说可以将明代忠静冠服流变分为四个时期，其主要形貌特征流变如下：

嘉靖时期。蓝田的画像中，可以看出嘉靖七年（1528）忠静冠服的形制与官修正典的描述是一致的，由《世宗肃皇帝实录》和《北窗琐语》的记载看出，嘉靖二十二年（1543）以后忠静服制度执行日渐松懈。

隆庆时期。《清江先生鲦鲭琐语》中记载，隆庆三年（1569）朝鲜使臣李济臣由明朝带回朝鲜的忠静冠冠顶已经由方转圆，有梁之多寡的区别。《见闻杂记》中载："嘉靖末年以至隆、万两朝，忠静冠已唯意制用。"[1]这个时期的忠静服没有明确出土和传世实物。

万历时期。忠静冠，王锡爵的忠静冠变为绒面，冠顶梁数变为五梁压以金线，后列两山高出冠顶。林景旸、于慎行、陆树声的画像忠静冠已变为七道金梁。忠静冠已发生以梁之多寡示品级的变化。《大明会典》卷之六十一，礼部十九，冠服二，士庶巾服中有关于万历年间士庶僭戴忠静冠的记载："万历二年，禁举人、监生、生儒，下至民庶、奴隶之辈，有僭戴忠静金线冠巾，穿锦、绮镶履，及张伞盖、戴暖耳者，听五城御史严拏重责枷示仍送问。"[2]

这段记载说明万历年间士庶作为"不许服"的阶层，僭戴"金线"忠静冠的现象已普遍存在，据此推测，品官忠静冠在质地、梁数、高度等方面发生变化也在所难免。忠静服，陆树声和于慎行的画像中，忠静服颜色已出现多变不统一的现象，有青有绿。王锡爵和曾凤彩墓出土的忠静服交领，右衽，纻丝，缀补，有带这几个方面是符合制度的，但是服色不符合。

天启时期。吴炯画像反映了天启年间忠静冠也延续了万历时期的多道金梁特征，且后山高出冠顶，忠静服变为皂衣蓝缘，补子僭越自身等级。

"服以旌礼，礼以行事。"古代服饰制度执行的力度影射社会礼仪秩序规范。明代忠静冠服是嘉靖皇帝在经历了继统不继嗣的"大礼议"之争后，为了加强朝堂之外对品官的管理，因时制宜，特具法象意义而创制的。任何一个制度的创立都是对现实的矫正，也同时反映了当时的社会礼仪已经出现了乱制的现象，所以需

1 （明）李乐：《见闻杂记》上，上海古籍出版社，1986，第155、156页。

2 （明）申时行：《大明会典·卷六十一·礼部十九》，万历十五年内府刊本。

要这样一个创制和改革来强调管理。但是忠静冠服制度的执行严格了十几年之后，自嘉靖末年以至隆、万两朝，在冠的梁数、高度，衣服的颜色、缘边等方面出现了不同程度的改变。而这些没有严格按照制度执行去制作和穿着的忠静冠服的存在，正是明末服饰制度松弛的实物例证，也是明末朝政懈怠礼制不达的映射。但嘉靖皇帝创制忠静冠服之初，意图通过这样一个创制和改革来整顿官员燕居礼仪秩序，令官员燕居时"进斯尽忠，退斯补过"，以达到强化皇权，加强官员管理；同时这种"大复古，重变古，非泥于古"的服制改革创新方法对后世影响深远，对周边受汉文化影响的藩属国家也产生了不同程度的服制影响。

六、吉 服

（一）吉服的历史沿革

吉服产生之初承担的是祭祀的功能，到后来吉服就泛指吉庆场合所穿礼服，历朝历代都不乏对吉服的记载和描述。

《周礼·春官·司服》："王之吉服，祀昊天、上帝，则服大裘而冕，祀五帝亦如之。享先王则衮冕，享先公、飨、射则鷩冕，祀四望、山川则毳冕，祭社稷、五祀则希冕，祭群小祀则玄冕。六服同冕者，首饰尊也。"[1]

《后汉书·安帝纪》："皇太后御崇德殿，百官皆吉服。"[2]

《宋史》列传第一百五十二："登位吉事也，必以吉服从事。有死而已，带不可易。"[3]

《明史》志第二十三，礼一（吉礼一）："十九日百官受誓戒。是日，皇太后圣旦，百官宜吉服贺。一日两遇礼文，服色不同，请更奏祭、誓戒皆先一日。帝命奏祭、誓戒如旧，而以十八日行庆贺礼。"[4]

《大学衍义补》卷三八吴澂曰："五礼，吉、凶、军、宾、嘉也。大宗伯掌其本数，小宗伯又掌其末度。禁者，禁其所不得用；令者，令其所得用。用等者，器币尊卑之差也。庙祧之昭穆者，天子七庙三昭三穆之外又有二祧。祧者，远庙之主迁而藏之也。吉凶之五服：吉服五则，九章也、七章也、五章也、三章也、一章也。凶服五则：斩衰也、齐衰也、锡衰也、缌衰也、疑衰也。三族者父、子、孙，人属之正名也。辨亲疏者，重服则亲，轻服则疏。正室，适子将代父当门者也，疏曰：'据九族之内，凡适子正体皆为正室，皆谓之门子。'小宗伯掌其政令者，治其昭穆、明其嫡庶，使不得以卑代尊、孽代宗。"[5]

《大明会典》卷八十一："嘉靖三年，令斋戒日，文武百官随品穿吉服，并青绿锦绣。"[6]

《明会要》卷十二，礼七（嘉礼）："二十一年令：圣节、正旦、冬至俱赴朝天宫习仪。凡正旦节，自十二月二十八日起，至正月二十日止，百官俱吉服，通政司不奏事。冬至、圣节前三日、后三日俱吉服，通政司亦不奏事。"[7]

（二）吉服的使用场合

传统意义上的"吉服"是在"吉礼"中穿着的礼服。古代的礼仪主要有五种，分别是吉礼、凶礼、宾礼、军礼和嘉礼，吉礼之服就被称作"吉服"。吉礼包括了祭天地、宗庙、社稷和日、月、星、辰、风、雨、山、川等各类祭祀活

1　十三经注疏整理委员会：《十三经注疏·周礼注疏》，北京大学出版社，2000。

2　（南朝宋）范晔 、（晋）司马彪：《后汉书》，清同治八年刻本。

3　（元）脱脱：《宋史》第三十四册，中华书局，1977，第12007页。

4　（清）张廷玉：《明史》第五册，中华书局，1974，第1241页。

5　（明）丘濬：《大学衍义补》，《摛藻堂四库全书荟要》第三十八卷，台湾世界书局，1985，第12–13页。

6　（明）申时行：《大明会典·卷八十一·祭祀通例》，万历十五年内府刊本。

7　（清）龙文彬：《明会要》，中华书局，1956。

动。按照《周礼》的记载，周代天子的冕服与王后的"三翟"（袆衣、揄狄、阙狄）都是传统意义上的"吉服"。随着时代发展，"吉"被赋予更多含义，凡"祥瑞、美好"之意皆可谓之吉，如明代嘉礼中的冠礼和婚礼也视作"吉礼"。婚礼亦有"吉期""吉席"的美称。湛若水《复王南渠公服色议》曰："夫吉服者，大红锦绣之类也；吉礼者，谓冠婚之类也。"[1]吉服的礼仪用场概念也随之有了一定的改变，人们把各种喜庆典礼里比较隆重、华丽的着装统称为吉服。

（三）孔府旧藏明代衍圣公吉服

明代把用于时令、节庆活动、寿诞、筵宴、婚礼等各种吉庆场合的服饰称为吉服。明代吉服同样未进入冠服制度之中，但在各类典章政书、文学作品中被屡屡提及。《大明会典》记载："凡正旦节，自十二月二十八日起，至正月二十日止，百官俱吉服。冬至前三日、后三日，圣节前三日、后三日，俱吉服。"[2]

明代衍圣公的吉服多用色明朗，常用红色等喜庆色彩，款式丰富，有圆领袍、直身、贴里、道袍等多种形制。这些吉服大量运用了织锦、妆花、织金、刺绣等华丽工艺技术，特赐的一些尊贵纹饰也被用在吉服之上，如蟒、飞鱼、斗牛、麒麟等。

1. 明代衍圣公吉服形制

（1）圆领右衽左右出摆云肩通袖膝襕式袍。孔子博物馆藏明代衍圣公的红色妆花纱云肩通袖膝襕蟒袍（图4-70）便是此种形制吉服的标准款，在京都妙法院收藏的万历皇帝赐予丰臣秀吉的服装里也有同款。

（2）交领右衽云肩通袖膝襕道袍式。孔子博物馆藏明代衍圣公的蓝色妆花纱云肩通袖膝襕蟒袍（图4-71）是此种形制的吉服。

（3）交领右衽云肩通袖膝襕贴里式。山东博物馆藏明代衍圣公的香色麻飞鱼贴里（图4-72）是此种形制的吉服。

（4）大红圆领右衽左右出摆缀补式袍。山东

图4-70 红色妆花纱云肩通袖膝襕蟒袍 孔子博物馆藏

---

1 （明）湛若水：《泉翁大全集》，"中央研究院中国文哲研究所"，2017。

2 （明）申时行：《大明会典·卷四十三·朝贺》，万历十五年内府刊本。

图4-71 蓝色妆花纱云肩通袖膝襕蟒袍 孔子博物馆藏

图4-72 香色麻飞鱼贴里 [1] 山东博物馆藏

博物馆藏明代衍圣公的大红色暗花纱缀绣云鹤方补圆领袍（见图4-55）是此种形制的吉服。缀补子的大红圆领袍，在官员服饰中通常是作为常服使用，在固定场合也可以作为吉服使用，《徐显卿宦迹图》之"经筵进讲"中即作为吉服使用。

2. 明代衍圣公吉服的纹样类别

孔府旧藏明代衍圣公吉服纹饰多为蟒、飞鱼、斗牛、麒麟等。

（1）蟒，"蟒衣为象龙之服，与至尊所御袍相肖，但减一爪耳。"[2]《明史·大政记》记载，明永乐后，蟒服几乎成为宦官专属，但是宦官所穿袍服的形制多为曳撒，绣蟒于左右，系以鸾

---

1 孔子博物馆：《齐明盛服—明代衍圣公服饰展》，文物出版社，2021，第91页。

2 （明）沈德符：《万历野获编补遗》下册，中华书局，1959，第830页。

孔府旧藏服饰研究——明代衍圣公卷

168

带。一般"贵而用事者，赐蟒，文武一品官所不易得也。"[1]孔府旧藏明代蟒袍纹样布局以"云肩通袖膝襕"式居多，该布局前、后身展开平铺后领部周围形成"柿蒂"形过肩蟒盘绕肩部的形状，纹饰华丽肃重，见图4-70和图4-71。

（2）飞鱼，飞鱼的形象来源是起源于印度佛教的"摩羯"，东晋的时候，顾恺之的《洛神赋图》上就出现过摩羯这一形象。摩羯在唐、辽、元时期盛行，这三个时期出土纺织品上的摩羯形象是有羽翅的，"头如龙，身如鱼，能飞，它是在蟒形上加鱼鳍、鱼尾稍作变化而成的。"[2]又称龙鱼或摩羯鱼（图4-73）。代钦塔拉辽墓出土的绿色地缂金水波地荷花摩羯纹棉帽上就有水波中跃起的龙鱼形象，龙首、鹰翅、鱼尾。内蒙古达茂旗明水墓中出土的织物中也有摩羯鱼纹样出现，纹饰为圆形，身首皆如龙，两翅如风、尾部如鱼。摩羯纹流传至明代，逐渐幻化成为皇帝赐服上的飞鱼形象，鱼鳍和翅逐渐消失，只保留鱼尾可以识别，相对于蟒纹，等级稍次。

（3）斗牛，等级次于蟒和飞鱼，沈德符《万历野获编》载："至于飞鱼、斗牛等服，亚于蟒衣，古亦未闻，今以颁及六部大臣及出镇视师大帅。"[3]王圻在《三才图会》中记载："斗牛，龙类，甲似龙，但其角弯，其爪三。"[4]"斗牛纹样作为高级品官的赐服始于明代。"[5]《明史·舆服志三》记载："寻赐群臣大红纻丝罗纱各一。其服色，一品斗牛，二品飞鱼。"[6]此记载源于《明实录》武宗毅皇帝实录卷一百五十八记载，正德十三年（1518年）正月五日，武宗还京，"请令文武群臣各具常朝冠服迎候，既而传旨，用曳撒、大帽、鸾带赐文武群臣。大红纻丝、纱、罗各一疋（按，即匹），其彩绣一品斗牛，二品飞鱼，三品蟒，

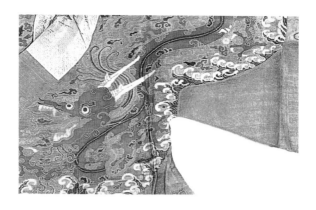

图4-73 香色麻飞鱼贴里局部飞鱼纹

四品麒麟，五六七品虎彪。翰林科道不限品级，皆与焉，惟部属五品以下不与。诸与赐者，裁制一夕，皆就明旦遂服以迎驾。礼科都给事中朱鸣阳等言，章服所以辨贵贱，定名分。今乃褒赉予之恩，混来章之别，略僭差之防，古人章服以庸之意，固不如若此，况曳撒大帽，止宜用于行役，而非见君之服，伏望收回成命，仍以本等冠服迎候，不听，时预赐既众，内库告竭，故文武服色亦以走兽而麒麟之属，下逮四品云。"[7]皇帝车架将还，下旨令文武官员穿曳撒、大帽、鸾带迎候，并赏给群臣大红纻丝、罗、纱各一匹，所赐纹饰等级也不按惯例操作，直接一品给斗牛、二品飞鱼、三品蟒、四品麒麟、五六七品虎彪。由此可见，按照惯例，斗牛的级别应在蟒和飞鱼之下，此等赐服的等级顺序是不合规制的。孔府旧藏明代赐服斗牛纹样也并非《三才图会》所记载的三爪，实为四爪，和蟒的区别仅仅在于是弯形牛角而非鹿角（图4-74）。

（4）麒麟，头如狮子、角如鹿角、尾如牛尾，被古人视为神灵，是"仁兽"，象征着太平、长寿，有祈福、安佑之意，在赐服纹饰等级中次于斗牛（图4-75）。

1 （清）张廷玉：《明史》，中华书局，1974，第1647页。

2 缪良云主编：《中国衣经》，上海文艺出版社，2000，第152页。

3 （明）沈德符：《万历野获编补遗》下册，中华书局，1959，第830、831页。

4 （明）王圻：《三才图会》，上海古籍出版社，1988。

5 华梅：《中国历代〈舆服志〉研究》，商务印书馆，2015，第411页。

6 （清）张廷玉：《明史》，中华书局，1974，第1638页。

7 （明）佚名：《明武宗实录》卷一百五十八，台北"中研院史语所"，1962，第3028、3029页。

图4-74 紫花纱斗牛袍上的斗牛纹
孔子博物馆藏

图4-75 金麒麟补蓝棉袍的麒麟纹[1]

3. 孔府旧藏明代衍圣公吉服的织物类别

明代衍圣公吉服衣身主体以纱、罗、缎为主，绞经罗居多，纹饰织造工艺皆为贵重复杂的织金纱、织金缎、织金妆花纱，偶有盘金、钉金、彩绣等工艺（图4-76~图4-78）。

4. 孔府旧藏明代衍圣公吉服来源

一为孔府自行置办；二为朝廷赏赐。衍圣公赴京朝阙、贺寿、袭爵、陪祀、遇皇帝幸学观礼之际，朝廷每每皆有袭衣冠带之赐。这些赐服的存在代表了当时衍圣公这一爵位的恩被实况，是明代高层官员服饰的集中体现，凸显了衍圣公在明代特殊的社会地位。

《明实录》中关于衍圣公被赐华丽吉祥纹样服饰的记录：

（1）永乐十五年（1417）闰五月十四日，衍圣公孔彦缙来朝，赐金织纱衣、羊、酒。[2]

（2）永乐二十二年（1424）十二月二十八日，礼部尚书吕震奏，有旨，赐衍圣公孔彦缙一品金织衣，衍圣公是二品，如旨赐之过矣。上曰：朝廷用孔子之道治家国天下，今孔子之徒在官有一品服者，孔子之后袭封，承先圣之祀，服之过？且先帝时，五品儒臣有赐二品服者，亦何过哉，其赐之用称朕崇儒之意。[3]

（3）洪熙元年（1425）闰七月五日，袭封衍圣公孔彦缙来朝，陛见上谕尚书吕震曰："先圣子孙宜加礼待，先帝时其来朝宴劳赐予特优，今当更加。"遂赐金织文绮袭衣如一品例。[4]

（4）宣德元年（1426）十月二十三日，袭封衍圣公孔彦缙来朝，既退，上谓行在礼部尚书胡濙曰："先皇帝于其来朝亲定，赏赐盖重圣人之

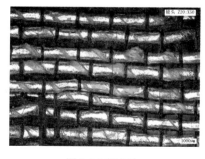

图4-76 织金纱

图4-77 织金缎

图4-78 织金妆花纱

1　山东博物馆，孔子博物馆：《衣冠大成——明代服饰文化展》山东美术出版社，2020年，第162页.

2　（明）佚名：《明太宗实录》卷一百八十九，台北"中研院史语所"，1962，第2008页。

3　（明）佚名：《明仁宗实录》卷五下，台北"中研院史语所"，1962，第193页。

4　（明）佚名：《明宣宗实录》卷五，台北"中研院史语所"，1962，第130页。

道，师其道则爱及其子孙，今宜悉如前例。"于是，赐彦缙金织纻丝袭衣、钞、靴、袜、羊酒等物。[1]

（5）弘治元年（1488）三月十日，国子监祭酒费闿率学官监生上表谢恩，上御奉天殿受之，赐祭酒司业各织金纻彩衣一袭，罗衣一袭，袭封衍圣公孔弘泰纻丝衣一袭，犀带一条，五经博士颜公镗纻丝衣一袭，带一条，纱帽一顶，孔颜孟三氏族人及国子监学官各纻丝衣一套，监生人等钞锭有差。[2]

（6）弘治十六年（1503）九月十四日，赐衍圣公孔闻韶玉带麒麟纻丝衣一袭。[3]

（7）嘉靖元年（1522）三月七日，上幸太学，行礼如仪。赐孔、颜、孟三氏子孙袭封衍圣公纻衣一套，犀带一条，纱帽一顶，五经博士颜重德、孟元俱纻衣一套，带一条，各与纱帽一顶，其余族人各与素纻衣一套，一讲官每人照例各与纻衣一套，罗衣一套，其余学官每人与纻衣一套，监生每名钞五锭，吏典每名钞二锭。[4]

《明实录》中记载所赐衣服的纹样多为"织金麒麟纻丝衣""金织纱衣""金织纻丝衣""金织文绮袭衣"等。

《大明会典》万历十五年（1587）内府刊本，卷之一百十，礼部六十八，给赐一，视学部分，详细记载了成化元年视学给赐明细："皇帝驾幸太学后三日，赐袭封衍圣公大红织金麒麟纻丝衣一套，犀带一条，纱帽一顶；颜孟二博士，青织金云鹭纻丝衣一套，玳瑁带一条，纱帽一顶；三氏族人，俱素纻丝衣一套；讲官、祭酒、司业各照官品，大红织金纻丝衣一套，罗衣一套；监丞以下，各青织金纻丝衣一套；监生钞各五锭；吏典二锭；后俱如例。"[5]这次视学在《明实录》里仅以"赐祭酒、司业、监丞、学官及孔、颜、孟三氏子孙袭衣，诸生宝钞"带过。《大明会典》里的记载把赐服的等级

及纹样记录得十分清楚，衍圣公所得是"大红织金麒麟纻丝衣一套，犀带一条"[6]。

《孔府档案·五九卷》内有一张题为"明朝衣服"的抄单，详细记录了九件明代衣服的名称以及每件衣服的衣长、领阔、台肩、袖长、袖肥、腰身、下摆的详细尺寸。这是孔府档案明代部分所记载的关于服饰的唯一记录，其中"蓝色元领蟒袍""桃红蟒裙""大红蟒裙"的纹饰都与吉服有关。

（四）明代衍圣公吉服画像

对古人来说，衣冠画像也是身份地位的象征，官员命妇大都会有自己的衣冠画像传承下来，这也给我们研究各时期的服饰文化提供了依据。孔子博物馆目前收藏有明清衍圣公及夫人画像共计37幅，其中明代的有13幅，这13幅画像中衍圣公及夫人穿吉服的画像就有七幅，分别是：六十一代衍圣公孔弘绪衣冠像，见图3-3（头戴乌纱帽，身穿大红色云肩通袖膝襕蟒袍），六十二代衍圣公孔闻韶衣冠像，见图3-5（头戴乌纱帽，身穿大红色圆领袍，补子为蟒补），六十四代衍圣公孔尚贤半身像（头戴乌纱帽，身穿大红色圆领袍，补子为蟒补），六十四代衍圣公孔尚贤全身像，见图3-6（头戴乌纱帽，身穿大红色云肩通袖膝襕蟒袍），六十四代衍圣公侧室张夫人衣冠像，见图3-8（身穿大红色云肩通袖膝襕圆领衫），六十五代赠衍圣公孔胤椿衣冠像，见图3-9（头戴乌纱帽，身穿大红色云肩通袖膝襕蟒袍），六十五代衍圣公侧室陶夫人衣冠像，见图3-11（身穿大红色云肩通袖膝襕圆领衫）。

这七幅吉服衣冠像中有五幅均是身穿"大红云肩通袖膝襕蟒衣"，在明代纹样的等级中，"蟒"为四爪，等级仅次于"五爪蟒龙"。不仅

1 （明）佚名：《明宣宗实录》卷二十二，台北"中研院史语所"，1962，第587页。

2 （明）佚名：《明孝宗实录》卷十二，台北"中研院史语所"，1962，第277、278页。

3 （明）佚名：《明孝宗实录》卷二百三，台北"中研院史语所"，1962，第3780页。

4 （明）佚名：《明世宗实录》卷十，台北"中研院史语所"，1962，第393页。

5 （明）申时行：《大明会典·卷一百十·给赐一》，万历十五年内府刊本。

6 同5。

蟒纹的级别高，"云肩通袖膝襕"式袍，在织造工艺上难度也很大。由于明代织机的规格限制，每幅袍料幅宽只能达到65～70厘米，每件袍子从前向后纵向分为五幅，织完以后缝制在一起，每一幅的图案都需要花本制作精密的计算，左右身片的织造必须不能有任何细微的误差，才能保证所织纹饰纵向拼接处完全契合，如此高难度的织造技艺所织出来的蟒袍，并不是所有一品官员都有资格使用的，只有"贵而用事者"才有机会得赐，这也是"云肩通袖膝襕蟒袍"珍贵不易得赐的原因之一。

六十二代衍圣公孔闻韶衣冠像和六十四代衍圣公孔尚贤半身像中的男主均头戴乌纱帽，身穿大红色圆领袍，补子为蟒补。明代品官的常服通常为杂色圆领袍，前胸后背缀本等花样补子，按照明代衍圣公"秩正二品，袍带、诰命、朝班一品"的服色适用级别，应穿一品仙鹤补子的常服，容像中的蟒补显然不是按照衍圣公常服级别可以穿服的。缀补子的大红圆领袍，在官员服饰中通常是作为常服使用，在固定场合也可以作为吉服使用，特别是带有蟒补、麒麟补这种高级别纹样补子的红色圆领袍。因此这两幅画像中的红色蟒补圆领袍也是吉服。

官员将红色常服作为吉服使用的例子在《徐显卿宦迹图》之"经筵进讲"中也有记录，"经筵进讲"描绘的是明神宗在文华殿举行经筵的场景，按照制度，参与的官员（包括司礼监宦官）都要穿着吉服，此画作中文武官均是穿大红圆领袍，各缀本等花样补子，这是官员在参与官方公共事务的场合一致选择大红圆领常服作为吉服的一个例子，这种统一着装使得该场合有整齐肃正的良好效果。

（五）各大博物馆收藏明代吉服穿着图像

1. 中国国家博物馆藏《明宪宗新年元宵景图》

该图描绘了成化二十一年（1485）元宵节当天明宪宗在内廷观灯、看戏、放爆竹行乐的盛大场景。图中的明宪宗朱见深所穿吉服是交领右衽曳撒袍的制式。图中宫眷们则穿着饰有织金云肩和袖襕的上衣，下着马面裙。宫中每逢节日从皇帝后妃到宫娥内官都要穿吉服，衣身纹饰多选用应时应景的题材或带有吉祥寓意的图案、文字。

2. 山东博物馆藏《钱复绘邢玠像卷》

其中所绘邢玠身穿的蓝色蟒袍也是吉服。

3. 山东博物馆藏《张应召绘黄培画像轴》

其中的黄培头戴乌纱帽，身穿大红色过肩蟒袍即为吉服。

4. 山东省平阴县博物馆藏《东阁衣冠年谱画册》

其中一页，于慎行头戴乌纱帽，身穿大红色通袖膝襕麒麟服亦为吉服。

（六）《明实录》里的吉服穿着事例

1. 太宗文皇帝实录 卷八十一 永乐六年 七月五日（前一日仁孝皇后丧周期）

辛亥，上服吉服御奉天门视朝，鸣钟鼓。

2. 英宗睿皇帝实录 卷三百四十七 天顺六年 十二月一日

天顺六年十二月辛酉朔，上省郊祀牲。是日，太常寺奏祭祀，上服黄袍御奉天殿，百官常服侍班。及诣南郊，百官易吉服以从礼部请。今日以后，朝参鸣锺鼓如常仪。

3. 武宗毅皇帝实录 卷二 弘治十八年 六月二十日

癸酉初，孝宗皇帝从廷臣议，别建新庙奉祀孝肃太皇太后神主。钦天监奏：年方有碍，礼部集议请神主暂奉安于奉慈殿正中，移孝穆皇太后神主居左，从之。至是，礼部进奉安神主仪注：前期致斋三日，二十八日，上以奉迁神主告于奉先殿及孝宗皇帝几筵。是日早，上具黑翼善冠、浅淡颜色衣、服黑犀带告孝穆皇太后神座，礼毕，内导引官导上诣神座前请神主降座，上捧神主立。内执事官移神座于殿中左间，上奉安神主讫，行叩头礼。至午，上诣清宁宫告孝肃太皇太后几筵，礼毕，内侍官进神主舆于殿前，衣冠舆于丹陛上。上如前冠服，内导引官导上诣拜位，亲王吉服诣拜位，四拜，兴，请神主降座升舆。上捧神主由殿中门出奉安于舆内，执事官奉衣冠置于舆后随，上步行前导，亲王后随至宝善门外，太皇太后、皇太后及宫眷等迎于门内，以次后随，先诣奉慈殿序立于殿西稍北东向。

4. 武宗毅皇帝实录 卷一百九十七 正德十六年 三月十八日

是日，坤宁上脊吻，遣彬与工部尚书李鐩行礼。彬吉服早入，家众不得随。祭毕，彬欲出，太监张永颇知其谋，乃留彬、鐩共饭于宫外（中），盖亦欲以计擒之也。

5. 世宗肃皇帝实录 卷十七 嘉靖元年 八月九日

壬午，礼部奏：本月初十日恭遇万寿圣节，文武百官例先期习仪。至日，具朝服行庆贺礼，今武宗皇帝服制未满，是日，又遇孝慈高皇后忌辰，宜暂免习仪。初九日，廷臣并在外进表官员各具吉服于奉天门致词，行五拜三叩头礼，表文、彩段俱免宣读，陈设径送司礼监交收。诏可。

6. 世宗肃皇帝实录 卷九十四 嘉靖七年 闰十月二十三日

辛卯，先是，悼灵皇后发引。次日，上命经筵官俱吉服侍班。尚书方献夫等以为山陵未毕，臣子之情不忍遽尔从吉，请于经筵罢讲之后，仍令百官衣浅色衣朝参。上不许，曰：朝廷礼仪自有定制，卿等余哀未忘，许于退朝后行之。无何，会遣官册封，故事当鸣鞭作乐，百官朝服侍班。献夫复言：今新有皇后之丧，大乐一作，恐圣心增感，宜暂令辍乐。上怒其违旨，命照旧行。

7. 世宗肃皇帝实录 卷一百四十一 嘉靖十一年 八月六日

辛巳，上谕阁臣曰：朕闻彗星又见于井宿之间，犬斯变也，未及三岁凡三见焉，及朕所召，卿等即刻传朕意于礼卿，言生辰庆贺俱令免行，不必吉服，只常服视事，以承天意。于是礼部尚书夏言奏：万寿大庆，凡内外臣工、荒远夷使无不欲恭致无疆之祝，一伸臣子之情。尽废不举，则下情郁而未宣，况天变实由臣等，若使礼成之后，痛加修省，似与天意人心方为允协。上

报曰：然应天必以实，兹不过变其服色暂辍礼仪耳，庆贺礼姑听卿请，礼毕之后务实加修省以弭变异。

8. 世宗肃皇帝实录 卷一百五十四 嘉靖十二年 九月六日

乙巳，罢吏部右侍郎席春……昨圣嗣诞生，廷臣吉服称贺，春独公服谢恩，不在贺列。设心无良，莫此为甚。义不与春同，列乞亟罢之。

9. 世宗肃皇帝实录 卷一百六十三 嘉靖十三年 五月二十七日

癸巳，月与金星昼见。上谕辅臣张孚敬、李时曰：朕览江西所进青爵，其色甚佳，以为殿陛告祀天用。然此祭器也，器之重也，今者雨霁稍爽，可与勋铉言三臣吉服入，观其以西刻至南宫之重华云。于是上御重华殿先视祭器毕，退御重华殿左室宣孚、敬等入见。

10. 世宗肃皇帝实录 卷一百七十四 嘉靖十四年 四月七日

丁酉，上谕大学士李时、尚书夏言曰：今科进士考选庶吉士，送翰林院命教习读书，于十五日举行。时等因请上亲御文华殿赐题考试。上许焉。时又奏曰：国朝庶吉之选，储养翰林，以备馆阁之用，其事体所关至重，是以我太宗文皇帝亲简二十八人，宣宗章皇帝尝命大学士杨士奇等简选，赐诗谕意。历科以来，惟付之臣下，因循苟简，以致考阅弗精，去取不当，仰惟皇上英资圣学，高出千古，励精图治，百度维贞，于求才一事尤为切至，兹亲试之举，诚为盛典，臣等敢不恪恭承事。待命下之日，令礼部将今科进士，不必限年，十五日，引赴文华殿候赐题考试。其一应礼文定拟仪注，上请礼部。因具上其仪：一，四月十五日，上御文华殿亲试进士，先期一日，鸿胪寺备写题案于文华殿门下，光禄寺备试案于文华殿门外阶前。至日早，鸿胪寺官引进士入至殿门外，东西北向序立。上常服御文华殿升座，内侍传呼执事官进。执事官具吉服分班趋入，侍列丹陛上，鸿胪寺官赞：行叩头礼。毕，仍暂分侍丹陛传赞：进士行五拜三叩头礼。毕，各分东西，就案北向立，执事官入殿，东西

侍，礼部尚书诣御前，跪奏：请赐题。内侍官捧御题授礼部尚书，受讫，叩头，兴，捧从左门降阶出，至殿门外。内阁中书官以粉牌誊录，传示进士。上还宫，执事官退，试毕，吏部文选司、礼部仪制司郎中等官公同弥封，送辅臣并吏礼二部堂上官校阅，分正副卷进呈御览。报可。

11. 世宗肃皇帝实录　卷一百八十五　嘉靖十五年　三月十五日

庚午，先是，上谕礼部尚书夏言曰：朕去岁已与卿拟定，待庙工告成方举谒陵之典。然朕惟今如因小就大即议山陵之建，一面做地工、办料物，及至庙工之完，正接而鳞兴造之，庶不虚旷人力。若是则先命官往视，以竢朕亲往作之，卿其即今密会勋、时、鼎臣、瓒、庭棉五臣计闻……于文华殿谕言曰：谒陵之礼必一同圣母行，今可即二十一日驾发，到陵休一日，二十四、二十五二日行谒告礼，二十六日又休一日，次日往西山拜二寝，随时行礼还京，后妃宫眷俱当从其。丞拟仪：一，前期太常寺备办祭告内殿祭品，翰林院撰祝文……一，光禄寺随处预备御膳及酒饭供具；一，三月二十一日圣驾发京，是日免朝，文武百官先赴德胜门外送驾，驾过退；一，二十八日，圣驾还京日，文武百官、军、民、耆老人等俱出迎于郊，上奉皇太后率皇后谒内殿奉皇太后还宫，行礼毕，上御奉天门朝百官；一，百官陪祀具吉服。

12. 世宗肃皇帝实录　卷一百八十五　嘉靖十五年　三月十九日

甲戌，命宣城伯卫錞、户部尚书梁材居守京城，敕令朝夕戒谨防范，如有切要事务即行所司诣行在所以闻。鸿胪寺上行殿礼仪：一，二十一日，驾至沙河行殿，百官行一拜叩头礼，本寺奏：礼毕。其巡抚、巡按并守备知州、知县、师生、吏典、耆老人等俱于次日早朝毕引见，具常服，行五拜三叩头礼。应该面见面辞官员，本寺元行闻具白本揭帖照例引赴御前行叩头礼；一，二十二日，百官行礼如常仪，其各衙门如有奏事，照常朝事，例次第行；一，二十三日，朝毕仍令百官恭候午朝或传旨暂免；一，二十六日行礼如二十三日

仪；一，二十七日行礼如二十二日仪；一，二十八日行礼祭毕，驾还京，百官于阜城门外迎驾随行，候上御奉天门，百官具吉服，本寺官致词称贺，行五拜叩头礼。制可，午朝免。

13. 世宗肃皇帝实录　卷一百八十六　嘉靖十五年　四月十七日

辛丑，初，上议寿域起工，亲行祭告诸陵。至是，礼部请遣官。上谕内阁曰：亲行有成命南宫遣官之说，必有谓或以朕劳。朕闻多劳可以应于有事；或念扈从之劳，则当分番；或有怨劳，则当示以正义；或有邪说者，则当谕以理。况古天子一岁四狩，此行不可沮，仍以前议为准。于是礼部具列事宜，上请钦定。诏：俱如拟。复谕尚书夏言曰：宫眷视前减三之二，其仪卫一节朕惟卤簿之数，代不同之，今祖制固无敢更之者，然尚果于用武，可尽用此设哉。唯郊祀一举，当全用。至若远近巡幸，当别为一具用之。伞扇之类宜省约，旗仗之属宜取增，方可别其行有不同之义。至于六军，万有二千亦足矣，纵使伐罪，亦不右多。卿其再思之。其促官，五府九卿各当官一，司属各一，太常、鸿胪各留京二员、堂属一，日讲官科六人，道十三人随去，余似俱不必去。礼部遂拟上仪注：一，太常寺备办祭告内殿祭品，翰林院撰祝文；一，前期一日，上率后妃告内殿；一，十九日卯时，圣驾启行，由长安门出，至沙河行殿，上少憩，进膳毕，出，百官朝见，行一拜叩头礼如常仪；一，是日早，免朝。扈从官前行，存留百户俱先赴德胜门外送驾；一，锦衣卫设丹陛仪卫扈行；一，扈从官遵照圣谕，五府九卿各堂官一员，司属各一，日讲官六科六人，十三道十三人，太常寺、鸿胪寺堂官止一员留京，余俱随行；一，扈从官在途供事以便衣；一，工部差官巡视桥梁道路，遇有损塌，随宜修理；一，居守文武大臣并直守皇城四门、京城九门，分调提督武臣及点闸科道官，兵部奏请户部关给行粮，俱照例举行；一，光禄寺随处预备御膳及酒饭、供具；一，十九日，驾至沙河，昌平州官吏、师生、耆老人等俱跪迎道旁，驾过乃兴，俱免朝见；一，二十日辰时，百

官便衣诣行殿行叩头礼，各衙门奏事引见，如常仪。朝罢百官先行；一，二十一日早，百官常服朝参，发总督等官勅书于各衙门，奏事如常仪；一，修理七陵于二十二日卯时，预建山陵于本日申时，各兴工。是日早，免朝，百官各具吉服先诣长陵候驾，上具黄袍，以寅正诣长陵。以修饰七陵告毕，驾回行宫。至未正，复诣长陵以预建山陵，告百官役行，俟礼毕先还，至行宫前候驾入，退；一，祭告六陵并天寿山、后土、司工等神，各遣官。英国公张溶等，俱次日复命；一，二十三日早，百官常服朝参，奏事如常仪。是日，驾驻陵下一日；一，二十四日早，百官先行至沙河，候驾至，便衣朝见；一，二十五日，驾发还京。文武百官、军、民、耆老人等俱出迎于德胜门外，教坊司大乐鼓吹振作，驾入告内殿谒皇太后，还宫；一，二十六日，上御奉天门，文武百官具吉服朝参。得旨：二十九日回京，次日见两宫，余如拟。行殿既寝，当名行宫。

14. 世宗肃皇帝实录　卷一百九十　嘉靖十五年　八月十二日

乙未，礼部上进呈列圣宝训实录仪注：前一日……是日早……次日早……仍命监录等官侯郭勋、大学士李时、尚书夏言、顾鼎臣、侍郎谢丕、学士张璧、许成名、郭维藩、蔡昂、克奉藏训录官，至日，以吉服供事。

15. 世宗肃皇帝实录　卷一百九十　嘉靖十五年　八月十五日

戊戌，皇弟（第）一女生，礼部请上御门，百官称贺，诏免朝弟吉服朝参。翰林院侍讲孝（学）士廖道南以母丧乞祭葬，上以其日侍讲读，特许之，仍命彩传归。

16. 世宗肃皇帝实录　卷一百九十　嘉靖十五年　八月二十五日

戊申，先是，上谕礼部曰：重修宝训、实录传之万世。二十七日，朕亲赐宴诸臣于谨身殿，其即具仪以闻。至是，礼部具上仪注：一，是日，监录等官各具吉服于华盖殿东西门外候，上升殿，乐作，升座，乐止，众官入。鸿胪寺官赞：众官入班。乐作，四拜，兴，平身，乐止。内官捧御

案，乐作，设案毕，乐止，簪花。教坊司官跪，奏：一奏本太初之曲。管弦乐作，内官斟酒捧爵至御案前。鸿胪寺官赞：跪。监录等官跪，教坊司官跪，奏：进酒。鸿胪寺官赞：俯，伏，兴，平身，乐止。赞：各就坐。众官各就坐。

17. 世宗肃皇帝实录　卷一百九十一　嘉靖十五年　九月十五日

丁卯，上谕礼部曰：秋祭七陵，已有谕，于十八日发京，长陵朕躬拜，献陵以大臣勋、景陵时、裕陵延德、茂陵言、泰陵元、康陵镈、陈后陵诏各行礼。二十一日寅未卯初祭，此系春秋正祭，用青布服，往回在彼仍吉服，且定二十五日回京。十八日申时吉，止至沙河，从官令次早朝后，随至彼，亦次早朝。次日，正祭免朝，文武官王瑾、严嵩居守。礼部因条上事宜：一，太常寺备办祭告内殿祭品，翰林院撰祀文；一，前期一日，上奉皇太后率后妃告内殿毕，各还宫；一，十八日早，上御奉天门亲朝，钦天监官奏：祭祀期毕，还宫乘舆。既驾临发，上奉皇太后升辇，上驾前导，后妃辇轿后随，由长安左门出；一，扈从官便前行，文武百官俱吉服先趋德胜门外候送，圣驾过，退……一，十九日，文武从官诣行宫早朝，各衙门官奏事如常仪。朝罢，百官先行，上奉皇太后启行，后妃后从。至天寿山红门，上奉皇太后降辇，入左门，皇太后升舆，上驾前导，至行宫，驻跸，免朝见；一，二十日早，文武从官吉服朝参，各衙门官奏事如常仪；一，二十一日，免朝，以寅时末卯初，上具青袍躬诣长陵致祭如仪，六陵及悼灵皇后陵，遣官七员俱青布服，遵照钦命各诣陵行礼；一，扈从官员俱青布服恭诣长陵陪祀；一，二十二日早朝，奏事如常仪，遣官复命；一，二十三日早朝，奏事如常仪；一，二十四日，免朝，从官先行，驾发至沙河行宫，从官行叩头礼；一，二十五日早，从官朝参奏事毕，驾还京，文武百官及军、民、耆老人等俱出迎于德胜门外，居守文武大臣伏谒驾前致词、行叩头礼，教坊司大乐鼓吹振作，驾入，皇太后以下各还宫，上诰内殿如仪。

18. 世宗肃皇帝实录　卷一百九十二　嘉靖

十五年 十月六日

戊子，皇帝二子生，上亲定祭告郊庙礼仪示礼部，礼部因遵奉拟上仪注：一，本月初九日卯时，皇上亲诣南郊以诞生皇子奏告昊天上帝。午时祭告奉先殿、崇先殿，俱祭服行事；一，分诣方泽等七坛祭告，钦定遣官太师勋、辅臣时、伯锐少傅言、尚书鼎臣、伯镇、驸马景和，俱卯时行礼；一，内殿捧主官钦定太宗勋、仁宗时、宣宗言、英宗景和、宪宗镇、孝宗鼎臣、武宗栋；一，祭品钦奉圣谕南北郊加一牛，通用酒果、脯醢三献，太常寺先期预备，翰林院撰告文；一，南郊文职五品以上、武职四品以上官照例具服陪拜；一，内殿文臣三品以上、武臣、公、侯、伯、皇亲驸马俱入陪拜；一，初十日早，皇上具晃（冕）服御奉天殿，鸿胪寺致词，文武百官各具朝服称贺，先后俱行四拜礼；一，自本月初七日始至十五日止，百官朝参办事俱吉服。

19. 世宗肃皇帝实录　卷一百九十二　嘉靖十五年　十月二十一日

癸卯，上谕礼部三后主迁奉陵殿礼成，朕宜往慰。尚书夏言等请期日，上答谕曰：卿等以山行约日，朕先见长陵告以其往之意，次诣裕陵二陵行奉慰礼，居守以伯镇尚书材，从官如前。其以是月二十六日发京，至彼定回期，武士以六千人，二拨更卫。礼部因上仪注：一，太常寺备办长陵、裕陵、茂陵祭品如常仪；一，翰林院撰各祝文；一，前期一日，免朝，上奉皇太后率后妃告内殿毕，各还宫；一，二十六日辰时启行，上奉皇太后升辇，上驾前导，后妃辇轿后随由长安左门出；一，扈从官便衣前行，文武百官俱吉服，先趋德胜门外等候送驾过退……一，二十七日早，文武从官行宫早朝，各衙门官奏事如常仪，朝罢，百官先行。上奉皇太后启行，后妃辇轿后从，至天寿山行宫驻驿（跸），免朝见；一，二十八日早，免朝，上诣长陵行祭告礼，从官各具吉服恭诣陪拜；一，二十九日早，免朝，上诣裕陵行奉慰礼，从官常服陪拜，毕，先行诣茂陵候驾，复诣茂陵行礼俱同前。从官退，先诣行宫候驾；一，驾驻陵下行宫，早朝各

衙门官奏事如常仪；一，驾还京日，免朝，从官先行，驾发至沙河行宫，从官行叩头礼；一，次日早见朝，从官先行，驾发在京，文武百官及军、民、耆老人等俱出迎于德胜门外，居守文武大臣伏谒驾前致词，行叩头礼，教坊司大乐鼓吹振作，驾入，皇太后以下各还宫，上告内殿如仪；一，次二日俱免朝，第三日百官吉服朝参。诏如俱拟。

20. 世宗肃皇帝实录　卷一百九十四　嘉靖十五年　十二月十六日

……至是，宗庙成，上申谕言：神主奉安后，奉先殿、崇先殿神位宜暂奉安、景神殿，以便来春二殿之修，可即于是月举行。于是，钦天监择十八日吉，礼部以闻且请以八圣神位暂安景神前殿，献皇帝暂安景神后殿。诏可。礼部具上仪注：……钦定文武大臣捧请太祖、列圣、献皇帝神位，内官捧请列后神位，俱吉服行事。

21. 世宗肃皇帝实录　卷一百九十六　嘉靖十六年　正月二十七日

丁未，上御奉天门，文武百官吉服致词贺皇子生。

22. 世宗肃皇帝实录　卷一百九十八　嘉靖十六年　三月十九日

南京礼部尚书霍韬言：元旦、冬至、万寿圣节，臣下拜贺皆行十二拜礼，唯南京行八拜礼，不宜独简。出，制帛，文武百官俱吉服，骑导于郭门之外，拱立路隅，帛过，乃退。

23. 世宗肃皇帝实录　卷一百九十九　嘉靖十六年　四月十七日

上谕礼部：朕荷天麻，赐生元子，生母昭嫔王氏宜有进加以示宠异。取今月二十三日告于皇祖、列圣、皇考，遣使持节，以金册、金印进封为贵妃。第四子生母靖嫔卢氏进封为靖妃。又列衔锦衣卫正千户英女刘氏补封为淑嫔，俊女王氏为宜嫔，受女王氏为徽嫔，变女王氏为裕嫔，瓒女陈氏为雍嫔。具仪以闻。礼部具上仪注，如前册妃嫔礼同。请次日上御奉天门，文武百官各具吉服，鸿胪寺官致词称贺。诏曰：可。

24. 世宗肃皇帝实录　卷二百十一　嘉靖十七

孔府旧藏服饰研究——明代衍圣公卷

年 四月十日

癸丑，上躬祭太宗于圣迹亭，从官皆吉服陪祀，是日回銮。

25. 世宗肃皇帝实录 卷二百十六 嘉靖十七年 九月十三日

癸未，上谕内阁：大享神御位、配帝位，二圣内殿神位俱不宜过期，须十一日戌刻，南宫制造。十五日，先奉安神御位、配帝位于玄极宝殿，吉服祭之，礼毕，即诣景神殿奉安神御位。

26. 世宗肃皇帝实录 卷二百十七 嘉靖十七年 十月二十日

庚申，初，上既上成祖睿宗尊号大享礼成，拟加上帝高皇帝、高皇后尊称，谕议阁部：以冬至大祀前行之，乃择吉十一月之朔。是日，谕礼部云：二十四日子刻，奏谢景云于玄极宝殿，礼毕，即诣郊坛恭以上帝尊称预告于神祇，回御殿，颁勅文武群臣自二十一日始吉服办事。

27. 世宗肃皇帝实录 卷二百十七 嘉靖十七年 十月三十日

庚午，礼部上改题高皇帝、高皇后神主仪：一，择于十一月三日吉；一，翰林院撰文，太常寺备脯醢、酒果如常仪。先期，司设监设题案主于太庙寝殿东西，设香案；一，文官三品以上、武官、公、侯、驸马、伯、皇亲指挥陪拜，钦命题主大臣二员。是日早，免朝，鸣钟，陪拜官具吉服于庙街门北向序立，候驾至陪拜。上具翼善冠、黄袍，乘板舆至太庙门右，降舆，太常寺导引官导上由殿左门入寝殿，上就位，上香，一拜叩头毕至神床前跪，太常寺卿跪奏：谨请皇祖太祖高皇帝、孝慈高皇后神至恭用奉题。

28. 世宗肃皇帝实录 卷二百十九 嘉靖十七年 十二月二十六日

乙丑，礼部言：十二月三十日，大行皇太后服制二十七日已满，恭检孝贞皇太后丧礼制满后，上位仍素翼善冠、布袍腰绖御西角门，不鸣钟钹（鼓）。百官俱素服、乌纱帽、黑角带侍朝。俟梓宫入山陵奏请变（变）服，各今岁适遇正旦朝会，祭享一切吉仪所当酌议，臣等恭拟。皇上是日早，黑翼善冠、浅淡袍服、黑犀带御殿受朝，

疏入未下。上谕大学士言：元旦玄极殿拜天，仍具祭服。陛下望拜及先期一日合变（变）服否？于是礼部更请：正旦日，上拜天、受朝，及先期一日，俱宜青服。孟春时享宗庙，自前三日奏斋始，皇上具青服，臣下同之，后遇祭享以此为例。余日仍以孝贞皇太后丧礼例行。上览疏谕内阁曰：部疏所拟未免循故，事未见损益，何如？礼曰：三年之丧，贤者勿过，不肖者不可不勉，若拘此纸上法度，自后世君人者皆罪人也，不但景君一人耳。朕气质微弱，志念实不副，每有志于古道，力不克然，时亦不同也，今既曰以日易月，无有不知，无有不见，非虚文也，是实行也，更不必小惠报父母，姑息以事亲直便实为之，庶不傍牵蔓引而圣人可作伪乎？虽山陵之未就，而实不是古人未葬之时，百事皆辍之美（美），吉典亦行，郊社在上又不敢废，封建、征伐、赏刑诸事命出一人，本无虚日，谓之居丧，吾不信也，便当如制定服后，皆不必迁就，遇郊有事宜吉服作乐，况父在柩，子嗣位，率用全吉，何事天，反云尔耶，此尊尊也，庙有事，着浅色服，不作乐，此亲亲也。居他处服墨布，至丧次仍素色，直候奉引安陵仍用始服之服，以终之。庶为情实，卿等即抄明白付宗伯、翰林院礼科各议来行否。即曰：否。礼部覆：皇上析礼精微，可为万世法。请令臣等通行内外，一体遵奉。报可。初，礼部请正旦朝贺三奉旨罢免及上制满仪注内开正旦视朝一节，因别疏专请上。仍于是日御殿受朝，上曰：履端岁首朝会之始，但昨方除服梓宫在上，卿等连以礼请，且朕亦谓行实事依拟于奉天门青衣，本等带行五拜三叩头礼，不必公服致谓，钟钹（鼓）鸣鞭俱辍之。礼部复固请上具翼善冠、黄袍御殿，百官公服致词，鸣钟钹（鼓）鸣鞭奏堂〔下〕乐。上曰：改岁更始，王者奉顺天道不可不重，有谓弗宜。非知道者既在除服外其义行，子刻初，朕用祭服于玄极殿行告祀礼，前期在服制内变（变）服玄色吉衣，几筵四七节权命内侍行礼。

29. 世宗肃皇帝实录 卷二百二十 嘉靖十八年 正月三十日

初,礼部拟上圣驾南行,并驾至承天谒陵祭告等仪。已得旨,俱如所拟。寻复面谕尚书嵩,发京更二月十六寅时,前所上诸仪有当增定更正者。嵩退,乃疏言。驾至承天,一应礼仪俟至彼另具,谨先遵谕,将发京沿途诸仪增正具闻:一,十一日辰时,上亲奏告皇天于玄极宝殿,毕,同日告闻皇祖太庙、皇考睿宗庙,遣大臣十八员分告北郊、德祖、懿祖、熙祖、仁祖、成祖、列圣群庙、太社稷、帝社稷、朝日、夕月、天神、地祇,行事俱用祭服。太常寺办备合用脯醢、酒果、制帛,翰林院撰各项告祭文载,祭于承天门,遣官祭旗纛之神,俱用牲醴、制帛,三献如常仪。驾发由正阳中门出……驾发,留守大臣率在京文武衙门官员各具吉服,先期恭赴宣武门外彰义关,候送驾,驾过,退。各衙门扈从官员,分程先行在途,俱免朝参,候驾礼、兵二部、鸿胪寺、太常寺、光禄寺官、科道纠仪官俱从行。凡遇行宫进膳处所,各该抚按守巡兵备等官,选委精壮官军披带盔甲器械拱卫乘舆,不许喧哗错乱,违者听锦衣卫官实时具奏挐问……各处抚按并三司官俱于所属境上候驾,先赴鸿胪寺报名。驾至行殿,各具吉服朝见。所过府卫州县官吏、生员、耆老人等,俱于三十里外候迎道傍,跪叩头,驾过退。驾至行殿,鸿胪寺引见,俱五拜三叩头礼。各处近路王府许亲王具常服预先出城,候驾至,跪迎道傍,叩头,驾过,兴。驾至行殿,王具朝服,见行五拜三叩头礼,毕,上赐宴劳,光禄寺备宴席给领。其余宗室俱免出迎,不许擅离府第。得旨:祧庙不告,百官迎送,但立而已,亲王尤不可伏谒道左,从官不得需索,有司不得媚奉,违者厂卫科道察举以闻。

30. 世宗肃皇帝实录 卷二百二十一 嘉靖十八年 二月三日

初,正月中,奉先殿成,上于文华殿面谕礼部尚书严嵩:二月初九日,奉安列圣帝后神位。至是,礼部拟上仪注:先期一日,司设监设神座香烛案于奉先殿,神位舆九并香亭于重华殿丹陛正中,锦衣卫备伞仗,教坊司备大乐于重华殿门外,太常寺备牲犊、制帛如时祫仪。上恭捧太祖

神位,钦命文武大臣八员捧成祖列圣神位,陪拜官合用文官四品以上、武官三品以上、皇亲都指挥以下俱吉服。至日质明,上具翼善冠、黄袍诣重华殿,内外捧请神位官随入,上香行礼毕,上捧太祖神位,钦命内外官捧列圣、帝后神位安舆中,舆出,大乐前导,伞仗侍卫如仪。

31. 世宗肃皇帝实录 卷二百二十一 嘉靖十八年 二月二十三日

行在礼部议亲王朝行殿仪注:圣驾将至,王具常服,预出郊候驾。驾至,则立迎道侧,俟驾过乃退。上御行殿,王朝服入朝。鸿胪寺官引王由殿左门入,至拜位,鸿胪寺官代王致词,行五拜三叩头礼。复引王由殿左门出。上降旨慰劳,列宴赐之。王具疏以谢,又言总兵官而下宜各戎服囊鞬郊迎,而后以吉服入朝于行殿。上以总兵官仪依拟王朝见仪,候降示。明日,乃钦定仪注示礼部云:凡亲王迎接去处,着翊国公郭勋、成国公朱希忠、京山侯崔元、辅臣夏言、礼卿严嵩、夏卿王廷相左右从行,并王朝见处,殿内侍班。凡诸王迎接,已命文武大臣侍于途,王于道傍拱立,文武大臣下马侍上左右。礼部尚书跪奏云:某王某恭迎圣驾见。内侍官引王至驾前,跪行叩头礼。礼部尚书进立于上前,候旨,承旨,讫,起立,传旨示王,随行至行宫。上入,少憩,王具冕服,钦定文武大臣于殿内左右侍从,从官于丹墀东西侍班。候上升座,鸿胪卿引王由殿左门入,至拜位,赞:行五拜三叩头礼。毕,内侍官引王于别次少候。从官叩头如常仪,鸿胪卿跪奏:礼毕。

32. 世宗肃皇帝实录 卷二百二十二 嘉靖十八年 三月十二日

是日,谕行在礼部:朕仰荷天眷,既临旧邸,奏告诸仪,宜即行事。于是礼部具仪以上:以十二日太常寺奏祭祀,上御龙飞门,百官吉服侍班,行叩头礼。自十三日为始,致斋三日。十五日,礼部率太常寺官恭诣龙飞殿丹陛,国社、山川等坛各陈设。十六日子刻,上具祭服恭诣龙飞殿丹陛,行告祭礼。文官五品以上、武官四品以上、六科都给事中俱祭服,余官俱吉服。

陪拜……上更皮弁服，诣国社坛行告祭礼……上诣山川坛行礼，仪同前。十七日恭谒显陵，太常寺前期陈设牲犊、酒醴、香烛、制帛。是日，上具常服诣陵，由陵左门入殿左门……从驾百官及抚按等官俱吉服陪拜……

33. 世宗肃皇帝实录　卷二百二十二　嘉靖十八年　三月十三日

辛巳，上御龙飞门，百官吉服侍班，行叩头礼。太常寺奏祭祀，上誓戒，群臣致斋三日。

34. 世宗肃皇帝实录　卷二百二十二　嘉靖十八年　三月十六日

祭告皇考于显陵，由左门入，诣祾恩殿行三献礼如仪。从驾百官及所在镇巡官以下各吉服陪拜。

35. 世宗肃皇帝实录　卷二百二十三　嘉靖十八年　四月十五日

壬子，圣驾还京师。留守大臣率文武百官俱吉服奉迎彰义关外，留守官伏驾前致词，行五拜三叩头礼。

36. 世宗肃皇帝实录　卷二百二十三　嘉靖十八年　四月十九日

是日，上复谕礼部：二十七日子刻，驾发京诣天寿山恭视陵工，亲谒长陵。分命大臣祭谒六陵，俱用吉服。礼部复拟仪如例。报可。

37. 世宗肃皇帝实录　卷二百二十三　嘉靖十八年　四月二十八日

乙丑，上躬谒长陵致祭，遣文武大臣郭勋、夏言分祭各陵，从官俱吉服陪拜。

38. 世宗肃皇帝实录　卷二百二十四　嘉靖十八年　五月八日

乙亥，先是，上自山陵还京……十一日子刻，以皇妣祔葬显陵南诣祭告宗庙。上亲告太庙、睿宗庙，遣官分告列圣群庙。一，十三日子刻，上亲祭天神、地祇于郊坛，祭品行礼俱如常仪，用吉服……一，十八日，神主回京。内执事备仪卫，教坊司大乐鼓吹前导。至道中，行飨神礼，命官具青绿锦绣服色。典仪唱：执事官各司其事。赞：就位。命官就位，赞：诣前上香，复位。赞：四拜。唱：奠帛。行初献礼。献爵，读

祝，亚献、终献。赞：四拜。焚祝帛。礼毕。神主舆行至朝阳门，命官具吉服随行。百官同。寅刻至午门外，仪卫等退，内导引官导主入，上具常服率皇后眷出迎，随行至慈宁宫门外武庙，皇妃、公主、泾简王妃宫眷等俱吉服，迎神主于宫门内。

39. 世宗肃皇帝实录　卷二百二十八　嘉靖十八年　八月二十日

甲申，以恭制皇天玉册、祖考宝册及祇建皇穹宇兴工，躬奏告上帝于南郊泰神殿，文武百官各具吉服恭诣昭亨门候驾，遣翊国公郭勋祭司工之神。

40. 世宗肃皇帝实录　卷二百三十三　嘉靖十九年　正月六日

己亥，上感阎贵妃之薨，诏以今月十日告庙，册封诸妃嫔曾出皇子及皇女者。礼部具上仪注：一，至日，上具常服，以进封贵妃、册封妃嫔告于皇祖，分遣文武大臣八员告列圣宗庙；一，先期，内府造皇贵妃金册、金宝各二，妃嫔各金银册及冠服、玉圭等物；一，奏请行礼正、副使二十二员；一，前期，鸿胪寺设节册宝案于奉天殿，节案居左，册宝案居右。节册宝彩舆于丹墀内，教坊司设中和韶乐及大乐，锦衣卫设仪仗如朔望仪；一，是日早，内官设皇贵妃、各妃嫔受册位于各宫中，设节册宝案于受册位之北，设香案于节册宝案前，设内赞各三人，引礼各二人。至期，上皮弁服御华盖殿，鸿胪寺官奏：执事官行礼。毕，奏：请升殿。导驾官导上升座，文武百官朝服入班，行叩头礼，左右侍班正副使朝服入，就拜位，赞：四拜，兴……一，谒庙各妃嫔受册毕，各具礼服候，皇上率诣内殿行谒告礼，如常仪；一，谢恩，是日谒内殿毕，各妃嫔具礼服诣昭圣恭安康惠慈寿皇太后前，行八拜礼，毕，各诣乾清宫候。上服皮弁服升座，皇后亦具服升座，赞：引女官引各妃嫔诣前就拜位，行八拜礼。毕，还宫。次日，上御殿，文武百官各具吉服，鸿胪寺官致词称贺。诏可。

41. 世宗肃皇帝实录　卷二百四十七　嘉靖二十年　三月八日

甲午，礼部以圣躬未豫，拟殿试牍卷，传胪谢恩等仪皆暂辍御殿。执事等官阅卷毕，即以应读试卷稍列第等封进，钦定甲第名次，御札发下。次早，如例于华盖殿拆卷，填选黄榜，捧出置奉天殿案上。百官吉服侍班，鸿胪官仍称制于丹陛上唱名传胪，皆如常仪。越四日，鸿胪官先设表案于左顺门，百官吉服。是早，引状元、进士午门前五拜叩头礼，毕，状元捧表文授司礼监官，捧入，随至左顺门以表置于案，状元等行一拜叩头礼，毕，司礼监官捧进。诏可。

42. 世宗肃皇帝实录　卷二百四十八　嘉靖二十年　四月十二日

戊辰，礼部以成祖庙、仁庙帝后神主俱煨（毁）请择日恭制。上命诣陵奉题还安，礼部因具遣官奉题祭告并迎主奉安仪注：一，本月二十一日，长陵、献陵恭题神主，合用命官四员；一，前期，所司诣陵恭制神主；一，是日质明，遣祭官具青服行祭告礼如常仪，内侍官设题主案于祾恩殿西向，奉木主置案上。中书官恭书尊谥，讫，题主官盥手恭题主，毕，遣祭官同内侍官捧主置于神座。上遣祭官跪，太常寺跪于左，奏云：奏请成祖启天弘道高明肇运圣武神功纯仁至孝文皇帝神灵上神主，又太常寺跪于右，奏云：请仁孝慈懿诚明庄献配天齐圣文皇后神灵上神主，讫，遣祭官俯，伏，兴，遣祭官更吉服，即行朝奠礼，毕，太常寺官跪奏云：请成祖文皇帝、仁孝文皇后降座升舆还京。遣祭官同内侍官奉神主升舆。进行仪仗侍卫如仪。遣官后随次玄福宫神御幄，行夕奠礼同前。次日，还京；一，献陵祭告题主仪俱同；一，神主还京，所司先期于土城外设幄次。神主至，百官吉服行叩头礼，神主启行，大乐前导，设而不作。百官后从至承天门外，乐止，神主入午门，仪卫百官退。上常服奉迎，由左顺门、东华门、东上门、东上南门、永泰门入景神殿东门。行安神礼如时祫仪，于永孝殿，惟不用乐，毕，奉主还景神殿；一，陪祀官、公、侯、驸马、伯、九卿、堂上官、皇亲指挥以下各具吉服行礼。

43. 世宗肃皇帝实录　卷二百五十八　嘉靖

二十一年　二月十二日

建春，祈大齐于朝天宫。三日夜，上敕礼部未封御氏二各封妃，张氏封淑妃、马氏封贞妃，今月二十八日发册行礼，暂罢御殿，礼部上册封淑妃、贞妃仪注：一，择二十八日寅时，遣官以册封告于景神殿，太常寺备〔香〕帛、脯醢、酒果，翰林院撰告文；一，先期，内府造淑妃、贞妃金册及玉圭、冠服如制。前一日，鸿胪寺设节册案于奉天殿，节案居左，册案居右。设节册彩舆于丹墀内，教坊司设中和韶乐及大乐，锦衣卫设仪仗如朔望仪。是日早，内官设淑妃、贞妃受册位于各宫中，设节册案于受册位之北，节案居左，册案居右，设香案于节册案前。设内赞三人，引礼二人；一，是日寅时，奉天殿发册，百官各吉服侍班，鸿胪寺官引正副使具朝服入，就拜位，行四拜礼。执事官举节册置彩舆中，黄盖遮送。教坊司鼓乐前导，由右顺门至迎和门，正副使北面立，内官举节册舆入，将至宫门，引礼请淑妃、贞妃各具礼服，出迎于宫门外。节册由正门入，淑妃、贞妃各随至拜位。内官以节册各置于案，赞：四拜。赞：宣册。赞：跪。宣册女官取册，立宣于淑妃、贞妃之左，宣讫，赞：受册。赞：搢圭。宣册女官以册跪授于淑妃、贞妃。淑妃、贞妃受册。授女官跪受于淑妃贞妃之右，立于西，赞：出圭，兴。赞：四拜礼。

44. 世宗肃皇帝实录　卷二百六十　嘉靖二十一年　四月十日

庚申，初，上于西苑建大高玄殿，奉事上玄，至是工完，将举安神大典，谕礼部曰：朕恭建大高玄殿，本朕祇天礼神、为民求福，一念之诚也，今当厥工初成，仰戴洪造下鉴，连沐玄恩，矧值民艰财乏，灾变屡侵之日，匪资洪眷，罔尽消弭。所宜敬以承之，岂可轻忽！尔百司有位，务正心修己，赞治保民。自今十日始，停刑止屠，百官吉服，办事大臣各斋戒至二十日止，仍命官行香于宫观庙敬之哉，因遣英国公张溶等，分诣朝天寺宫及各祠庙行礼。

45. 世宗肃皇帝实录　卷二百九十七　嘉靖二十四年　三月二十九日

辛卯，上谕辅臣严嵩：东宫冠读已闻中外，只可移取通利之辰，不宜暂罢。复问：冠礼内仪物有丝巾，何为？嵩言：彼在束发，乃婚礼内物，此礼官执泥旧文，不用为当。又问：庙见童服，当是何服色？嵩言：今次之见系在内殿，家人礼也比与宗庙大礼不同，似应常所用吉服行礼。已奉谕：东宫庙见等仪非一节，即今将入夏令，恐难，免行，待秋爽举未迟。

46. 世宗肃皇帝实录　卷三百　嘉靖二十四年　六月八日

己亥，礼部上太庙奉安神主仪注：一，钦命大臣三员于六月十六日寅时以庙成奏告南郊、北郊、太社稷并遣官告景神殿。太常寺备办祭告天地、社稷、景神殿及祧庙，奉安神主祭品俱用脯醢、酒果，其奉安列圣神主祭品俱用牲醴，翰林院撰一应祝文，太常寺奏请钦定捧帝主大臣及捧后主内臣各十三员，各具吉服。

47. 世宗肃皇帝实录　卷三百三十一　嘉靖二十六年　十二月十七日

甲子，立春，顺天府官进春，上不御殿，命司礼监官捧进中宫春仍进几筵。进春官吉服，百官常服侍班行礼。

48. 世宗肃皇帝实录　卷三百三十二　嘉靖二十七年　正月十七日

甲午启蛰，行祈谷礼于玄极宝殿，命成国公朱希忠代。先是，礼部以孝烈皇后丧在殡，请上裁定诸祭礼仪。诏定玄极宝殿祭吉服，作乐二。社稷、朝日坛如之先农、历代帝王先师孔子，百官止用青绿服色，文庙仍免奏乐。

49. 世宗肃皇帝实录　卷三百三十六　嘉靖二十七年　五月七日

辛巳，夏至，大祭地于方泽。先期，视牲，请太祖高皇帝配飨，及是日行礼，俱命成国公朱希忠代，陪祀官各吉服，用乐如祈谷礼。

50. 世宗肃皇帝实录　卷三百八十二　嘉靖三十一年　二月八日

庚申，礼部上裕王、景王冠礼仪注：一，吉期以三月初一日卯时；一，前期一日，遣大臣以特牲告奉先殿行一献；一，前期三日，各执事官于奉天门东庑演礼；一，前期一日，鸿胪寺设二王冠所于奉天门东庑，左顺门之北正中，设香案二于节案前，设冠席二于香案之东，稍南西向。设醴席二于香案之西，稍南东向。内侍设帷幄二于冠席之后，稍北西向。帷中设座椅几案各一，别设案二于东阶之南，具翼善冠、皮弁冠、九旒冕各二，皆以盘盛，红袱覆之，置于案。具袍服、衮服、圭带、舄等物各二，皆以箱盛，置于帷中案上。光禄寺设盥洗所一于冠冕案之南，西向。设司尊所一于醴席之西南，东向。司尊者各实醴于侧，尊加勺罩。设坫于尊东，置爵于坫。进馔者各实馔设于尊北，执事者皆立于其所。教坊司设乐于盥洗所之南，北向；一，前期一日，鸿胪寺设节案于奉天殿，是日早，皇上具皮弁服御华盖殿，鸿胪寺奏：执事官行叩头礼。毕，请升殿。上御奉天殿，文武百官具朝服，先行叩头礼，左右侍班，序班引各持节掌冠官及赞官、宣敕戒官俱就拜位，行四拜礼。候执事官举节案至丹墀中道置定，传制官奏：传制。出至丹陛，上西向立，称有制，鸣赞赞：跪。各官皆跪，传制官宣制曰：皇子裕王、景王冠，命卿等持节行礼。各官俯，伏，兴，四拜礼毕，持节掌冠官捧节及赞冠官、宣敕戒官、执事官俱随诣冠所行礼……一，是日，二王各具冕服同竭祭于奉先殿，用乐行礼如常仪。毕，二王仍各具冕服同诣上，前谢，行五拜三叩头礼，次各谒母妃，行四拜礼，皆用乐。次景王谒裕王，行四拜礼；一，次日早，上常服御奉天门，百官吉服称贺，致词云：裕王、景王冠礼已成，理当称贺，行五拜三叩头礼。候朝罢司礼监请二王各具常服，同诣奉天门东庑序坐百官吉服，行四拜礼。制曰可。惟御殿门贺俱免。

51. 世宗肃皇帝实录　卷三百九十二　嘉靖三十一年　十二月二十四日

壬申，以岁终修谢典于内殿，分命文武大臣、成国公朱希忠等祭告各宫庙。百官俱吉服斋（斋）洁办事，法司停刑五日。上命礼部传谕百官曰：朕钦承天祐，崇事玄修，今岁春护，非常感恩，莫报凡尔，内外诸臣宜尽一体大义，勿欺勿慢。

52. 世宗肃皇帝实录　卷三百九十三　嘉靖三十二年　正月二十四日

礼部奏上二王婚礼仪注：一，定亲、纳征、发册、催妆。礼前一日，遣官告于奉先殿如常仪，内官监、礼部鸿胪寺设定亲、纳征、发册、催妆各合用冠服、首饰、金银、段匹等礼物于文楼下，设玉帛案、册案、节案于奉天殿内。至日早，内官监设彩舆，教坊司设大乐于午门外，内官设王妃凤轿仪仗于彩舆之南。是日早，百官具朝服，左右侍班，序班导引正、副使先于丹陛下正中行四拜礼。执事官举节案、玉帛案、册案至丹墀，置于中道。宣制官称有制，鸣赞唱：跪。正、副使跪，宣制官宣制曰：今聘某官某人女为某王妃，命卿等持节行纳征、发册等礼。正、副使俯，伏，兴，四拜礼毕，执事官举节案、玉帛案、册案、冠服等物引礼官引至午门，以节册并玉帛置于彩舆，冠服等物以次陈列，大乐前导，从二门出东长安门外，正、副易吉服乘马随行，至妃家行礼。

53. 世宗肃皇帝实录　卷三百九十四　嘉靖三十二年　二月八日

礼部拟二王出府，各次日，群臣吉服诣府，行贺礼。

54. 世宗肃皇帝实录　卷三百九十四　嘉靖三十二年　二月十五日

壬戌，以二王婚礼成，文武百官吉服诣奉天门，行五拜三叩头礼。

55. 世宗肃皇帝实录　卷三百九十四　嘉靖三十二年　二月十六日

癸亥，奉安先圣先师神位于文华殿东室，遣成国公朱希忠行礼，驸马邬景和、谢诏、安平伯方承裕、辅臣六卿经筵日讲官陪拜。先是九年，上亲行礼，圣师十一位每位铏一、笾豆二、制帛一，太常陈设毕，上行安神礼。辅臣、礼卿偕讲官吉服立殿门外，俟行礼讫，诸臣入上香，行八拜礼。至十六年，移祀于永明后殿行礼如初。及是，复自永明移祀文华，遣官奉安，诏命官如前例候以祭服陪拜。

56. 世宗肃皇帝实录　卷四百二　嘉靖三十二年　九月六日

兵部覆称寇入虽不无卤掠，而诸臣力战，杀虏过当，俾之失利引去。实上天垂祐、陛下威灵所致，请择吉告谢论功行赏。上曰：今岁丑虏拥众犯官，诸官兵拒遏出境，奋勇冲击，擒斩数多，仰荷玄祐参举谢典，诚勿容已。诸臣劾有劳绩，兵部分别奏请升赏。其失事者令各按臣覈（核）实以闻。礼部因请以奏谢，次日，百官吉服诣午门，行五拜三叩头礼。

57. 世宗肃皇帝实录　卷四百五十三　嘉靖三十六年　十一月九日

庚午，以大光明殿工成及景命修报，遣英国公张溶、吏部尚书吴鹏等祭告朝天等六宫。上曰：是典礼特隆巨者，诸司其奉大义停刑止封，吉服莅事。自是日至来月之朔罔有欺怠。

58. 世宗肃皇帝实录　卷四百九十一　嘉靖三十九年　十二月十九日

庚戌，礼部言皇上钦承祖宗大制谕：景王之国乃以父皇命子，与太祖高皇帝、成祖文皇帝亲命诸王事体相同比之，列圣以兄命弟者，有间臣等伏玫（考）先朝故事，皆奉天门陛辞而行，今景王远违圣慈，乞令前一日，王与妃恭诣御前，面辞，行五拜三叩头礼。祗受皇上训命，礼毕，王与妃诣母妃前，行四拜礼，出辞。裕王至府内行四拜礼，裕王亦送景王至府内，行两拜礼。次日，景王仍诣大朝门前，行陛辞礼，启行。又国初，诸王之国，百官俱送至龙江关，候王登舟而返，以后此礼不行。惟先一日诣王府拜辞而已，今景王承皇上亲命之国礼，宜从其重者，乞令文武百官先一日诣府，行辞礼。至次日，各具朝服侍班，候王行礼毕，出，易吉服送至崇文门桥南，候王辂过而回，如此则国典人情庶为两尽。报可。

59. 世宗肃皇帝实录　卷四百九十三　嘉靖四十年　二月二日

礼部奏上景王辞朝仪注：前一日，恭诣御前，面辞。先期，内官预设幕次于上御宫门外。至日，王具冕服、妃翟衣由东华门入，至上御宫门外入幕次，司礼监官奏：引至御前。王与妃并立，王左、妃右，内赞赞：行五拜三叩头礼。王与妃俱跪听上训命，讫，上以果盒酒赐王，王跪饮，讫，叩头，毕，出幕次。与妃同诣母妃前，行四拜礼，毕，出。妃先回府，景王至裕王府内，行四拜礼，裕王仍至景王府内，行两拜礼，俱答拜，各回府。文武百官各具吉服诣景王府，行四拜礼。次日，文武百官各具朝服侍班，景王具冕服由东华门入，至大朝门御座前，行五拜三叩头礼。赞引引王由东阶出承天门，至幕次易服。王自祭承天门之神，礼毕，王乘舆出长安左门，至府，同妃启行，由朝阳门出。百官易吉服，至桥东左右序立，候王辂过而回。奏入得旨，面朝二辞俱免，百官只吉服路送，余如拟。

60. 世宗肃皇帝实录　卷五百四十　嘉靖四十三年　十一月四日

癸卯，上谕礼部：朕承皇天眷佑，今遇甲元庆始之年，建典迎恩。自是日始停刑禁屠，止常封九日。百官吉服莅事，命公张溶等告祭六宫庙。

61. 世宗肃皇帝实录　卷五百五十二　嘉靖四十四年　十一月十三日

丙午，礼部拟上迎请奉安二圣神位于玉芝宫仪注：一，太常寺备香帛、祭品用牲醴；一，翰林院撰奉安祝文及乐章；一，前一日，司设监会同内阁、礼部太常寺等官诣玉芝宫前后殿陈设神御仪物并器；一，至日，司设监备神位金舆衣冠亭于文章殿门外，内侍官奉请神位于文华殿中，遣捧神位官及各执事官具吉服行一拜三叩头礼。

62. 穆宗庄皇帝实录　卷六　隆庆元年　三月十九日

甲戌，礼部进册封皇贵妃、贤妃仪注：……一，二十九日，恭请上御皇极门，百官各具吉服行称贺礼。

63. 穆宗庄皇帝实录　卷九　隆庆元年　六月二十六日

礼部进圣驾临幸太学行释奠礼仪注：一，八月初一日行礼，前期，致斋一日。太常寺预备祭仪，设大成乐器于庙堂上，列乐舞生于阶下之东西，国子监洒扫庙堂内外，设监同锦衣卫设御幄于庙门之东上南向，设御座彝伦堂正中，鸿胪寺

设经案于堂内之左，设讲案于堂之西南隅，锦衣卫设卤簿教坊司设大乐俱于午门外。是日早、晚朝，百官吉服先诣国子监门外迎驾……上谕光禄寺赐各官茶，毕，退于堂门外，叩头序立。鸿胪寺奏：礼毕。驾兴升舆，出太学门升辇，卤簿大学前导，乐奏，祭酒、司业、学官及诸生俟驾至，跪，叩头，退。百官吉服先诣午门，俟驾还，卤簿大学止于午门外，上御皇极门，鸣鞭，百官吉服，鸿胪寺致词，行庆贺礼，毕，鸣鞭，驾兴还宫。百官退。

64. 穆宗庄皇帝实录　卷十四　隆庆元年　十一月一日

圜丘及出入告庙仪注：一，前期五日，锦衣卫备随朝驾如常仪。质明，上御皇极殿，太常寺官奏：请圣驾视牲。百官具吉服朝参，候鸣鞭讫，先趋出午门外，东西序立，候驾出，恭送……正祭前期一日，免朝，文武百官例该部祀者先朝入坛伺候，其余各具吉服于承天门外桥南东西序立，候驾出大明门而退。候驾还之时，陪祀官先趋回，其同余百官具朝服照前序立迎接，候驾入午门，百官随诣皇极殿丹墀内侍立，行庆成礼。

65. 穆宗庄皇帝实录　卷十七　隆庆二年　二月十日

上敕礼部曰：天寿山春祭，朕躬诣行礼，其择日以闻。于是礼部奏上仪注：一，本月二十七日巳时，圣驾发京；一，前期一日，上率中宫、皇贵妃等以将诣天寿山春祭行礼，告奉先殿及世宗皇帝几筵殿、弘孝殿、神霄殿，用祝文祭品如常仪；一，锦衣卫设丹陛仪卫扈行……一，二十七日免朝，驾发由长安左门出，后妃辇轿由东安门出；一，扈从官前行，居守大臣同文武百官俱吉服趋赴德胜门外恭候送驾。

66. 穆宗庄皇帝实录　卷三十六　隆庆三年　八月三日

甲辰，礼部奏：大阅之礼，古昔所重，在成周之世，职列夏官，自汉唐以来，事载国史。迨我宣、英二圣，相继举行，成宪昭然，遗烈未远。兹遇皇上焕启神谟、光修令典，建熙朝之盛

事，乖后世之法程，一切仪章，俱当详慎。但稽之前代，则制度互有不同，考之先朝，则礼文亦多未备，臣等谨署（略）参古制，兼酌时宜，议拟上请：一，前期一日，上常服以亲行大阅礼，预告于内殿，用告词，行四拜礼，如出郊常仪。是日，司礼监设御幄于将台上，总协政戎大臣巡视，科道官督率将领军兵预肃教场内外……一，是日，百官不系扈从者各具吉服于承天门外桥南向北序立恭送，候驾出长安左门，退于本衙门办事。驾还之时，仍前序立迎接，候驾入午门，百官退。

67. 穆宗庄皇帝实录 卷五十 隆庆四年 十月三日

丁酉，礼部上郊祀庆成宴仪注：是日，庆贺冬至礼毕，上还宫。尚膳监设御筵案于御座之旁，光禄寺设酒亭于御座之西，膳亭于御座之东，百味亭于酒膳亭之东西。设群臣位桌于皇极殿内及中左右门丹墀内之东西，教坊司设九奏乐歌于殿内，设大乐于殿小，立三舞队于殿下。文武百官行庆贺礼毕，退。执事官及与宴官各具吉服，执事官先趋入殿伺候。殿内与宴官序列于丹墀上东西中左右门及丹墀内。与宴官俱序列于丹墀东西迎驾，候驾过，殿内与宴官随即趋入，分班序立。

68. 穆宗庄皇帝实录 卷六十四 隆庆五年 十二月二十五日

癸丑，上御皇极门。鸿胪寺官面宣辽东捷音，明日文武百官吉服，行五拜三叩头礼，致词称贺。

69. 神宗显皇帝实录 卷十六 万历元年 八月十七日

甲子，万寿圣节，以未及大祥，上御皇极门，百官吉服，行五拜三叩头礼，余仪俱较。

70. 神宗显皇帝实录 卷五十二 万历四年 七月二日

礼部拟进幸学仪注：一，钦天监选择万历四年八月初二日宜用辰时吉；一，前期致斋一日，国子监洒扫庙堂内外，太常寺预备祭仪、祭帛，设大成乐器于庙堂上，列乐舞生于东西阶下，司

设监同锦衣卫设御幄于大成门之东上南向，司设监设御座于彝伦堂正中，鸿胪寺设经案于堂内之左，设讲案于堂内西南隅。至日，置经于经案，光禄寺设连坐于左右；一，午门外锦衣卫设卤簿驾，教坊司设大乐；一，是日早，免朝，百官吉服先诣国子监庙门迤东北面迎驾。分奠、陪祀武官都督以上、文官三品以上及翰林院七品以上官具祭服，在庙堰东西相向序立，伺候行礼，应在启（启）圣祠者在启（启）圣祠伺候行礼；一，驾从长安左门出，卤簿大乐以次前导，乐设而不作。太常寺先陈设祭品于各神位前，设帛、设酒尊、爵如常仪。司设监设上拜位于先师神位前正中。祭酒、司业吉服率学官、诸生于成贤街左跪迎驾。至棂星门外降辇。礼部官吉服导上入御幄，坐定，礼部官奏：请具服。上具皮弁服讫，礼部官奏：请行礼。太常寺官导上出御幄，由大成门中道入盥洗诣先师庙陛上，典仪唱：执事官各司其事。执事官各先斟酒于爵，导上至拜位，赞：就位。分奠并陪祀官亦各就位，分奠官列于陪祀官之前。赞：迎神。乐作，乐止。赞：上鞠躬。拜，兴，拜，兴，平身。通赞、分奠、陪祀官行礼同。拜毕，四配、十哲、分奠官各诣殿东西阶下两庑，分奠官各诣庑前俱北向立，赞：行释奠礼。赞：搢圭。上搢圭，太常寺卿跪进帛，乐作，上立受帛，献毕，授太常寺卿奠于神位前，乐止，进爵，乐作，上立受爵，献毕，授太常寺卿奠于神位前，乐止，赞：出圭。上出圭，分奠官以次诣神位前奠爵讫，各以次退原拜位，赞：送神。乐作，乐止。赞：上鞠躬。拜，兴，拜，兴，平身。通赞分奠陪祀行礼同。赞：礼毕。太常寺官导上由中道出，分奠、陪祀官各退，易吉服……礼毕，上兴升舆，出太学门升辇，卤簿大乐振作前导，祭酒、司业学官及诸生俟驾至，跪，叩头，退，百官先诣承天门外伺候，驾还，卤簿大乐止于午门外，上御皇极门，鸣鞭，百官吉服，鸿胪寺官致词，行庆贺礼毕，鸣鞭，上兴还宫，百官退。初三日，袭封衍圣公率三代子孙、祭酒、司业率学官、诸生各上表谢恩。

71. 神宗显皇帝实录 卷五十六 万历四年 十一月十一日

己丑，礼部以本月二十二日冬至大祀天于圜丘，故事十八日奏祭，十九日百官受誓戒。是日，恭遇慈圣皇太后圣旦，文武百官宜吉服称贺庆戒，一日两遇礼，文服色不同，请更于十七日奏祭，十八日受誓戒。上命十七日奏祭，十八日行庆贺礼，十九日誓戒，百官如故。

72. 神宗显皇帝实录 卷五十九 万历五年 二月六日

甲子，礼部上潞王加冠仪注：……一，百官行贺礼，次日早，上具常服御皇极门，百官具吉服称贺，致词曰：潞王冠礼已成，理当称贺。行五拜三叩头礼毕，候朝罢，司礼监请潞王具常服谒皇极门前东庑坐，百官吉服行四拜礼。

73. 神宗显皇帝实录 卷一百十九 万历九年 十二月七日

丁酉，以皇女诞生，上具吉服告奉先殿，仍御皇极门，百官致词称贺，赐三辅臣及讲官陈思育等花币有差。

74. 神宗显皇帝实录 卷一百四十六 万历十二年 二月二十九日

仁圣懿安康静皇太后圣诞，文武百官吉服称贺。

75. 神宗显皇帝实录 卷一百五十一 万历十二年 七月二十八日

礼部题恭进册封贵妃、荣妃仪注：一，钦天监择到万历十二年八月初七日辰时吉行册封礼……一，次日，上御皇极门，文武百官各具吉服，鸿胪寺官致词称贺。

76. 神宗显皇帝实录 卷一百八十四 万历十五年 三月十三日

上出朝御经筵日讲，百官各吉服朝贺，行五拜三叩头礼。

77. 神宗显皇帝实录 卷一百九十 万历十五年 九月九日

乙未午时，皇第四子生，礼部上称贺仪注：一，本月十一日早，上具吉服以皇子诞生告闻于奉先殿；一，是日，上御皇极门，文武百官各具吉服，鸿胪寺官致词称贺，行五拜三叩头礼；一，文武百官自本月初九日始，十九日止，俱吉服朝参办事。

78. 神宗显皇帝实录 卷二百一 万历十六年 七月二十九日

庚辰，礼部上圣驾亲阅寿宫率后妃同行仪注：九月初十日，圣驾发京。先一日，上率后妃以诣大峪山阅寿宫，告奉先殿，祝奠如常仪。兵部请简用文武大臣居守及直守皇城四门、京城九门，分调京营参游等官严守各山口关隘，戎政官选差扈驾军马，别令科道官阅点将士行粮之给，席殿、桥梁、道路之设则户、工司之。皇上、后妃御膳则光禄寺司之，其府、部、院、司、寺、卫之长，日讲起居注及科道、中书、太常、鸿胪、太医、钦天监各以职从。至日，设大卤簿扈从仪卫，驾发由北安门出德胜门，后妃辇从。潞王于德胜门内月城候驾至，致辞行一拜三叩首礼毕，王回。扈从官先行，居守大臣及百官吉服趋门外恭送。

79. 神宗显皇帝实录 卷二百六 万历十六年 十二月五日

礼部题：潞王之国，以兄皇遣弟，虽与父皇遣子有间而礼未尝不同。查得景王之国，先期一日，王与妃恭诣御前面辞，行五拜三叩头礼，祗祝受训命毕，诣母妃前，行四拜礼，出。明日王赴大明门陛辞启行，繇朝阳门出。先期一日，百官赴府辞。至日，具朝服侍班，候王行礼毕，出易吉服，至朝阳门桥东左右序立，候王辂过而罢。今潞王之行已经奉旨照景王例行前项礼仪，伏候裁定。上曰：是。

80. 神宗显皇帝实录 卷二百十二 万历十七年 六月十七日

礼部议改定南京告献大典，万寿、元旦两节，百官朝贺后俱吉服赴孝陵行礼，不必复更素服。若夫冬至节，南京官俱先一日出城候，子时行大祭。礼毕，随即赴部朝贺。至于陪祭官参差错乱，监礼御史参奏。旨依拟。

81. 神宗显皇帝实录 卷三百 万历二十四年 八月十日

礼部题：丧礼以日易月，先朝旧典。但梓宫在殡，服色未用全吉。在宪宗皇帝居孝庄皇太后丧服除后仍素翼善冠、素服腰绖，御西角门视事，文武百官素服角带朝参，不鸣钟鼗（鼓）。武宗皇帝居孝宗皇太后之丧服制亦如之，待神主祔庙后，礼部奏请变服，此累朝之旧典也。至世宗皇帝居章圣皇太后丧，服除次日即遇正旦朝会，祭享皆为吉礼，礼官仍举旧典酌议以请，拟元旦上服黑翼善冠、浅淡袍、黑犀角带御殿受贺。屡请乃奉钦依，具黑翼善冠、黄袍御殿，百官公服致辞，居他处服黑布，至丧次仍素服，百官俱青素冠服。郊有事吉服作乐，庙有事浅色服不作乐。奉引安灵仍用缞衣以终之，此皇祖之独断也。臣等查据旧典，斟酌礼仪，除服之后，大事未襄，居艰仍遵累朝之遗典，遇有吉礼如万寿圣节诸凡朝贺等事，则遵世庙之权宜。报曰：可。

82. 神宗显皇帝实录　卷五百四十七　万历四十四年　七月十三日

礼部上皇太子出阁讲学仪注：一，是日早……提调辅臣并侍班、侍讲、读、侍卫等官各具吉服先以次入，序立丹墀北向……

83. 神宗显皇帝实录　卷五百四十七　万历四十四年　七月三十日

戊戌，礼部以皇太子出阁仪注未尽复上事宜：一，皇太子朝见皇上，定省问视，固朝夕必躬至出阁开讲之日，尤是学为人子者然后可为人父，学为人臣者然后可为人君，况举在久旷之后乎。是日早，宜面朝皇上，中宫照常行礼，然后出诣文华殿东厢房开讲；一，先朝旧例，值东宫开讲。次日早，文武百官致词称贺，今皇太子讲学维新实我皇上万年无疆之庆，次日应照例于皇极门外各具吉服行五拜三叩头；一，旧典每月朔望日，文武百官于皇极门朝参后，合赴文华殿门外东西侍立，候皇太子升座行礼，我皇上端居大内，礼仪久废。今皇太子初出讲日，除科道官各员照常侍仪外，其百官是日俱应吉服随提调辅臣并侍班、讲读、侍卫、侍仪等官以次序立，行四拜礼。百官先退。

84. 神宗显皇帝实录　卷五百八十四　万历

四十七年　七月三日

甲申，惠王出府成婚，例百官具吉服行四拜礼，奉旨免。

85. 神宗显皇帝实录　卷五百八十五　万历四十七年　八月八日

桂王出府成婚，例百官具吉服行四拜礼，奉旨免。

86. 熹宗哲皇帝实录　卷二十六　天启二年　九月七日

钦天监择九月二十二日卯时册封信王，礼部恭进仪注：一，是日早，上以册封信王告于奉先殿，先期，太常寺备香帛、脯醢、酒果，翰林院撰告文……一，次日，上御皇极门，文武百官各具吉服，鸿胪寺官致词称贺，行礼毕，是日，朝罢，司礼监请王具尝服诣皇极门前东庑坐，百官吉服行四拜礼毕，回宫。

87. 熹宗哲皇帝实录　卷三十九　天启三年　十月二十三日

礼部拟皇子诞生仪注：一，本月二十四日祭告南郊、北郊、太庙、社稷坛，通用酒果、脯醢三献，南北郊各加一牛。先期，行太常寺备办，翰林院撰文；一，是日，祭告毕，皇上具衮冕服御皇极门内殿，文武百官各具朝服，鸿胪寺官致词称贺，先后行四拜礼；一，文武百官自本月二十二日为始，至闰十月初二日止俱吉服朝参办事；一，本部行钦天监择日题请，诏告天下，照例差行人中书等官充正、副使赍捧各处开读。

88. 熹宗哲皇帝实录　卷三十九　天启三年　十月二十八日

礼部上圣驾亲诣南郊仪注：一，前期六日，圣上常服以亲诣南郊视牲预告于太庙，内赞，赞：就拜位。上就拜位，内赞官导上至太祖及列祖香案前，奏：上香。上讫，奏：复位。奏：跪。奏：读告词。读讫，奏：行四拜礼。毕；一，前期五日，锦衣卫备随朝驾如常仪。质明，上常服御皇极门内殿，太常寺官奏：请圣驾视牲。百官具吉服朝参，候鸣鞭讫，先趋出午门外东西序立，候驾出恭送……一，正祭前期一日，免朝，文武百官例该陪祀者先期入坛伺候，

其余各具吉服于承天门外桥南东西序立，候驾
出大明门退于各衙门办事。驾还之时，陪祀官
先回，仍同其余百官具朝服照前序立迎接，候
驾入午门，百官随诣皇极门丹墀，候行庆成礼；
一，内监预备小次，如正祭日遇有风雪即照例
设于圜丘之前。上恭就小次，对越行礼，其升
降奠献俱以太常寺执事官代。

　　89. 熹宗哲皇帝实录　卷六十七　天启六
年 正月二十五日

　　礼部尚书李思诚进圣驾躬诣朝日坛致祭仪
注：一，前期三日，上御皇极门内殿，太常寺
奏祭祀如常仪；一，前期二日，太常寺卿同光
禄寺卿奏省牲如常仪；一，前期一日，上常服
以亲诣朝日坛致祭，预告奉先殿。内赞，赞：
就位。上就拜位，内赞导上至太祖及列圣各香
案前，奉上香，上讫，奏：复位。奏：跪。奏：
读告词。读讫，奏：行四拜礼。一，正祭日，
免朝，是日昧爽，上常服御皇极门，太常寺堂
上官奏请圣驾诣朝日坛致祭，锦衣卫官备随朝
驾设板舆于皇极门下正中。上升舆，锦衣卫官
跪奏：起舆。上乘舆从午门、端门、承天门、
长安左门、朝阳门诣朝日坛北门内，上至具服
殿，具祭服出。导驾官导上从左门入，典仪唱：
乐舞生就位，执事官各司其事。内赞奏：就位。
上就拜位，典仪唱：迎神。乐作，乐止。内赞
奏：四拜。传赞百官同……一，是日，文武百
官例该陪祀者先期入坛伺候行礼，其余百官各
具吉服于承天门外桥南向北序立，候驾出长安
左门，百官退于本衙门办事。驾还之时，仍照
前序立迎接，候驾入午门，百官退；一，司设
监预备小次，如正祭日遇有风雨即照例设于朝
日坛之前。上恭就小次，对越行礼，其升降奠
献俱以太常寺执事官代。

　　90. 熹宗哲皇帝实录　卷八十一　天启七
年 二月五日

　　壬寅，文武百官具吉服赴信王府行礼。

七、素　服

（一）素服的产生

　　素服又称"青服"或"青素服"。在明代之
前的服饰制度中没有出现过"素服"的概念，明
代之前基本是以凶礼中的"丧服"出现，来表达
衣者在居丧期间对故去亲人的哀悼和悲痛之情。
明代服饰制度中依然有凶礼，亦有"丧服"这一
类别的服饰，这是传统礼仪里必不可少的一个类
别。但是，伴随政治性的礼仪活动越来越丰富，
官员所需服饰也随之细化，逐渐产生了一类亲人
丧服期之外，穿着身份不仅限于死者亲人的，适
用范围扩大至百官乃至庶民的，表达哀思、非
吉、沉重情绪的过渡型礼仪服饰——素服。

（二）素服的礼仪内涵

　　素服在明代正典文献中并无明确记载，例如
《大明会典》服饰制度的章节中并无相关记录，但
是在明代一些服饰相关的文献中多有出现，在明
代描绘宫廷礼仪的画卷和官员画像中也偶有所见。
《明实录》中有"素服""青服""青素服"等相关
词语频繁出现，由相关记载可以看出素服所适用的
事例也很丰富并不唯一。例如：正常朝参之日凡遇
各庙忌辰，百官所穿常服可改为浅淡服色或素服；
如遇国丧，举国素服；大旱或者洪涝灾害，向天祈
祷时皇上和百官皆穿素服；遇月食，皇上率百官行
月食救护仪的时候，均穿素服等。素服在这些事件
中所表达的含义和"死亡"及"丧"并无绝对的
关系，但是同样也具有非"吉"的隐义表达：有
对天的恭卑、虔诚，有对大行皇帝或皇后的哀思、
悼念，有表达对灾异和特殊天象的低顺、恐惧和极
力救护的情感含义，同样具有表达穿服者悲伤又低
调，尊敬又谦卑情感的作用。

（三）素服的使用场合

　　素服大多是文武官员在帝后忌辰、丧礼期间
或灾异修省时穿服。《礼记·玉藻》中记载："年

不顺成，则天子素服，乘素车，食无乐。"[1]可见，素服用于灾异年景的传统习俗由来已久。直至明代，仍然继承了这一传统。在明清之际著名思想家王夫之的晚年杂记《识小录》中亦有记载："以素服用皂绢，唯国祭及灾异衣之，吉凶不敢相渎也……"

明代素服，深色圆领袍，素而无纹，又叫青素服或青衣。明代的官员宦迹图中有些就体现了素服的使用场合，如《徐显卿宦迹图之步祷道行》描绘的是万历十二年（1584）入冬以来，北京久旱，万历皇帝祭天求雨的场景。画中明神宗身着青服，身为国子监祭酒的徐显卿和其他文武官员则穿着素服导驾前驱。

平阴县博物馆所藏《于慎行东阁衣冠年谱画册》中也有于慎行穿素服的场景描绘。

（四）孔府旧藏明代衍圣公素服

孔府旧藏玄青色圆领纱袍（图4-79），圆领，右衽，长阔袖，玄青色素纱，左右出摆式单袍。由《明实录》相关记载可知，衍圣公每遇国丧无论在京与否，在规定日期之内均要穿素服。

（五）《明实录》中素服、青服的相关记载

1. 太祖高皇帝实录　卷五十四　洪武三年　七月十三日

诏定朔望升殿百官朝参礼仪……其入朝或锡宴，俱不得素服。制可。

2. 太祖高皇帝实录　卷六十七　洪武四年　七月十五日

乙丑，指挥万德送明升并降表至京师。初，上闻大军下蜀，命中书集六部、太常、翰林、国学定议受降等礼。省部言：按宋太祖乾德三年，蜀主孟昶降，昶及子弟、伪官李昊等三十二人至阙下，皆素服纱帽，进待罪表，俯伏于地。通事舍人掖昶起，鞠躬听命，宣制释罪……

3. 太祖高皇帝实录　卷一百四十五　洪武十五年　五月一日

洪武十五年五月己酉朔，皇嫡长孙雄英薨。上感悼辍朝，葬钟山，侍臣皆素服，徒步送葬，追封虞王，谥曰：怀。

4. 太祖高皇帝实录　卷一百四十七　洪武十五年　八月十一日

图4-79 玄青色圆领纱袍 孔子博物馆藏

1　十三经注疏整理委员会：《十三经注疏·礼记正义》，北京大学出版社，2000。

丁亥，文武百官素服行奉慰礼。上命礼部考皇后丧服之制。于是，礼部言：按宋制，在京文武官丧服皆官制之，闲良听除官员皆给以布。其服用麻布直领大衫袖、麻布裙、麻布冠、麻要绖、麻鞋。上曰：在京文武百官及闲良听除官员人给布一匹，令其自制。

5. 太祖高皇帝实录 卷一百四十七 洪武十五年 八月十二日

戊子，礼部定大行皇后丧礼。凡在京文武百官于己丑清晨素服至右顺门外，具丧服入临，临毕。素服行奉慰礼。庚寅、辛卯亦如之。武官一品至五品、文官一品至三品命妇于己丑清晨素服至乾清宫，具丧服入临行礼，不许用金银珠翠首饰及施脂粉。丧服用麻布盖头、麻布衫、麻布长裙、麻鞋。其在外文武官丧服之制与京官同，闻讣日于公厅成服，三日而除。命妇丧服与京官命妇同，亦三日而除。军民男女皆素服三日。音乐、祭祀皆停百日，仍停嫁娶，文武官百日，军民止停一月。制可。

6. 太祖高皇帝实录 卷一百四十八 洪武十五年 九月二十四日

庚午，孝慈皇后梓宫发引。上亲致祭……祭毕。发引，文武百官具丧服，诣朝阳门外奉辞。是日，安厝皇堂，皇太子奠玄纁、玉璧，行奉辞礼毕。神主还宫，文武百官素服迎于朝阳门外，回宫，百官行奉慰礼，毕。上复以醴馔祭于几筵殿，自再虞至九虞，皆如之。是晚，仍遣醴馔告谢于钟山之神，以复土故也。命所葬山陵曰：孝陵。

7. 太祖高皇帝实录 卷一百五十 洪武十五年 十一月二十日

乙丑，孝慈皇后丧百日，上辍朝，以牲醴致祭于几筵殿。是日，内使监官清晨先设祭仪毕。纪察司请御素服、黑犀带行礼。上至香案前致钦，不拜。东宫、亲王皆四拜。奠帛、奠爵讫。跪读，祝官跪读祝讫。皆兴。上举哀，在位者皆哭，哭止，上致钦如前，东宫以下复四拜，礼毕。上还宫。百官素服、黑角带诣中右门俟奉慰。上素服出，升座，百官就位跪。仪礼司官致词云：具官

臣某等兹以孝慈皇后百日，臣等礼当奉慰。俯，伏，叩头，兴，礼毕。东宫、亲王复以牲醴祭孝陵，公侯等从祭。妃主亦诣陵祭，其命妇则诣几筵殿祭奠。自是凡遇四时节序及忌日，东宫、亲王祭几筵殿及孝陵，皆如之。仍以成穆贵妃、永贵妃、汪贵妃配享，其各王府所遣内官致祭几筵殿者，于殿前丹墀内随班行礼。

8. 太祖高皇帝实录 卷一百五十六 洪武十六年 八月十日

辛巳，孝慈皇后小祥，禁在京音乐、屠宰，设斋醮于灵谷寺、朝天宫各三日。是日清晨，执事内官于几筵殿中陈祭仪。上素服、乌犀带出……祭毕。百官素服、乌角带诣宫门进香，讫。诣后右门行奉慰礼。外命妇俱诣几筵殿进香。皇太子、亲王服熟布练冠、九𫄨，去首绖、负版、辟领、衰，见上及百官则素服、乌纱帽、乌角带……

9. 太祖高皇帝实录 卷一百五十八 洪武十六年 十一月十七日

丙辰冬至，上以孝慈皇后丧，素服祭于几筵殿，毕。御奉天殿，受朝贺，遂宴群臣。皇太子、亲王诣孝慈皇后陵致祭，如常仪。

10. 太祖高皇帝实录 卷二百十七 洪武二十五年 四月二十五日

丙子，皇太子薨。命礼部议丧礼……在内文武百官即日于公署斋宿。翌日，素服入临文华殿，给衰麻服。越三日，成服，诣春和门会哭。明日，素服行奉慰礼……

11. 太宗文皇帝实录 卷六十九 永乐五年 七月五日

丙辰，礼部奏丧礼：在京文武官及听选办事等官各给麻布制丧服，皆斩衰，二十七日而除，服素服百日，服浅深色。自初五日为始，辍朝，不鸣钟鼓。上素服御西角门，文武百官素服、乌纱帽、黑角带诣思善门外哭临毕，行奉慰礼。明日如之。又明日早，文武官成服诣思善门外哭临毕，易素服，行奉慰礼。凡三日，皆如之。文武百官自初五日为始，各就公署斋宿，至二十七日止。文武四品以上命妇成服日为始，丧服诣思善

门内哭临，三日而止。听选办事等官各丧服，人材、监生、吏典、僧道、坊厢耆老各素服，自成服日始，赴应天府举哀三日。军民及妇女各素服，首饰禁用金银珠翠，亦三日。停音乐、祭祀百日。禁屠宰四十九日。停嫁娶，官员百日，军民一月。在外文武官服制与京官同，闻讣日于公厅成服，三日而除。命妇与在京命妇同，亦三日而除。军民男女皆素服三日，音乐、祭祀、嫁娶之禁俱同在京。从之。

12. 太宗文皇帝实录 卷七十二 永乐五年 十月十四日

甲午，册谥大行皇后……礼部言：初议丧礼，辍朝，不鸣钟鼓百日。百官服斩衰二十七日，后素服亦百日止。今已百日，请御正门视朝，鸣钟鼓，百官易服浅色衣。上以梓宫未葬，视朝仍御西角门，不鸣钟鼓，百官仍素服。

13. 太宗文皇帝实录 卷九十四 永乐七年 七月四日

甲戌，仁孝皇后丧再期，上辍朝三日，御西角门视事。文武百官素服，行奉慰礼……

14. 太宗文皇帝实录 卷二百七十四 永乐二十二年 八月三日

乙巳，百官素服，朝夕哭临思善门外……礼部进会议丧礼：宫中自皇太子以下成服日为始，服斩衰三年，二十七月而除。诸王、世子、郡王及王妃、世子妃、郡王妃、公主、郡主以下闻讣皆哭尽哀，行五拜三叩头礼。闻丧第四日成服，斩衰二十七月而除。凡王视事，素服、乌纱帽、黑角带，退服衰服，服内并停音乐、嫁娶，其祭祀止停百日。在京文武官初闻丧，素服、乌纱帽、黑角带……凡入朝及衙门视事，用布裹纱帽、垂带、素服、腰绖、麻鞋，退服衰。二十七日之外，素服、乌纱帽、黑角带，二十七月而除。听选办事等官服丧服，人才、监生、吏典、僧道人等素服，以成服日为始，皆赴顺天府朝阙。设香案，朝夕哭临三日，又朝临十日，各十五举声。官员、人材、监生、吏典、僧道仍素服二十七月而除。文武官命妇闻丧第四日，各服麻布大袖圆领长衫，麻布盖头，清晨由西华

门入，哭临三日。凡命妇皆去金银首饰，素服二十七月。凡音乐、祭祀，官员、军民人等并停百日。男女婚嫁，官员停百日，军民人等停一月。军民素服，不妆饰，俱二十日。在外俱以闻丧日为始，令到之日，文武官员素服、乌纱帽、黑角带，行四拜礼，跪听宣读，讫。举哀，再行四拜礼，毕。各置斩衰服于本衙门宿歇，不饮酒食肉。第四日成服，每旦率合属官僚等人服衰服就本衙门内朝阙。设香案，朝夕哭临三日，又朝临十日，各十五举声。成服日为始，服衰服二十七月。衙门视事，用布裹纱帽、垂带、素服、腰绖、麻鞋，退服衰服。二十七日后，素服、乌纱帽、黑角带，二十七月而除。文武官命妇闻讣，素服举哀三日，各十五举声，去金银首饰，素服二十七月而除。军民男女皆素服一十三日。凡音乐、祭祀，官员、军民人等并停百日……

15. 太宗文皇帝实录 卷二百七十四 永乐二十二年 八月九日

辛亥，在京文武百官衰服，军民、耆老、僧道人等皆素服哭临，大行皇帝龙舆于居庸关。

16. 仁宗昭皇帝实录 卷二中 永乐二十二年 九月十一日

癸未，礼部尚书兼太寺卿吕震奏：太宗皇帝遗命，丧服一如太祖高皇帝，仿汉制，以日易月。令已踰二十七日，请上释衰服，服乌纱冠、素服、黑角带临朝。上不听，命与六部、都察院详议以闻。震与六部、都察院共奏：上宜服素冠、黑角带，群臣从君服。上曰：梓宫在殡，朕何忍遽易？自是，临素冠、麻衣、绖，朝退仍衰服。

17. 英宗睿皇帝实录 卷九十八 正统七年 十一月四日

庚申，上大行太皇太后尊谥……至日，遣官告天地、宗庙、社稷，毕。上衰服御奉天门，内侍官举舆，上随舆后降阶升辂。百官素服于金水桥南北向。主册、宝舆至，百官皆跪……

18. 英宗睿皇帝实录 卷九十八 正统七年 十一月七日

癸亥，以上太皇太后尊谥诏告天下……是日，

百官各具素服、乌纱帽、黑角带于承天门外行礼开读。

19. 宪宗纯皇帝实录　卷一百　成化八年　正月二十六日

皇太子薨，太子讳祐极……礼部因上仪注曰：上自发丧日为始，服翼善冠，素服七日而除。发丧之第二日至第四日皆不视朝。第五日至第八日，上御西角门朝群臣，不鸣钟鼓，祭皆用素食。发引安葬之日皆辍视朝，文武群臣闻丧，素服、乌纱帽、黑角带。第三日素服、麻布绖带、麻鞋、布裹纱帽诣思善门哭临，一日而除。第四日素服、乌纱帽、黑角带朝西角门行奉慰礼。令内官监工部造铭旌、明器、坟茔、圹志等，数如制，以书讣告天下诸王、天下王府并文武衙门，闻丧易素服于厅事，再拜，举哀，复再拜。次日，服布裹纱帽、麻鞋、绖带，设香案举哀行礼。服素服、乌纱帽、黑角带，二日而除。

20. 宪宗纯皇帝实录　卷一百二　成化八年　三月六日

壬寅，悼恭太子发引，上不视朝。文武百官素服送至西直门外，仍分官送至坟所。

21. 孝宗敬皇帝实录　卷八　成化二十三年　十二月三日

戊辰，宪宗纯皇帝之丧至是以百日，上以梓宫在殡，仍不释服视事。百官素服朝参如旧。

22. 世宗肃皇帝实录　卷一百四十一　嘉靖十一年　八月十三日

礼部以彗星屡见，请敕百官自十四日始，如故事，各素服、角带朝参，办事三日。仍通行九卿、六科、十三道各条列时政得失以闻。上曰：彗星三见，妖必有由。上天垂爱，朕敢不祗承，夙夜思省，未自逸宁。卿等文武群工，皆有辅赞之责，可不痛思省改，匡朕不逮。十四日本因事辍朝，不得更言修省。其自二十一日始，浅衣办事三日，九卿衙门官还，各令自陈，以听裁处。务要思忠论实，毋挟持乏引，假公报私。

23. 世宗肃皇帝实录　卷二百二十四　嘉靖十八年　五月十二日

礼部以前月庚戌星变，迄今旬月，尚未销灭，请涓日躬祷于玄极宝殿，仍敕大小臣工洗心省过，素服三日，两京九卿官令各自陈。上曰：上天垂此星异，非一次矣。过遣在朕，自省察。内外百司均有代理之责，宜各深思痛改，不必青衣角带，外饰虚畏也。适今多事之日，即奏祷固不得精专，两京九卿堂官俱待考察处分，诸镇守内官其尽数取回，自后永无遣之。

24. 世宗肃皇帝实录　卷三百四十七　嘉靖二十八年　四月九日

戊申，上谕礼部：时入夏矣，雨泽少降，民食所关，必祈玄润。其停刑十日，百官素服供事，称上下协诚之义。勿怠视焉。

25. 世宗肃皇帝实录　卷四百三十三　嘉靖三十五年　三月十三日

壬申，建祈年祷雨醮典于洪应雷宫，命百官素服办事，如修省例。遣文武大臣张溶等告各宫庙。

26. 世宗肃皇帝实录　卷四百四十六　嘉靖三十六年　四月十四日

丁酉，大学士严嵩等以殿廷灾上言：遇灾修省贵以实，不以文。愿陛下奏上帝以谢谴示，告宗庙以慰神灵。下宽恤之诏以安人心，严欺怠之罚以饬吏治，固疆圉之防以奠内服，陈时政得失以广听纳。此修省之实务也。上嘉纳其言，命诸司行之。于是，礼部尚书吴山等请择日遣官奏告郊庙、社稷及秩祀神祇。敕下文武百官省愆引咎，素服办事，两京四品以上大臣循例自陈，科道等官务直言时政阙失。仍诏示天下及各宗室一体修省。

27. 世宗肃皇帝实录　卷五百二十七　嘉靖四十二年　十一月　九日

甲申，以火星逆行二舍，建禳典于内坛，遣成国公朱希忠奏告玄极宝殿。百官素服修省五日。

28. 穆宗庄皇帝实录　卷九　隆庆元年　六月十五日

戊戌，上以修省素服避殿，御皇极门视事。巡抚浙江右副都御史张师载以疾乞归，许之。礼科左给事中王治等奏上：清查内府各监局库布绢、绵绒、香蜡之数，请如诏令举行。因劾奏：

掌洪用库内官翟廷玉，掌丁字库内官马尹等乾没之罪。上报可，仍以廷玉、尹属司礼监治罪。

29. 神宗显皇帝实录　卷二　隆庆六年　六月一日

隆庆六年六月乙卯朔，日食，自卯正三刻至巳初三刻，所不尽分余，躔井宿度。先是，礼部奏：寅刻，百官赴思善门哭临，毕。赴本部救护，青衣角带，不用鼓乐，毕。仍素服、腰绖办事……俱报可。

30. 神宗显皇帝实录　卷四十二　万历三年　九月二十三日

京师地震，礼部请百官素服三日视事。

31. 神宗显皇帝实录　卷六十八　万历五年　十月十三日

丙申，居正三疏后，请在官守制，以素服、角带入阁办事，日侍讲读，辞免俸薪，并请明春乞假归葬之期。许之。

32. 神宗显皇帝实录　卷一百十一　万历九年　四月十二日

乙巳，上谕礼部：入夏，雨泽愆期。遣官祭告郊坛，自十四日始，百官素服，致斋三日。同圣母共发御前银一千两，于朝天、显灵宫修建祈禳，自十四日起至二十日止，俱停刑、禁屠。

33. 神宗显皇帝实录　卷四百十六　万历三十三年　十二月二十四日

甲子，赵藩雒川王常瑄病故，辍视朝一日。百官具素服办事。

34. 神宗显皇帝实录　卷四百八十二　万历三十九年　四月二十七日

大学士叶向高题：今日最急正务，一，考察疏停留已将两月，满朝素服待命，夏至在迩，甚不雅观，且被察一二百人不得出都，日逐生事，烦言四起。尚书孙丕扬、侍郎萧云举、御史许弘纲坐此求去，成何纪纲……

35. 神宗显皇帝实录　卷五百九十四　万历四十八年　五月五日

壬午，礼部以百官成服已满二十七日，请以初六日为始，易素服朝参、办事。报可。

36. 光宗贞皇帝实录　卷二　万历四十八年　七月二十七日

礼部题：登极大典近，因朝会久虚，礼部礼节未经闲习，拟文武百官青素服于文华殿演礼三日。报可。

37. 熹宗哲皇帝实录　卷二十一　天启二年　四月三十日

乙未，诏：雨雹示异，文武各官素服、角带修省五日。

38. 熹宗哲皇帝实录　卷七十一　天启六年　五月八日

谕内阁：今岁入春以来，风霾屡作，旱魃为灾，禾麦皆枯，万姓失望。乃五月初六日巳时，地鸣震虢，屋宇动摇，而京城西南一方王恭厂一带，其房屋尽属倾颓，震压多命。朕以渺躬御极，值此变异非常，饮食不遑，慄慄畏惧。念上惊九庙列祖，下致中外骇然，朕当即斋戒虔诚，亲诣衷太庙，恭行问慰礼，讫。尔中外大小臣工俱各素服、角带，务要洁虔，洗心办事，其停刑、禁屠等项……

39. 熹宗哲皇帝实录　卷七十一　天启六年　五月九日

兵部尚书王永光言：诸臣谓王恭厂不过火药延烧已耳，何能使坤维震撼，数十里作霹雳之声？若徒诿火药之力也，目前稽查失火，甚非上天垂戒意矣。今我皇上减膳撤乐，诸臣素服、角带，遂足当修省乎……

40. 熹宗哲皇帝实录　卷七十二　天启六年　六月六日

丁丑辰时，皇太子薨逝，素服，辍朝三日，命照悼怀太子例行丧礼并祔葬墓侧。

八、便　服

（一）便服的概念及种类

便服，指帝王百官及士庶百姓平常家居时所穿的衣服。便服并不像官方正典所记载的各种礼仪服饰那样在形制、色彩、纹饰、配饰等方面都有严格的规定，家居之服，主要受社会风尚和生活习惯等影响，受礼制约束比礼服要少，所以形式多样、不拘一格。明代流行的便服款式主要有道袍、直身、直缀、曳撒、贴里、裲臂等。

道袍是最具中国古代男性儒士风范的本土服饰。交领、右衽、大袖，用系带而不用纽扣，衣身左右开裾有内增耳，明代道袍内增耳的加入，也让道袍看起来从腰部往下呈现微微的正梯形走势，内增耳的设计，给行动时带来一定的便利性，不会因为动作幅度过大而露出里面的衣裤，十分符合中国人含蓄内敛的性格。道袍是明代中后期士庶男性服饰中很流行的一种便服形式，材质从丝、麻、葛到当时刚传入中国的棉都有，有单层的，也有带夹里的，可居家穿着，也可穿于常服或公服内做内衬袍。道袍的领口通常缀有白色的护领，不仅起到保护衣领、方便换洗的作用，还十分美观。作为常服或公服的内衬时，在不同颜色衣身衬托下露出的白色衣领格外突出。

离开政务礼仪中的威严繁琐，无需节日庆典时的绚丽夺目，日常生活中的便服，更强调服饰的实用功能性，追求简单、方便、舒适，把穿着者的感受放在了第一位。

（二）孔府旧藏明代衍圣公便服

孔府旧藏明代服饰，除了高级别的礼仪服饰以外，也保存下来了一定数量的便服，由于便服夏季可外穿，春秋可内衬，因此便成了衍圣公府衣柜里不可或缺的穿搭之物。色彩丰富，有白色、本色、月白、湖色、蓝、绿等；质地多样，有丝、葛、麻等，织物组织结构多为纱或罗，有素的，也有暗织云纹、花卉、瓜果、八宝等纹样的。由于这些衣服形制规矩，质地贵重，色彩沉稳，纹饰吉祥，可以看出衍圣公府对日常服饰之礼的重视。

《阅世编》记载："服各色花素绸纱绫缎道袍，其华而雅重者，用大绒茧绸，夏用细葛，庶民莫敢效也；其朴素者，冬用紫花细布或白布为袍，

---

1 （清）叶梦珠：《阅世编》卷八，上海古籍出版社，1981。

隶人不敢拟也……良家清白者，领上以白绫或白绢护之，示与仆隶异……予幼见前辈长垂及履，袖小不过尺许，其后衣渐短而袖渐大，短才过膝，裙拖袍外，袖至三尺，拱手而袖底及靴，揖则堆于靴上，表里皆然。"[1]文中所说道袍的材质、白色护领、宽大的袖子，在孔府旧藏明代道袍实物和衍圣公画像中均可见到。

1. 孔子博物馆藏蓝色暗花纱单袍（图4-80）

身长142厘米，通袖长253厘米，腰宽62厘米，袖宽71.5厘米，下摆宽114厘米，领高12.5厘米。男服，道袍式，交领、大襟、右衽、宽袖，衣身两侧开衩，有内增耳，通身平纹纱组织结构，亮地纱上实地显鹤衔灵芝、寿桃、石榴、四合如意云纹暗花，白色暗花纱护领，腰间钉一对白纱系带。

2. 孔子博物馆藏本色葛袍（图4-81）

身长138.5厘米，通袖长237厘米，腰宽57厘米，下摆宽110厘米，袖宽61厘米，领高12厘米。男服，贴里式，交领、右衽、上下分裁，通身平纹组织结构，腰间一对白绢系带，护领为白色云纹暗花纱。葛，多年生藤本植物，茎长二三丈，缠绕他物上，花紫红色。茎可编篮做绳，纤维可织葛布。葛布，一般是用丝做经线，棉线或葛麻等做纬线织成的纺织品，由于葛麻较硬挺，织物表面有明显的横向条纹，是一种富贵人家夏季穿用的织物。

3. 孔子博物馆藏绿色暗花纱单袍（图4-82）

身长127厘米，通袖长243.5厘米，腰宽60厘米，下摆宽92厘米，袖宽58.5厘米，领高12.5厘米。男服，交领、大襟、右衽、宽袖，左右两侧有外增耳，二经绞地上以平纹织四合如意云纹暗花，白纱护领。孔子博物馆藏六十五代衍圣公孔胤植小像中的孔胤植所穿着的蓝色袍服就是明代便服，交领，右衽，白色的护领。

图4-80 蓝色暗花纱单袍 孔子博物馆藏

4.孔子博物馆藏月白素罗单袍（图4-83）

身长130厘米，通袖长250厘米，腰宽62厘米，下摆宽128厘米，袖宽70厘米，领高12.5厘米。男服，交领、大襟、右衽、宽袖，左右两侧有外增耳。罗织物，平纹绞经结构。宋应星在《天工开物·乃服篇·分名》中所提到的罗织物

为"凡罗中空小路，以透风凉。"[1]罗织物的使用在《明史·舆服志》中所见的有红罗蔽膝、红罗裙，大红素罗衣、裳，青罗绣金翟霞帔，罗带或大袖衫等各式服饰，又刘若愚在《酌中志》中提到明代宫中四季穿着，"自三月初四日至四月初三日穿罗""四月初四换穿纱衣，至九月又改穿

1 （明）宋应星：《天工开物》卷上，中国社会出版社，2004。

图4-81 本色葛袍 孔子博物馆藏

图4-82 绿色暗花纱单袍 孔子博物馆藏

罗衣"[1]，可见明代宫中对穿罗相当讲究。民间穿罗，《金瓶梅》中有罗衫、罗裙、罗袍、罗比甲和罗制的帽等，使用也相当广泛。由此看来，多孔透气的罗，和纱相似而组织更复杂多变，产生若隐若现的花纹效果，是春夏主要的服饰用料之一。此件孔府旧藏月白素罗单袍是典型横罗，横

罗是明代比较特别的单层罗织物品种，前述引《天工开物》中介绍横罗的织造特性，绞经后织入三梭、五梭最多七梭的平纹，外观是在等距的平纹间以绞经产生横纹，故三梭罗、五梭罗或至七梭罗各是不同间距的横罗品种。该件罗衣的结构规律是，平纹一经一纬交织以后，绞经一次，

---

1 （明）刘若愚：《酌中志》，冯宝林点校，北京出版社，2018。

图4-83 月白素罗单袍 孔子博物馆藏

然后继续平纹五经五纬交织，再绞经一次，这是一组结构，以下依次循环。此种织法不像三梭罗、五梭罗那样规律简单，多了一组一梭以后绞经的花样，在明代罗织物的服饰里面实属少见。

5. 孔子博物馆藏湖色暗花纱褡护（图4-84）

交领、右衽、无袖，两侧有外增耳，有白色护领。褡护从半臂演变而来，自元代起便有较为普遍的使用。褡护一般穿在圆领袍下，双摆在穿着时衬于圆领袍的摆内。在明代，褡护常与乌纱帽、圆领袍、贴里、束带等组成一套完整的常服穿搭，也可穿于直身或道袍外。

图4-84 湖色暗花纱褡护 孔子博物馆藏

（三）孔府旧藏明代衍圣公便服画像

图4-85 六十五代衍圣公孔胤植小像
孔子博物馆藏

图4-86 六十五代衍圣公孔胤植行乐图
孔子博物馆藏

（四）《明实录》中关于便服的相关记载摘录

1.太祖高皇帝实录 卷二十八下 吴元年 十二月二十三日

诸王贺东宫仪：皇太子受册之日，内使监官设皇太子座于东宫，侍仪司设诸王拜位于殿庭阶上及殿上正中。赞礼二人位于殿庭王拜位之东西，内赞二人位于殿内王拜位之东西。文武官侍立位于殿庭之东西，将军六人位于殿门之左右。拱卫司设仪仗于殿庭之左右，乐工设乐于宫门之外。伺皇太子于中宫行礼毕。引礼引诸王便服至东宫门外，西向立。引进引皇太子便服出宫，乐作。升殿，乐止……

2.太祖高皇帝实录 卷五十一 洪武三年 四月一日

亲王分封受册宝仪……亲王于东宫行礼毕。引礼引诸王便服入殿，乐作。升座，乐止。文武官入立于殿庭之东西，引礼引晋王以下诣秦王前

行礼……

3.太祖高皇帝实录 卷五十三 洪武三年 六月 十八日

乙亥，买的里八剌朝见。上皮弁服御奉天殿，百官具朝服侍班。侍仪使引买的里八剌具本俗服，行五拜礼。至东宫见皇太子，四拜，百官便服侍班，朝毕。赐之衣冠。

4.太祖高皇帝实录 卷一百三十三 洪武 十三年 八月十八日

丙子，监察御史连楹等劾奏应天府尹曾朝佐祭历代忠臣不具祭服，有乖典礼。上顾问廷臣，吏部尚书阮畯言：祭前代之臣不具祭服，相承已久。上命翰林院考证以闻。翼日，翰林院奏：祭前代忠臣便服行礼为宜。遂诏应天府以为式。

5.太祖高皇帝实录 卷二百二十六 洪武 二十六年 三月三日

礼部奏更定救日食仪……月食则百官便服于都督府救护如前仪。其在外诸司，日食则于布政使司、府、州、县，月食则于都指挥使司、卫、

6.太宗文皇帝实录　卷二十九　永乐二年　三月二十九日

庚午，礼部上册封仪注……一，皇太子及亲王、世子、郡王谒庙谢恩仪注：皇太子受册宝毕。即率受封亲王、世子、郡王各具冕服仪仗。引礼导引诣太庙行谒告礼，如常仪，礼毕。释服，引礼导引至左顺门具冕服，率受封亲王及世子、郡王谢恩。上具皮弁服御奉天殿。引礼导皇太子及亲王、世子、郡王至，上前谢恩，乐作，行入拜礼，毕。乐止。导还至右顺门。内官导诣内殿前，皇后服燕居冠服升内殿。皇太子、亲王、世子以下于内殿丹陛行八拜礼，毕。以次而出。一，皇太子妃及亲王等妃谒庙谢恩仪注：皇太子妃以受册日率亲王、世子及郡王妃各具礼服诣奉先殿行谒告礼，如常仪，礼毕。女官导诣宫门俟。上具皮弁服，皇后燕居冠服升座。女官导各妃就内殿拜位行入拜礼，毕。以次而出。一，亲王见皇太子仪注：先是内官设皇太子座于文华殿，鸿胪寺设亲王、世子、郡王拜位于殿陛上。教坊司设乐，锦衣卫设仪仗。候王亲、世子、郡王贺中宫礼毕。引礼导亲王、世子、郡王具冕服，其未冕者便服，序列于文华殿门外以候。导引官导皇太子冕服升座，引礼导亲王、世子、郡王由东升阶，就殿陛上拜位，赞：鞠躬。四拜。赞：跪。鸿胪寺官一人诣殿门外王中跪，致词曰：某王、某等兹遇皇太子殿下荣膺册命礼，当庆贺致词。毕。赞：俯，伏，兴。四拜。皇太子驾兴，亲王、世子及郡王以次而出。是日，皇太子率受诸王诣武英殿见诸叔，行家人礼，四拜，诸拜西向坐受。见诸兄，行家人礼，二拜，诸兄西向立受。次日，文武百官进表笺庆贺，如常仪。后三日，文武百官便服见亲王、世子、郡王于文楼下，行四拜礼。其在王国者皆遣使行礼……

7.宪宗纯皇帝实录　卷九十九　成化七年　十二月十九日

丙戌，立春，顺天府官进春，例登殿受贺。上以星变，第常服御奉天门，命顺天府官便服进春，免贺。

8.世宗肃皇帝实录　卷一百十九　嘉靖九年　十一月三十日

丙辰，楚王荣㳦奏：乞申明王国礼仪。事下礼部详定，尚书李时等据祖训、《大明会典》及弘治间会议事例，条列具奏，仍通行天下王府遵行。一，王奏庆贺、筵宴日，镇巡等官有不具朝服，止行四拜礼。臣考祖训，凡正旦，王冕服升殿，出使官便服，行四拜礼。文武官具朝服，行八拜礼。按镇守、巡抚、巡按俱系使臣，合便服，止行四拜礼。三司等官系本土官，合朝服行礼。一，王奏朔望朝见，或四拜，或一拜叩头，乞明示定。礼臣按会议事例，凡文武官朝见及庆贺时，行四拜礼不叩头。朔望随班行礼时，行一拜叩头礼。但所议庆贺四拜礼，盖据会典，先行四拜，致词，毕。又行四拜。非如使臣止行四拜礼而已。奏入，命如议行。

9.世宗肃皇帝实录　卷二百八十六　嘉靖二十三年　五月七日

南京礼科给事中游震得奏请东宫出阁讲学，因条陈五事：一，《大明集礼》皇太子加元服，参用周文王成王冠礼之年，近则十二，远则十五。若出阁讲学皆年八岁，则犹未及元服也。今东宫出阁未及冠期，宜加便服，以从安适。俟年十二以上，始行冠礼，则讲学不至过时……

10.世宗肃皇帝实录　卷四百九十　嘉靖三十九年　十一月十九日

礼部尚书上景王之国仪注其辞行仪二条：……一，沿途合祀神祇，近者大小皆亲祭，远者望祭。仍先遣奉祀官洒埽本国内社稷山川坛，预备祭物。一，所遇州县文武官迎接，便服，行四拜礼……

文物承载灿烂文明，传承历史文化，维系民族精神，是加强社会精神文明建设的深厚滋养。千百年来，礼仪已融入服饰之中，并在演变过程中打上了民族文化的烙印，成为中华民族心理认同的标识。孔府旧藏明代衍圣公服饰遗存不仅是礼制的物化与再现，也是以"礼"为核心的儒家思想内涵的重要体现，是中华民族优秀传统文化的重要载体，在认识、探索、继承、弘扬、发展和传播华夏民族文化的过程中发挥着不可替代的作用。

参考文献

一、古 籍

[1] （西汉）司马迁.史记［M］.北京：中华书局，1959.

[2] （西汉）戴圣.礼记［M］.北京：中华书局，2017.

[3] （南朝）沈约.宋书［M］.北京：中华书局，1974.

[4] （南朝）范晔.后汉书［M］.北京：中华书局，2007.

[5] （唐）萧嵩.大唐开元礼［M］.北京：民族出版社，2000.

[6] （元）脱脱.宋史［M］.北京：中华书局，1977.

[7] （明）申时行.大明会典［M］.万历十五年内务府刊本.

[8] （明）佚名.大明冠服图［M］.清抄本，北京大学图书馆藏.

[9] （明）沈德符.万历野获编补遗［M］.北京：中华书局，1959.

[10] （明）佚名.明实录［M］.台北："中研院史语所"，1962.

[11] （明）翁相修，陈棐.广平府志［M］//天一阁藏明代方志选刊 上海：上海书店出版社，1981.

[12] （明）余永麟.北窗琐语［M］.北京：中华书局，1985.

[13] （明）于慎行.谷山笔尘［M］.北京：中华书局，1984.

[14] （明）李乐.见闻杂记［M］.上海：上海古籍出版社，1986.

[15] （明）王圻.三才图会［M］.上海：上海古籍出版社，1988.

[16] （明）陈镐.阙里志［M］.济南：山东友谊出版社，1989.

[17] （明）徐学聚.国朝典汇［M］.北京：北京大学出版社，1993.

[18] （明）范濂.云间据目抄［M］.扬州：江苏广陵古籍刻印社，1995.

[19] （明）宋应星.天工开物［M］.北京：中国社会出版社，2004.

[20] （明）张卤撰.皇明制书［M］.杨一凡，点校.北京：社会科学文献出版社，2013.

[21] （明）湛若水.泉翁大全集［M］.台北："中央研究院中国文哲研究所"，2017.

[22] （明）刘若愚.酌中志［M］.冯宝林，点校.北京：北京出版社，2018.

[23] （清）潘相纂.曲阜县志［M］.清乾隆三十九年圣化堂藏版.

[24] （清）龙文彬.明会要［M］.北京：中华书局，1956.

[25] （清）张廷玉.明史［M］.北京：中华书局，1974.

[26] （清）叶梦珠.阅世篇［M］.上海：上海古籍出版社，1981.

[27] （清）佚名.摛藻堂四库全书荟要［M］.台北：台湾世界书局，1985.

[28] 四库全书存目丛书编纂委员会.四库全书存目丛书［M］.济南：齐鲁书社，1997.

［29］ 十三经注疏整理委员会.十三经注疏［M］.北京：北京大学出版社，2000.

［30］ 徐振贵，孔祥林.孔尚任新阙里志校注［M］.长春：吉林人民出版社，2004.

［31］ 王文锦.礼记译解·玉藻第十三［M］.北京：中华书局，2016.

［32］ 杜心广.兖州明代鲁王府［M］.北京：中国文史出版社，2018.

二、专　著

［1］ 李景明，宫云维.历代孔子嫡裔衍圣公传［M］.济南：齐鲁书社，1993.

［2］ 缪良云.中国衣经［M］.上海：上海文艺出版社，2005.

［3］ 王熹.明代服饰研究［M］.北京：中国书店出版社，2013.

［4］ 张佳.新天下之化：明初礼俗改革研究［M］.上海：复旦大学出版社，2014.

［5］ 华梅.中国历代《舆服志》研究［M］.北京：商务印书馆，2015.

三、学位论文

［1］ 陆建松.明代丧葬文化考［D］.上海：复旦大学，2000.

［2］ 张光辉.明初礼制建设研究——以洪武朝为中心［D］.郑州：河南大学，2001.

［3］ 陈文源.明朝与安南关系研究［D］.广州：暨南大学，2005.

［4］ 张咏春.孔府的乐户和礼乐户［D］.济南：山东师范大学，2005.

［5］ 亚白杨.北京社稷坛建筑研究［D］.天津：天津大学，2005.

［6］ 袁兆春.孔氏家族宗族法及其法定特权研究［D］.上海：华东政法大学，2005.

［7］ 贾玺增.中国古代首服研究［D］.上海：东华大学，2006.

［8］ 崔圭顺.中国历代帝王冕服研究［D］.上海：东华大学，2006.

［9］ 陈超.明代女性碑传文与品官命妇研究［D］.长春：东北师范大学，2007.

［10］ 张志云.礼制规范、时尚消费与社会变迁：明代服饰文化探微［D］.武汉：华中师范大学，2008.

［11］ 杨奇军.中国明代文官服饰研究［D］.济南：山东大学，2008.

［12］ 李晓萍.明代祭孔服饰形制研究——以北京孔庙丁祭为例［D］.北京：北京服装学院，2008.

［13］ 程佳.论明代官服制度与礼法文化［D］.太原：山西大学，2008.

［14］ 马静.嘉靖"议礼派"官员研究［D］.天津：南开大学，2008.

［15］ 李媛.明代国家祭祀体系研究［D］.长春：东北师范大学，2009.

［16］ 郑庆伟.明代帝王谥号研究：以太祖和武宗为例［D］.长春：东北师范大学，2009.

［17］ 唐宝水.《漂海录》历史意蕴透析［D］.延边：延边大学，2009.

［18］ 杨婧.明代"苏样"服饰及其社会功能［D］.武汉：华中师范大学，2009.

［19］ 徐芳芳.明朝官方禳灾研究［D］.南昌：江西师范大学，2010.

［20］ 王维琼.明代的"赐宴"和"赐食"［D］.长春：东北师范大学，2010.

［21］ 喻堰田.嘉靖崇道研究［D］.兰州：西北师范大学，2010.

［22］ 高志忠.明代宦官文学与宫廷文艺研究［D］.广州：中山大学，2010.

［23］ 奚利君.《南宫奏稿》校注附考［D］.长春：东北师范大学，2011.

［24］ 方丽华.明代洪武年间奏议研究［D］.长沙：中南大学，2011.

［25］ 王渊.补服形制研究［D］.上海：东华大学，2011.

［26］ 汪小虎.明代颁历制度研究［D］.上海：上海交通大学，2011.

［27］ 曹鹏.明代都城坛庙建筑研究［D］.天津：天津大学，2011.

［28］ 刘俊伟.王鏊研究［D］.杭州：浙江大学，2011.

［29］ 王伟.明前期士大夫主题意识研究（1368-1457）［D］.长春：东北师范大学，2011.

［30］ 刘喜涛.封贡关系视角下明代中朝使臣往来研究［D］.长春：东北师范大学，2011.

［31］ 韩慧玲.明史纪事本末明蒙关系史料研究［D］.呼和浩特：内蒙古大学，2012.

［32］ 闫鸣.明末清初政治书写研究——以时代变局中的形象塑造与身份认同为视角［D］.上海：复旦大学，2013.

［33］ 池雪丰.明代丧葬典礼考述［D］.杭州：浙江大学，2013.

［34］ 刘冬红.明代服饰演变与训诂［D］.南昌：南昌大学，2013.

［35］ 许晓.孔府旧藏明代服饰研究［D］.苏州：苏州大学，2014.

［36］ 李妍静.论明代宾礼制度下的礼乐［D］.南京：南京师范大学，2014.

［37］ 邓涛.明世宗南巡湖广承天府述论［D］.呼和浩特：内蒙古大学，2014.

［38］ 郭玉.程敏政诗文创作与《明文衡》编纂研究［D］.桂林：广西师范大学，2014.

［39］ 李亚平.明代神乐观研究［D］.哈尔滨：黑龙江大学，2015.

［40］ 刘馥.郭勋研究［D］.长沙：湖南大学，2016.

［41］ 孙育臣.从曲阜石刻文献看明代尊孔崇儒［D］.济宁：曲阜师范大学，2016.

［42］ 池雪丰.明代丧礼仪节考［D］.杭州：浙江大学，2017年.

［43］ 韩玉凤.夏言诗歌研究［D］.杭州：浙江大学，2017.

［44］ 袁小湉.明代中后期宫廷涉外交往研究［D］.济南：山东师范大学，2017.

［45］ 汪玉玲.明代齐云山道教研究［D］.武汉：华中师范大学，2017.

［46］ 李建淦.明清时期北岳祭祀与信仰研究［D］.临汾：山西师范大学，2017.

［47］ 鲁海峰.中国古代设计批评研究［D］.苏州：苏州大学，2017.

［48］ 李晓媛.清代万寿盛典研究［D］.太原：山西师范大学，2017.

［49］ 胡燕南.明代宫廷音乐机构与乐官制度研究［D］.南京：南京师范大学，2017.

［50］ 李子园.明代正月皇家礼仪活动研究［D］.哈尔滨：黑龙江大学，2017.

［51］ 费亚普.大高玄殿建筑研究［D］.天津：天津大学，2018.

［52］ 孙经超.清代衍圣公行政职权研究［D］.济宁：曲阜师范大学，2018.

［53］ 王绮思.《明史·礼志》研究［D］.南京：南京师范大学，2018.

［54］ 郑梅.解缙年谱［D］.南昌：南昌大学，2018.

［55］ 林卷容.明代公主研究［D］.长沙：湖南师范大学，2018.

［56］ 赵子才.明代史官制度研究［D］.石家庄：河北师范大学，2018.

［57］ 管静.南京云锦的传承与发展研究［D］.苏州：苏州大学，2018.

［58］ 周悦煌.景山寿皇殿建筑研究［D］.天津：天津大学，2018.

［59］ 李争杰.明代文官赏赐研究［D］.郑州：河南大学，2019.

［60］ 黄群昂.明代兵部尚书研究［D］.武汉：华中师范大学，2019.

［61］ 孟兆鑫.灾异祥瑞与殿试策问：嘉靖时期政治生态研究［D］.西安：西北大学，2019.

［62］ 张巧.明代宫廷教育与"问题皇帝"研究［D］.长沙：湖南师范大学，2019.

［63］ 王一鸣.孔府档案中明清时期的牌票研究［D］.济宁：曲阜师范大学，2019.

［64］ 李旭辉.《水东日记》文学史料价值研究［D］.西安：西北大学，2020.

［65］ 杨婵娟.明代军礼用乐研究［D］.临汾：山西师范大学，2020.

［66］刘淑琪.明代皇帝与殿试研究［D］.郑州：河南大学，2020.

［67］张燕雯.明代宫廷音乐机构研究［D］.新乡：河南师范大学，2020.

［68］白金川.清代孔氏翰林院五经博士研究［D］.济宁：曲阜师范大学，2020.

［69］赵静.明成化弘治经筵讲官研究［D］.武汉：华中师范大学，2020.

［70］张媛.中国明代帝王冕服中十二章纹的研究［D］.太原：山西大学，2020.

［71］李梦珂.明代婚礼服饰研究［D］.上海：东华大学，2020.

［72］王雨亭.明代服饰文化中"胡元"风尚研究［D］.武汉：武汉纺织大学，2020.

［73］刘春.《脉望馆钞校本古今杂剧》"穿关"研究——基于戏剧史、服饰史综合的理论视野［D］.南京：东南大学，2020.

［74］胡真.明代中后期市民服饰"求贵""求异"现象研究［D］.上海：东华大学，2020.

［75］石晏蕊.南京朝天宫建筑历史研究［D］.南京：东南大学，2021.

［76］姚志良.民国时期曲阜孔庙祀田清理问题研究（1928-1937）［D］.济宁：曲阜师范大学，2021.

［77］要佳.明代历朝《宝训》研究［D］.太原：山西大学，2021.

［78］时珂.明朝服饰对朝鲜的影响研究［D］.天津：天津师范大学，2021.

［79］缑思.瞿九思《孔庙礼乐考》研究［D］.济宁：曲阜师范大学，2022.

［80］安海兰.圆领袍款式与面料的图案对花设计［D］.上海：东华大学，2022.

［81］亓子龙.统一战线推进伊斯兰教中国化研究［D］.济南：山东大学，2022.

［82］胡佳琪.明代宫廷嘉礼服饰研究［D］.包头：包头师范学院，2022.

［83］朱思羽.欧阳德年谱［D］.贵阳：贵州大学，2022.

四、期　刊

［1］苏州市博物馆.苏州虎丘王锡爵墓清理纪略［J］.文物，1975（3）.

［2］于家栋.江西玉山、临川和永修县明墓［J］.考古，1973（5）.

［3］杨丽丽.一位明代翰林官员的工作履历——《徐显卿宦迹图》图像简析［J］.故宫博物院院刊，2005（4）.

［4］张彩娟.明代妃嫔墓出土礼仪用玉与冠服制度［J］.中国历史文物，2007（1）.

［5］张志云.重塑皇权：洪武时期的冕制规划［J］.史学月刊，2008（7）.

［6］张彩娟.明代妃嫔墓出土礼仪用玉与冠服制度［J］.中国历史文物，2007（1）.

［7］李佳.明代皇后入祀奉先殿相关问题考论［J］.故宫博物院院刊，2011（3）.

［8］朱鸿.徐显卿宦迹图研究［J］.故宫博物院院刊，2011（3）.

［9］南炳文.消极与积极并存：明朝建国前后祭祀活动述论［J］.求是学刊，2011（1）.

［10］刘静轩.符号学与明清补服研究［J］.美与时代，2012（10）.

［11］董进."祀天祭时则黄袍"略考［J］.艺术设计研究，2012（1）.

［12］牛建强.地方先贤祭祀的展开与明清国家权力的基层渗透［J］.史学月刊，2013（4）.

［13］刘冬红.从出土文物看明代服饰演变［J］.南方文物，2013（4）.

［14］熊瑛.明代丝绸服用的禁限与僭越［J］.河南大学学报（社会科学版），2014（2）.

［15］林巧薇.北京东岳庙与明清国家祭祀关系探研［J］.世界宗教研究，2014（5）.

［16］赵连赏.明代冕服制度的确立与洪武朝调整动因浅析［J］.艺术设计研究，2020（6）.

［17］吴佩林.明代衍圣公爵位承袭考［J］.孔子研究，2021（6）.

［18］赵克生.何谓礼生？礼生何为？——明清礼生的分类考察与职能定位［J］.史林2021（2）.

［19］ 贾琦，赵千菁. 明代男子巾类首服艺术特征及其造物思想研究［J］. 丝绸2021（4）.

［20］ 鲍怀敏，刘瑞璞. 孔府旧藏明代赤罗朝服的"内缋耳"结构考释［J］. 艺术设计研究，2021（2）.

［21］ 佟萌，李雪飞. 明代官服的结构研究与数字化复原［J］. 丝绸2021（12）.

［22］ 李昕. 明代墓葬出土獬豸补服考略［J］. 文物春秋，2021（1）.

五、论文集

［1］ 尹涛. 明成化年间衍圣公的废立［C］//中国孔庙保护协会，旌德县文化旅游发展委员会. 中国孔庙保护协会第二十次年会论文集. 北京：文物出版社，2017.

［2］ 邵旻. 明代宫廷服装色彩制度——基于历史文献的研究［C］//中国艺术研究院美术研究所. 2017中国传统色彩学术年会论文集. 北京：文化艺术出版社，2017.

［3］ 邵旻. 以品官常服色彩为研究中心的明代肖像画［C］//中国艺术研究院美术研究所. 2018中国传统色彩学术年会论文集. 北京：文化艺术出版社，2018.

［4］ 徐文跃. 明代品官常服考略［C］//中国文物学会纺织文物专业委员会. 中国文物学会纺织文物专业委员会第四届学术研讨会论文集. 北京：中国纺织出版社，2018.

［5］ 崔唯，周钧，强凯. 锦绣组绮，"色"绝天下——明清时期的京绣色彩发展及特点之探析［C］//中国艺术研究院美术研究所. 2020中国传统色彩学术年会论文集. 北京：文化艺术出版社，2020.

［6］ 徐文跃. 韩国奎章阁藏各样巾制研究［C］//山东省服装设计协会. 中华传统礼仪服饰与古代色彩观论文集. 北京：中国纺织出版社，2021.

六、图　录

［1］ 山东博物馆，孔子博物馆. 衣冠大成——明代服饰文化展［M］. 济南：山东美术出版社，2020年.

［2］ 孔子博物馆. 齐明盛服——明代衍圣公服饰展［M］. 北京：文物出版社，2021.

后　记

　　孔府旧藏服饰一直是古代服饰学界心目中的白月光，孔子博物馆作为孔府旧藏服饰最大收藏地，将孔府旧藏服饰分系列研究和展示出来，是我们弘扬中华优秀传统文化的迫切需求。孔府旧藏服饰所跨的三个大的时间维度明、清、民国，又各具时代和民族特色，这使得我们对这批藏品展开研究的首要选择就是以时间为主线分系列研究。同时孔府旧藏传世明代衍圣公服饰在明代服饰研究中又具有礼仪类别完整、形制结构多样、色彩保存良好等诸多明显优势，成为开展系列专题研究的首选。

　　基于多年的孔府旧藏服饰的保管、保护、研究基础，我于2021年启动孔府旧藏明代服饰研究，以衍圣公的特殊身份地位为切入点延展开来，意在呈现以衍圣公为代表的明代官员不同礼仪场合所穿服饰的分类，以及这些服饰类别所表达的礼仪文化内涵，所以这部著作撰写之初的定位是以点窥面呈现明代服饰礼仪文化的专著。2022年1月以来，在自己的研究基础上，又相继策划了"齐明盛服——明代衍圣公服饰展""清代衍圣公服饰展""孔府旧藏民国服饰展"，意在利用研究成果讲好文物故事，以研究的深度赋予展览温度。这既是博物馆的需求亦是我们文博策展人对自己的要求。工作不止，研究不辍，以一个研究成就一个展览，以一个展览成就一部专著，这是我对自己的要求。该著作权当是给"齐明盛服——明代衍圣公服饰展"一个延续与再现，也给自己多年的努力谋些慰藉。

　　著述得以完成，需得感谢我馆领导对孔府旧藏服饰研究、展示、保护、利用的重视和支持，感谢同事们在文献整理过程中给予的帮助，感谢北京服装学院的各位领导和专家们给予的指导，感谢东华大学出版社的专项资金支持，特别感谢上海纺织服饰博物馆馆长卞向阳老师给本书写了如此美好的序。也正是各位领导、专家前辈们的指导和认可，给了我将所学所思呈现出来的信心和勇气。各位专家学者们基于之前山东博物馆的相关服饰展览也有过一些论著，这些论著也给过我些许启发，书中也吸纳和引用了一些专家学者们的成果和观点，在此一并感谢。

　　拙作呈上，还请广大读者不吝指正。

徐　舟

2024 年 5 月 18 日